高寒草地生态恢复技术与管理模式

周华坤 邵新庆 孙 建 徐成体 等 编著

科学出版社

北 京

内 容 简 介

青藏高原对我国乃至亚洲的生态安全具有重要的屏障作用，然而，近年来青藏高原高寒草地的大面积退化直接威胁到该地区人类和家畜的生存与发展，因此，本书总结了由长期野外考察、样带研究和定位可控实验获得的高寒草地恢复技术的最新研究成果，并进一步凝练，为高寒草地生态恢复提供实用的技术和模式，指导高寒草地的恢复、治理和管理，并加以推广利用。本书的研究内容主要包括：①高寒草地退化与恢复等方面的概述；②高寒草地的分类分级；③高寒草地生态恢复技术；④高寒草地生态恢复模式及案例；⑤高寒草地监测评估技术；⑥退化草地及沙化草地恢复技术文献计量分析。本书可以为建立符合生态规律的高寒退化草地生态治理模式和技术、解决高寒草地治理工程的技术难题、巩固生态治理成果提供重要的理论依据和技术支撑。

本书可供从事草地生态学、恢复生态学、草地管理研究的科研人员、高校教师和研究生参考使用。同时，还可供草地恢复技术标准制定、草地可持续管理的政策制定、生态补偿机制建立的相应部门的管理及技术人员参考。

图书在版编目（CIP）数据

高寒草地生态恢复技术与管理模式 / 周华坤等编著. —北京：科学出版社，2023.12

ISBN 978-7-03-076240-5

Ⅰ. ①高… Ⅱ. ①周… Ⅲ. ①寒冷地区–草原生态系统–生态恢复–研究 Ⅳ. ①S812

中国国家版本馆 CIP 数据核字（2023）第 160119 号

责任编辑：罗　静　尚　册 / 责任校对：周思梦
责任印制：肖　兴 / 封面设计：无极书装

科学出版社 出版
北京东黄城根北街 16 号
邮政编码：100717
http://www.sciencep.com

北京建宏印刷有限公司印刷
科学出版社发行　各地新华书店经销

*

2023 年 12 月第 一 版　开本：720×1000　1/16
2025 年 3 月第二次印刷　印张：13 1/4
字数：265 000

定价：198.00 元
（如有印装质量问题，我社负责调换）

《高寒草地生态恢复技术与管理模式》编委会

参编单位

中国科学院西北高原生物研究所
青海省寒区恢复生态学重点实验室
中国科学院高原生物适应与进化重点实验室
中国科学院三江源国家公园研究院
青藏高原地球系统与资源环境全国重点实验室
青海大学
青海省自然资源综合调查监测院
青海省畜牧兽医科学院
青海农牧科技职业学院
青海师范大学
中国科学院地理科学与资源研究所
青海省气象科学研究所
中国农业大学
中国科学院青藏高原研究所
兰州大学
北京林业大学
青海省湿地保护中心
青海大学畜牧兽医科学院
青海省林业和草原局
青海省草原总站
青海省畜牧总站
青海省草原改良试验站
中国科学院武汉植物园
青海省社会科学院生态环境研究所
青海省科学技术信息研究所有限公司
青海昇茂生态环境工程有限公司
青海省果洛藏族自治州林业和草原局
青海省海南藏族自治州林业和草原局
青海省海北藏族自治州草原站
青海省玉树藏族自治州林业和草原综合服务中心
青海省海东市农业农村局
中国科学院合肥物质科学研究院
中国科学技术大学
曲靖师范学院
运城学院
西藏大学

前　言

　　草地是地球上分布最广的植被类型之一，是仅次于森林的陆地第二大生态系统，被称为"地球皮肤"，发挥着维护生物多样性、支撑畜牧业生产、涵养水源、防风固沙、保持水土、吸尘降霾、固碳释氧、调节气候、美化环境等诸多重要的生态系统服务功能，在维护国家安全、食物安全、民族团结、社会稳定等方面具有基础性和战略性作用。

　　青海省地处青藏高原，是黄河、长江和澜沧江等大江大河的发源地，作为"中华水塔"，是我国乃至亚洲东部的生态安全屏障，生态地位极其重要。由于海拔高、气候严寒、太阳辐射强等环境和气候特点，由抗逆性强、适应低温寒冷和高辐射的低矮灌木与草本所形成的草地生态系统是青海省最重要的生态系统类型。区域内有天然草地 38.6 万 km^2，约占全省国土面积的 53.2%，不仅在保障江河源区水资源稳定、健康、可持续方面发挥着关键作用，而且其 33.47 万 km^2 的可利用草地（占天然草地面积的 86.7%）也是青海省数百万农牧民群众赖以生存的物质基础和家园。因此，青海省草地生态环境的优劣除了直接影响青海广大牧民的生产生活及草地畜牧业的可持续发展，还会影响到黄河、长江中下游地区工农业生产发展、人民生命财产安全和社会稳定。

　　几十年来，受气候变化（如极端气候事件）和人类活动（如过度放牧、滥垦滥挖）的影响，草地受到的干扰破坏不断加剧，再加上不合理和不科学的放牧管理制度，全球草地发生退化，严重影响了草地生态服务功能的正常发挥，为此，联合国宣布 2026 年为"国际草原与牧民年"，旨在提高全球范围内对健康草原和可持续草牧业方面的认知，强调健康的草原对促进经济增长、恢复生计和草牧业的可持续发展的重要性。而目前，青海省草地已退化严重（如三江源区约 78%的草地发生不同程度的退化），导致草地生态环境急剧恶化，生态、生产功能持续下降，严重影响区域农牧业生产的发展和黄河、长江下游的水生态安全。

　　习近平总书记在 2016 年和 2021 年两次视察青海时分别提出"三个最大"和"确保一江清水向东流"的重大要求，强调保护好青海省生态环境的重要性。作为青海省主体生态系统，草地生态系统的保护和修复最为重要。自 2000 年，尤其是党的十八大以来，国家和青海省均投入巨大的人力物力，开展青海省退化草地生态系统的保护和修复，包括中国科学院西北高原生物研究所、青海省草原总站、青海大学、青海师范大学等科研院所、高校和政府技术部门都开展了大量的技术研发和模式示范工作，形成了一整套针对不同草地类型和不同退化程度的"分类分级"恢复策略，总结凝练出了鼠害防控、毒杂草防除、虫害防治、"黑土滩"和"黑土坡"恢复、土壤养分调控、一年生和多年生牧草栽培等实用技术，在三江源生态保护和建设一期、二期工程，祁连山生态环境保护和综合治理规划，三江源国家公园建设，祁连山国家公园试点中被广泛应用，起到了科技支撑国家和地方生态建设的作用，对青藏高原生态安全屏障的保护和维持具有重要意义。

高寒草地生态保护和修复是一项全局性、复杂性与多样性的系统工程，需要在科学方略的指导下因地制宜地开展工作。长期以来青海省各科研单位就高寒退化草地的保护和修复积累了大量的理论技术与实践经验，在各自的科研积累的基础上，通过收集、整合大量的相关文献资料，系统梳理青海省不同退化类型和不同退化程度的高寒草地生态修复的理论、技术、方法与模式，筛选经多年实践证明行之有效、可推广、可复制、可应用的退化草原生态修复范例。这不仅是对上一阶段工作和成绩的一个系统总结，也为在新时代开启下一阶段高寒草地保护和修复工作提供启示，同时还为各地区、各部门以及农牧民群众学习、借鉴推进退化高寒草地修复，提供可参考的依据。

本书着眼于退化高寒草地修复这一国家和地方需求，从理论研究出发，结合实践经验和案例分析，对青海省过去十多年的退化草地修复技术和模式进行了整合与凝练，形成了一整套针对性强、可操作性高、目标明确的技术模式。

本书主要包含以下内容。

第 1 章概述了青海气候资源的时空分异，分析了草地退化的过程和机制，辨析了导致草地退化的自然和人为因素，并对国内外高寒退化草地恢复技术和模式进行了综述与评价。

第 2 章在明确了青海省高寒草地分类、分布格局和等级评价的基础上，分别详细叙述了高寒草甸、高寒草原与高寒沼泽湿地退化的识别特征、判定依据和等级划分。

第 3 章整合和凝练了当前在青海省退化草地修复治理中常用的恢复技术，包括有害生物防控技术（包括鼠害、虫害和毒杂草）、围栏封育休牧技术、施肥技术、"黑土滩（坡）"恢复技术、一年生和多年生牧草种植栽培技术，以及对矿山、湿地、荒漠化土地的恢复技术等，并在最后介绍了一些有发展潜力的前瞻性技术。

第 4 章介绍了 4 种高寒草地生态恢复模式及相应的实践案例,分别是草畜平衡模式、退化草地恢复模式、恢复草地的适应性管理和持续利用模式、生态畜牧业发展模式。

第 5 章总结了草地监测评估技术,为退化草地修复后的效果评价提供依据,包括草地环境监测、退化监测、遥感监测等具体的监测方法,并提出了退化草地恢复效果评价的相关技术和标准,以及 VOR、COVR 和 PSR 三种草地生态系统健康评价方法与模型。

第 6 章专门对退化草地和沙化草地恢复技术进行了文献计量分析,明确了相关领域研究文献概况、国内外研究力量分布以及被广泛采用的恢复关键技术措施,并基于此对未来退化草地修复治理的技术发展趋势进行了分析和预测。

本书是对过去十多年开展的青海省高寒草地演变规律和退化草地恢复研究的总结,系统全面梳理了青海省草地资源的特点、退化草地恢复治理的现状、退化草地的分类分级理论,以及退化草地恢复技术和模式及其在实践中的应用。本书的出版得到了第二次青藏高原综合科学考察研究专题、青海省创新平台建设专项、中国科学院战略性先导科技专项、中国科学院—青海省人民政府三江源国家公园联合研究专项等国家和地方科技项目的资助。本书所引用的大量资料和实践案例是编写组长期从事青海省退化草地恢复实验研究的结果,在此对参与青海省退化草地保护和恢复研究工作的同仁表示衷心的感谢。

由于编者水平有限,不足之处在所难免,请读者予以批评指正。同时希望本书的出版可以对青藏高原高寒草地保护和修复工作持续进步有所贡献。

周华坤
2023 年 12 月

目　　录

第1章 概　述

青藏高原是世界上海拔最高、面积最大、类型最为独特的草地生态系统，被称为"世界屋脊"（Dong et al.，2019），总面积约为 $2.5 \times 10^6 \mathrm{km}^2$，约占中国国土面积的 25%（Wang et al.，2019；Li et al.，2013）。最热月份是 7 月，温度在 7℃到 15℃之间波动，最冷的月份是 1 月，温度范围为–7～–1℃。年平均温度为 1.6℃，年降水量为 413.6mm（Bosch et al.，2016），60%～90%的降水量出现在潮湿的夏季（6～9 月），而 10%的降水量出现在干旱的冬季（11 月至次年 2 月）（Xu et al.，2008）。其多样的气候和复杂的地形地貌形成了高度异质性的环境，造成了复杂的动植物多样性，是世界上物种多样性独特的栖息地之一（Sun et al.，2013），同时该区也是我国主要的草地畜牧业生产地和主要的生态安全屏障（Wang，2001）。牧场/草地覆盖了这片广阔土地的 60%（Dong and Sherman，2015），不仅在全球范围内提供重要的生态服务和功能，如生物多样性保护、碳储存、水资源调控、气候控制、自然灾害缓解等，而且还提供重要的生态系统服务，如畜牧生产、文化传承，以及地方和区域范围内的旅游与娱乐（Dong et al.，2020）。

近年来，由于全球气候变化、人类活动干扰、过度放牧和鼠害破坏等多种因素的综合作用，大面积草地生态系统已经开始经历严重退化。青藏高原大约有 90%的高寒草地处于退化状态，其中 35%的高寒草地已经处于严重退化的状态且形成了"黑土滩"退化草地（Dong et al.，2010；Dong and Sherman，2015），"黑土滩"退化草地不仅严重影响了青藏高原的生物多样性，还对青藏高原的生态环境及草地畜牧业的可持续发展造成了极大的威胁（尚占环等，2006）。草地退化严重影响生态系统功能、生产力以及社会经济效益。另外，草地退化还影响物种多样性、地上地下生物量及土壤有机质、全氮和全磷（Wang et al.，2009；Wu et al.，2010）。高寒草地的大面积退化直接威胁到该地区人类和家畜的生存与发展，威胁到社会秩序的安定，也威胁到长江、黄河中下游地区的生态平衡。如何遏制和修复退化的高寒草地生态系统，是国家和科技工作者需要解决的科学难题。

自 20 世纪 80 年代以来，青海省畜牧、草原、土地等部门及中央有关科研院所对退化高寒草地的形成与综合治理进行了针对性的试验研究，取得了一批实用成果（赵新全，2011），青藏高原高寒草地的生态环境发生了显著变化：①草地植被覆盖度增加。②草地退化态势得到明显遏制，草地恢复速度明显高于三江源国家级自然保护区之外的区域。③水源涵养功能显著提升。④天然草地放牧压力减轻。同时，通过研究高寒草甸、高寒草原退化演替的生态过程及其特征，对高寒草地退化成因及治理措施进行了量化分析，划分了高寒草地的退化类型和等级，制定了评价指标及划分标准，重新界定了三江源区各类退化高寒草地，尤其是极度退化高寒草甸的面积及分布区域；研发了退化高寒草地分类恢复模式，系统研究了高寒人工草地生产-生态群落稳定性及其调控技术，筛选出不同生态生物学特性的草种及其群落优化配置方案；集成了不同类型人工草地建植技术，构建了人工草地分类经营与管理技术模式，取得了一些重要成果。然而，目前退化草甸的恢复治理技术单一、治理效果难以持久维持，急需研发退化高寒草甸的适应性恢复技术，以达到持续恢复退化高寒草甸、显著提升系统生态功能、有效保护和利用的目标，为退化草地生态系统修复提供科学依据、技术支撑和示范样板。

1.1 青海省气候资源综合区划

1.1.1 概况

青海省气候以高寒干旱为总特征，是典型的高原大陆性气候。地势高，空气稀薄，日照时数多，总辐射量大，干燥少云，太阳辐射被大气层反射和吸收的较少，因此日射强烈，阳光灿烂，日照充足。青海省地面植被稀少，岩石裸露，增温散热都快，因此青海省成为全国日气温变化最大的地区之一。日温差大而年温差小，全年气温日较差为 12～16℃，比东部沿海平原地区高出一倍以上。气温日较差 1 月为 14～22℃，7 月为 10～16℃，冬季大于夏季。较大日较差可达 25～34℃，1955 年 3 月 16 日海晏县三角城，气温日较差达 36.6℃。青海省不少地方的一日之内，要经历"早春、午夏、晚秋、夜冬" 4 个季节。青海省气温年较差为 20～30℃，大致与长江中下游和淮河流域相近，比同纬度的平原地区小 4～6℃，其原因是夏季地面温度低，冬季又较少受冬季寒潮的侵袭。深居内陆，远离海洋，又受地形影响，大部分地区属非季风区，降水量较同纬度的东部地区稀少，降水的时空分布差异显著，年降水量集中于 5～9 月，从东南向西北递减，且降水多为夜雨。全省年平均相对湿度为 40%～70%，一般青海东南部相对湿度较大，柴达木盆地较小。

气象灾害多，危害严重，大风、沙暴、缺氧等现象明显。

1.1.1.1 降水

青海多年平均降水量为 16.2～746.9mm。年降水量的分布由东南向西北渐渐减少。河南—大武—清水河—杂多一线以南绝大部年降水量在 500mm 以上，久治达 746.9mm，祁连山东段的门源—互助，年降水量在 500mm 左右；青海湖周围地区的年降水量一般在 300～400mm；青南高原西部、三江源头一带，年降水量大部分在 400mm 左右；祁连山西段和中段地区，年降水量大多在 200mm 以下；柴达木盆地是年降水量最少的地区，其中柴达木盆地中、西部大部分在 50mm 以下，冷湖只有 16.2mm，柴达木盆地东部年降水量相对较多，德令哈等地超过 150mm；东部黄河谷地、湟水谷地的循化和贵德年均降水量约为 250mm。

1.1.1.2　气温

全省多年平均气温为-6～9℃，东部的黄河谷地、湟水谷地与柴达木盆地为高温区，青南高原和祁连山区为低温区。年平均气温最高中心在循化，达 8.7℃，柴达木盆地中部为次高中心区，年平均气温在 5℃以上。青南高原黄河源头的玛多、清水河至唐古拉山五道梁及其以西是年平均气温最低的地区，在-4℃以下，五道梁为-5.4℃；祁连山区的托勒、野牛沟是次低中心区，年平均气温<-2℃。年平均气温在 0℃以上的地区只有海东、黄南北部、海南、海北的门源与祁连局部、海西大部以及果洛、玉树的南部地区。祁连山区和青南高原的绝大部地区年平均气温都在 0℃以下。

1.1.1.3　太阳辐射

太阳辐射是造成气候差异的最基本的因素。青海省年太阳辐射量高达 5400～7600MJ/m^2，比同纬度的东部季风区高出 1/3 左右，仅低于西藏自治区，居全国第二位。全年日照时数长决定了太阳总辐射量高。平均每天日照时数为 6～10h，夏季长于冬季，西北多于东南。冷湖镇全年日照时数为 3553.9h，比有名的"日光城"拉萨还要高，居全国各城镇之首。

1.1.1.4　气压

全省年均气压最高的地方是黄河谷地和湟水谷地，年均为 750～820hPa，民和为 818.6hPa；柴达木盆地是气压次高区，年均为 700～735hPa。气压最低区是青南高原，一般小于 670hPa，黄河源头与唐古拉山小于 600hPa，青海湖及其周边地区的年均气压为 670～710hPa。

1.1.1.5　风

受地形和海拔的共同影响，青海省各地全年主要盛行偏西风和偏东风。其中河湟谷地全年盛行偏东风（20 站次），占全省的 36%；在高海拔及地势相对平坦的地区，全年盛行偏西风（23 站次），占青海省的 41%。青海省年平均大风日数为 42.5 天。上半年（1～6 月）大风出现频繁，达 25.8 天，占全年大风日数的 61%，主要发生在 2～4 月，分别为 4.7 天、6.8 天、5.8 天，共有 17.3 天，占全年大风日数的 41%；较少在 8～10 月，分别为 1.8 天、1.7 天、1.8 天，共有 5.3 天，仅占全年大风日数的 12%。大风的地理分布呈明显的地域性。一是高海拔地区的全年大风日数明显高于低海拔地区。二是峡谷效应明显，如茫崖、茶卡、托勒、野牛沟等地区。三是盆地少于高原。青海东部地区一般连续 3～5 天出现大风,其余地区连续 7～10 天出现大风。青海省沙尘暴天气出现次数有两个明显的高值区,即以刚察为中心的环青海湖地区和青南高原的唐古拉及可可西里地区,其中刚察是全省沙尘暴天气出现次数最多的地区,42 年间累计出现580 次,平均每年出现 13.8 次。

青海省除西宁及其以东的湟水谷地盛行偏东风外,其余大部分地区盛行高原偏西风。西北年平均风速大于东南,较大风速出现在柴达木盆地西北角的茫崖镇和阿拉尔地区。

青海省是全国大风(8 级以上的风)较多的地区之一。年平均大风日数以青南高原西部为最多,达 100 天以上,柴达木和东部河湟谷地较少,为 25 天左右。每年冬春季节风多势强,开春以后高原气温回升,但空气湿度低,降水少,地表干燥,加之省内及邻省植被稀少,多荒漠,每当出现大风天气,瞬间飞沙走石、天昏地暗,群众称为"黄风"。青海省常受大风、沙暴侵袭,对农牧业生产造成了一定危害。

1.1.1.6 气象灾害

青海境内的主要气象灾害有干旱、雪灾、霜冻、连阴雨、冰雹和大风。青海省东部农业区干旱可分为播种期干旱、生长期干旱、春末夏初干旱、春夏连旱几种类型,按季节干旱又可分为春旱、夏旱和秋旱。按青海省气象灾害标准,青海暴雨只是偶然发生。青海省平均降雹日数为 9.9 天/站,仅次于西藏(11.1 天/站),远大于其他省份。

青海霜冻区可分成三类。①轻霜冻区:湟水谷地、黄河谷地年平均无霜冻期为 151～187 天。②严重霜冻区:海东大部、海南藏族自治州(海南州)的北部和海西蒙古族藏族自治州(海西州)大部,年平均无霜冻期为 100～140 天。③全年霜冻区:青南高原和祁连山地区,年平均无霜冻期均短于 60 天。

雪灾是青海牧区的主要自然灾害之一,每年 10 月中下旬至次年 5 月上中旬这一时段,青南牧区玉树、果洛、黄南南部、海南南部等地区极易出现局地或区域的强降雪天气过程,加之气温较低,积雪难以融化,时常造成大雪封山与冻死、饿死牲畜,使牧区人民生命财产遭受巨大损失。

在 1960～2000 年共 41 年中,青海省共发生全省性寒潮 18 次,平均每年 0.44次,强降温只有 10 次。北部共发生寒潮 89 次,平均每年 2.17 次,出现强降温 133次,平均每年 3.24 次。南部共发生寒潮 91 次,平均每年 2.22 次,出现强降温 82次,平均每年 2.00 次。

1.1.2 气候资源的特点

1.1.2.1 太阳辐射强,光照充足

青海境内大部分地区年太阳总辐射量高于 $6.05 \times 10^3 \mathrm{MJ/m}^2$,柴达木盆地高于

$7.0 \times 10^3 \text{MJ/m}^2$。青海年日照时数在 2500h 以上，柴达木盆地达到 3500h 以上，青海是中国日照时数多、总辐射量大的省份。

1.1.2.2　平均气温低，但不特别严寒

青海境内气象台站观测到的年平均气温在 $-5.7 \sim 8.5℃$，年平均气温在 0℃ 以下的祁连山区、青南高原面积占全省面积的 2/3 以上，较暖的东部湟水谷地、黄河谷地，年平均气温在 $6 \sim 8℃$。全省各地最热月（7 月）平均气温在 $5.3 \sim 20℃$，最冷月（1 月）平均气温在 $-17 \sim -5℃$。全省大部分地区全年冷期虽较长，但冬天不太寒冷。

1.1.2.3　降水量少，地域差异大

青海境内绝大部分地区年降水量在 400mm 以下。东部达坂山和拉脊山两侧以南的久治、班玛、囊谦一带年降水量超过 600mm，其中久治最多，为 772.8mm。柴达木盆地年降水量少于 100mm，盆地北部少于 20mm，其中冷湖只有 16.9mm。

1.1.2.4　雨热同期

青海属季风气候区，其固有的特点之一就是雨热同期。青海大部分地区在 5 月中旬以后雨季开始，至 9 月中旬前后雨季结束，持续 4 个月左右。这期间正是月平均气温≥5℃的持续时期。年内气温较高的时期，也是雨水相对丰沛的时期，这无疑对农作物及牧草的生长发育有利。

1.1.2.5　气象灾害频发

青海境内的主要气象灾害有干旱、冰雹、霜冻、雪灾和大风。其中，干旱灾害频发且严重，受害面积大，尤其是春旱，不管是农区还是牧区其出现频率均较高，有"十年九旱"之说；广大牧区的大风雪时有发生，严重威胁着畜牧业生产；降雹次数多，持续时间长，对农牧业生产危害较重；霜冻尤其是山区早霜冻，严重影响着作物及牧草的产量和质量。

1.1.3　气候资源的分布

气候资源与国民经济及人类活动有着密切的关系，特别是与农牧业生产的关系密切，它直接影响着农牧业生产的成败。一个地区气候条件的好坏，不仅要看光、热、水资源的数量，还要看光、热、水三者的组合及分布是否协调。

1.1.3.1　热量资源

热量资源的分布，一般用气温和各界限温度期间的积温来表征。

1. 年平均气温、最热月平均气温、最冷月平均气温

（1）年平均气温因受地形影响，其总的分布趋势为北低、中间高。低温区有：

南部青南高原的中、西部，大部分地区低于-3℃，其中玛多、清水河、五道梁等地在-4℃以下，五道梁低至-5.7℃；北部祁连山区的中、西段，其值在-3～-2℃，哈拉湖东侧为-5.6℃。相对高温区分布在东部湟水谷地、黄河谷地和西部的柴达木盆地。东部湟水谷地、黄河谷地高于5℃，循化可达8.5℃；西部的柴达木盆地低于3℃，察尔汗可达5.1℃。另外，青南高原南部的河谷地带年平均气温相对较高，在2℃以上，其中，囊谦为3.9℃。

（2）7月是全省各地年内最暖的月份，其月平均气温的分布趋势与年平均气温相似，只是在量值上高了许多，各地7月平均气温在5.3～20℃。30℃以上的较高气温仅在东部湟水谷地、黄河谷地和西部柴达木盆地出现，其中察尔汗为35.5℃。

（3）1月是全省各地年内最冷的月份，其月平均气温在-17～-5℃，地域分布趋势与年平均气温相似。较低值出现在祁连山地中、西段及青南高原中、西部，均在-14℃以下。其中，托勒最低气温为-18.1℃，五道梁为-16.7℃。低于-40℃的极端最低气温只出现在青南高原中、西部，其中以玛多为最低，达-48.1℃。

2. 气温的日较差及年较差

青海省由于地处高原，太阳辐射强，白天地面受热强烈，近地层气温变化极端，因此气温日较差大是青海省大部分地区气候资源的一大特点。大部分地区年平均气温日较差在14℃以上，柴达木盆地北部、托勒河、八宝河、黑河谷地在16℃以上。其中，柴达木盆地中、西部在17℃以上，冷湖达17.8℃，是全省年平均气温日较差最大的地方；东部湟水流域及青海湖周围地区在14℃以下，江西沟为11.5℃，是青海省年平均气温日较差最小的地方。青海省深居内陆、远离海洋，属大陆性气候较明显的地区，年内气温变化理论上应较为剧烈，但实际情况并不完全是这样。由于受海拔的影响大大超过了受纬度的影响，年内气温变化减缓，年振幅相对较小，大部分地区气温年较差在26℃以下，其中班玛和囊谦均在20℃以下，较中国相近纬度的华东、华北地区都小，部分地区如柴达木盆地的半荒漠景观，多晴朗无云天气，太阳辐射强烈，降水量极小，地表干燥，夏季温度较高，冬季温度又较低，因此气温年较差较大，大部分都在28℃以上，盆地中、西部超过30℃。

3. 各界限温度期间的积温

青海省农牧业生产中的界限温度如下。

0℃，土壤解冻，牧草开始萌动，作物开始播种，农耕期开始。

3℃，表示多年生牧草返青，牧草生长季开始。

5℃，表示多数树木开始生长，牧草开始旺盛生长。

10℃，表示作物和牧草开始进入旺盛生长期。

青海省各界限温度期间的积温（活动积温）的地域分布大致与年平均气温的

分布趋势相同，即东部和柴达木盆地多，向北、向南随海拔的增高而迅速减少。

4. 白天温度

青海省气温日较差大，白天温度高，夜间温度低。部分地区仅从平均气温和积温看，水平较低，但因白天气温较高，故仍能发展高原种植业。各地 3~11 月白天平均温度比年平均气温高 1~3℃不等。其中，柴达木盆地、青海湖周围和祁连山东段平均要高 3℃左右；东部河湟流域及海南台地高 1℃左右；其余地区均高 2~3℃。

5. 无霜冻期

东部河湟谷地的无霜冻期始于 4 月下旬前，终于 10 月中旬后。无霜冻期平均在 150 天，其中循化、尖扎、民和等地超过 180 天，是全省无霜期较长的地区。柴达木盆地、海南台地的大部分及湟水流域东部的山地，无霜冻期始于 5 月下旬至 6 月上旬，终于 9 月中下旬，平均在 100 天以上。其中，格尔木、香日德无霜冻期在 125 天左右；海南台地的南部少于 60 天，同德只有 31 天；青南高原南部的河谷地区及祁连东段在 50~100 天；青南高原的大部及祁连山地中、西段始于 7 月中旬以后，终于 8 月中旬，无霜冻期少于 40 天。清水河、五道梁、泽库无霜冻期仅 10 天左右，是全省无霜冻期最短的地区。

1.1.3.2　降水资源

1. 年降水量的地域分布

青海省年降水量地区差异大，总的分布趋势是由东南向西北逐渐减少。高原的东部由于受孟加拉湾西南季风暖湿气流的影响及地形的抬升作用，加之高原本身的低涡和改变活动频繁，这里降水相对比较充沛。河南—大武—清水河—杂多以南年降水量在 500mm 以上，是青海省年降水量最多的地方；另外，祁连山东段受海洋季风的影响，加之地形坡度大，气流上升运动强烈，使达坂山和拉脊山两侧的门源、大通、互助的北部、湟中、化隆一带形成全省的另一个多雨区，年降水量也在 500mm 左右。河湟谷地年降水量一般在 400mm 以下，是青海省东部年降水量少的地方；柴达木盆地四周环山、地形闭塞，越山后的气流下沉作用明显，因而降水量大都在 50mm 以下，是全省年降水量最少的地方，也是中国最干燥的地区之一。盆地东部边缘地区地形起伏较大，受地形抬升作用，年降水量相对较多，如德令哈、香日德、都兰都在 160~180mm。青南高原西部的黄河、长江源头，年降水量大都在 300mm 以下。境内其余地区年降水量均在 300~400mm。

2. 降水量的季节分配

青海省降水量不但在地域分布上很不平衡，而且季节分配极不均匀。一般夏季较多、冬季较少，春秋两季中等，且秋雨多于春雨。青海大部分地区雨季为 5 月中旬至 9 月中旬。

3. 降水量的年际变化

青海省各地的年降水量相对变率，除柴达木盆地外，绝大部分地区比中国同纬度地区小，其值在 20%以下。其中，青南高原、祁连山地区、青海湖周围的年降水量相对变率大多低于 15%，玉树、清水河、久治、班玛、甘德、大武及野牛沟、祁连、门源等地在 10%以下，甘德只有 5.3%，是全省年际间降水量最稳定的地区，东部河湟谷地的民和、乐都、尖扎等地降水变率相对较大，为 20%～24%。柴达木盆地的降水年际变化，除盆部的德令哈、茶卡、都兰、香日德外，年降水相对变率一般大于 30%。其中，察尔汗、冷湖等地年降水相对变率高达 49%。

4. 降水日数和降水强度的地域分布

青南高原、祁连山地中段和东段、拉脊山山地年降水日数超过 100 天。果洛藏族自治州（果洛州）东南部及河南蒙古族自治县（河南县）、达坂山南麓的却藏滩等年降水日数超过 150 天，久治多达 171 天，是全省年降水日数最多的地方。河湟谷地及海南台地年降水日数在 80～100 天，柴达木盆地大部在 50 天以下。其中，盆地西部年降水日数少于 25 天，是全省年降水日数最少的地方。青海省的降水强度不大，全年日降水量＞5.0mm 的日数超过 30 天的在果洛、玉树两州的东南部和达坂山、拉脊山两侧山地，以及黄南藏族自治州（黄南州）的南部地区，超过 40 天的只有河南、久治；日降水量＞10mm 的日数，全省各地普遍在 15 天以下；日降水量＞25mm 的日数更少，大多在 2 天以下。青海省年降水量虽不多，但降水日数多且较集中，降水强度小，降水的有效利用率相对较高。

1.1.3.3 光能资源

1. 太阳总辐射的地域分布

青海省年太阳总辐射量普遍较高，在 $5.4×10^3$～$7.4×10^3MJ/m^2$，是全国辐射资源最丰富的地区之一。青海年太阳总辐射量的地域分布是西高东低，柴达木盆地在 $6.9×10^3MJ/m^2$ 以上，盆地的西部超过 $7.1×10^3MJ/m^2$，其中冷湖高达 $7.4×10^3MJ/m^2$，为观测到的青海省太阳总辐射量最大的地方。以此向南、向东，随着云雨天气的增加，太阳总辐射量逐渐减少。青南高原虽然海拔高，但这些地区的云雨天气较多，所以年太阳总辐射量仍然较小，绝大部分在 $7.0×10^3MJ/m^2$ 以下，果洛州的东南部在 $6.1×10^3MJ/m^2$ 以下。境内东部地区大部分年太阳总辐射量少于 $6.1×10^3MJ/m^2$，其中民和、互助分别是 $5.8×10^3MJ/m^2$、$5.9×10^3MJ/m^2$，是青海省年太阳总辐射量较少的地方。

2. 日照时数的地域分布

青海省各地的年日照时数在 2300～3550h。其地域分布是从西北向东南逐渐减少，即西北部的柴达木盆地，绝大部分在 3000h 以上，盆地西、北部多于 3200h，其中冷湖达 3553.9h，是青海省年日照时数最多的地方。青海湖周围年日照时数在 3000h 左右。祁连山地东部地区及青南高原年日照时数在 2600～3000h。其中达坂山和拉脊山两侧（即互助、湟中等地）是两个年日照时数相对低值区，在 2600h 以下。玉树、果洛州的东南部年日照时数在 2500h 以下，其中久治仅 2327.9h，是青海省年日照时数最少的地方。

1.1.3.4 风能资源

1. 年平均风速的地域分布

青海省年平均风速总的地域分布趋势是西北部大、东南部小，即柴达木中、西部，青南高原西部及祁连山地中、西段，年平均风速均在 4m/s 以上。其中，茫崖年平均风速达 5.1m/s，是年平均风速最大的地方；其次是五道梁和沱沱河两地，年平均风速为 4.5m/s。青南高原东南部的河湟谷地东部，年平均风速大多在 2m/s 以下。其中，同仁和互助两地年平均风速为 1.5m/s，玉树为 1.1m/s，是全省年平均风速最小的地方。

2. 风能可利用时间的地理分布

青海省风能可利用时间的地理分布趋势是西部多、东部少。青南高原中部、柴达木盆地以及青海湖周围和海南台地南部地区，全年风能可用时间在 5000h 以上，风能可用时间频率在 60%以上。其中茫崖、察尔汗、五道梁等地风能可用时间分别达 6664h、6131h、6100h，可用时间频率分别为 76%、70%、70%，是全省风能可用时间较多的地区。东部河湟谷地及青南高原东部的河谷地带，全年风能可用时间少于 3000h，风能可用时间频率小于 30%，是青海省风能可用时间较少的地区。其余地区的风能可用时间在 3000～5000h，风能可用时间频率在 35%～57%。

3. 可用（有效）风能的地理分布

可用（有效）风能的地区分布与年平均风速的地区分布相对应。风能贮量地区也集中在柴达木盆地、青南高原西部和青海湖周围地区，其中柴达木盆地西部和青南高原的唐古拉山区可用（有效）风能贮量都超过 $1.0×10^3$（kW·h）/m² 以上，其中五道梁为 $1.159×10^3$（kW·h）/m²，是全省可用（有效）风能年贮量最多的地区。青海东部地区和青南高原东南部的河谷地带，可用（有效）风能年贮量在 250（kW·h）/m² 以下，其中互助为 44.41（kW·h）/m²，是青海省可用风能年贮量最少的地方。其余大部分地区可用（有效）风能年贮量在 250～1000（kW·h）/m²。

1.2 草地退化驱动因素、过程和机制的研究

赵新全和周华坤（2005）基于三江源区"人-草-畜-环境"系统的因素互作和功能维持机理，阐明了高寒草地退化的成因、过程和机理。周华坤等（2016）通过收集三江源区各地 1950～2020 年的各类气象资料、农牧业和社会经济发展资料，设置了放牧研究、全球变化研究、人工草地研究、家庭牧场管理研究、退化草地研究、高寒草地服务功能研究等先进的实验平台，开展了放牧强度试验、增温控水试验、人工牧草品比试验、温室气体通量试验、人工草地生态功能试验、草地退化空间梯度试验、草地功能人为调控试验等一系列定位研究，并进行了长期监测。对三江源区草地退化驱动因素的贡献率进行了定量化分析，用系统学的理论从土壤-植物-微生物-种子库等多角度全方位阐明了高寒草地退化的过程和机制。从人-草-畜-环境等各要素出发，探究了不同退化程度高寒草地的整体结构和功能特征及对调控措施的响应，系统研究了高寒草地退化的成因、机制和演替规律。

实验生态学的手段研究表明，高寒草地退化是由人为因素和自然因素的综合作用造成的。过度放牧利用是导致植被退化的主要原因，气候的异常扰动加速了退化进程，鼠害是植被退化的伴生产物。研究同时发现，三江源区高寒草甸植被退化是土壤与植被环境协同演变的结果。植被退化是土壤退化的主要驱动力，土壤退化也必然引起植被的逆向演替，二者互为因果，主要表现为土壤-植物系统的养分含量下降、酶活性衰退。重度退化草地生物量高峰期主要功能群的碳储量依次为杂类草＞禾草类＞莎草类，土壤 C/N 值较轻度退化草地下降 14.19%。随着高寒草甸退化程度加剧，有机质含量在表层土壤中流失较严重，物种多样性降低，植被盖度下降，土壤的含水量、酸碱度、团聚体结构及微生物类群等都发生相应的变化，土壤中脲酶活性显著降低，草地呈现退化的典型特征。研究还发现，高寒草地生态系统土壤-植物-微生物-种子库各生态因子的协同性失衡，是导致系统结构紊乱、功能衰退的主要原因。各生态因子的协同性失衡表现在：随着退化程度增强，高寒草地土壤种子库密度呈降低趋势，有机质和速效氮含量以及土壤湿度都有不同程度的下降，土壤微环境变差，微生物总数量减少、活性下降。植物的正常生长发育受到抑制，物种数和优良牧草比例下降，草地生态系统的物质和能量平衡受到破坏，自我修复能力逐步丧失。

自 20 世纪 50 年代以来，随着人口的快速增加，三江源区畜牧业发展迅速，区内各州县家畜数量呈同步波动快速增长模式。各县在畜牧业发展中普遍片面追求牲畜存栏数，自 1960 年以后数量急剧增长，在 70 年代末 80 年代初达到最高峰，玛沁县、达日县一度超过 200 万只羊单位，甘德县、玛多县分别达到 178 万只羊单位和 136 万只羊单位的历史最高纪录。由于天然草场载畜能力有限，出现严重

的超载放牧现象，按理论载畜水平分析，甘德、玛沁和达日超载 4～5 倍，玛多接近夏秋草场载畜量，冬春草场超载率达 41.5%（周华坤等，2016）。根据三江源区所涉及的草地退化严重的玛多、甘德、玛沁、达日 4 个县 1994～1996 年统计资料分析，除玛多县冬春草场现状利用水平基本接近理论载畜水平，夏秋草场有盈余外，其他三个县冬春草场全面超载，超载率高达 37.65%～279.10%，即目前放牧牲畜量是草场理论载畜量的 1.4～3.8 倍。夏秋草场以玛沁和甘德两个县超载严重，超载率达 79.86%～80.23%。三江源区冬春草场存在较为严重的超载过牧、草畜矛盾尖锐的现象，尤其是当地人习惯在离定居点和水源地接近的滩地、山坡中下部以及河道两侧等地的冬春草场频繁、集中放牧，加剧了冬春草场的压力，造成草地衰退；相反，在山坡中上部和离牧民定居点较远的夏秋草场，利用率相对较低，放牧压力较轻。

草场超载过牧严重破坏了原生优良嵩草、禾草的生长发育规律，其优势地位逐渐丧失，致密草皮层丧失，导致土壤、草群结构变化，给高原鼠兔（*Ochotona curzoniae*）和高原鼢鼠（*Myospalax baileyi*）的泛滥提供了条件，进一步加剧了草地退化。同时，由于牲畜过度啃食和践踏草皮，加速了草地生态系统氮素循环失调，导致土壤贫瘠化而呈现严重退化态势。由于草畜矛盾尖锐，牲畜数量一直维持在草地承载能力之上，草地不断退化，牲畜数量随之不断下降，进入了"超载过牧-草地退化-草畜矛盾加剧-生态环境恶化"的恶性怪圈，严重影响牧民生活和江河源区畜牧业经济的健康发展。草地退化后盖度下降，生物量减少，涵养水源和保持水土的能力下降，易导致土地沙化和湖泊干枯，由此可以看出对于三江源区的草地退化、生态环境恶化，超载过牧发挥着重要作用。周华坤等（2005）利用层次分析法对黄河源园区高寒草地退化原因的定量分析表明，长期超载过牧的影响达到 39.35%，位居第一。

随着高寒草甸退化程度加大，植被盖度、草地质量指数和优良牧草地上生物量比例逐渐下降，草地间的相似性指数减小，而植物群落多样性指数和均匀度指数则随着退化程度加大，呈单峰式曲线变化规律（周华坤等，2005）。随着草地退化程度加剧，杂类草生物量增加显著，而莎草和禾草生物量减少显著。莎草和禾草地下生物量随着草地退化程度的加重而递减，杂类草地下生物量的变化则是逐渐上升，至极度退化阶段有所降低。随着草地退化程度加剧，分布在土壤各层的植物根系量越来越少，地下根系具有浅层化特点（周华坤等，2012）。

中度退化草地的土壤种子库密度最大，随着草地的退化程度加大，土壤种子库密度呈现单峰曲线变化规律（尚占环等，2006）。土壤中微生物三大类群及总微生物的数量在未退化高寒草地显著大于退化高寒草地。三种退化草地中土壤微生物数量以细菌占绝对优势，地上部分的变化往往改变了土壤环境特征，进而引起土壤微生物数量的变化（王启兰等，2007）。

1.3 退化草地恢复治理技术及模式研究现状

1.3.1 退化草地植被恢复与改良培育技术

天然草地植被恢复是在不破坏草地原生植被的前提下，用生态学基本原理和方法，采用各种农艺改良措施，改善天然植被赖以生存的环境条件，扶持原生植被，必要时还可以直接引入适宜当地生存的天然草种或驯化种，增加天然草群成分和植被密度，促进草地初级生产力的提高。促进植被恢复的改良措施很多，主要有以下几种：围栏封育、深翻、浅耕翻和对草地进行施肥等。另外，植被的恢复与改良措施还包括优良天然草种、驯化种的补播以及有毒、有害或不良牧草的防除等。一般来说，不同的草地改良措施有各自的侧重点和适用范围，正确地选择草地改良措施是草地改良成功的前提条件。围栏封育是对退化、沙化和盐碱化（"三化"）的草地采用围栏等工程措施进行封闭，使其植被自然恢复，是"三化"草地培育改良中最简单易行、投资省、见效快和便于推广应用的技术措施，在世界各地得到了广泛应用，均取得了良好的效果。松土改良通过降低土壤容重，增加孔隙度，有效利用有限的天然降水，提高土壤的含水量，充分改善土壤的水分状况。该措施适用于干旱半干旱地区，降水量应在 250~350mm，草地类型以丛生禾草的效果为最佳。浅耕翻也是一种有效的改良草地的手段。与松土改良相比，浅耕翻还进一步地提高了土壤的温度，促进了土壤微生物的活动和有机质的分解，加快了牧草根系从土壤中吸收水分和矿物质养分的速度，这类措施用于以根茎禾草为主并有一定板结现象的天然退化草地时，效果较为明显，并已经在许多地区得到应用。施肥是世界范围内广泛采用的通用改良措施，包括施加无机肥料、有机肥料、微量元素肥料以及稀土元素肥料等。一方面，限制植物生长的各营养成分和元素很多，一般草地或多或少地缺乏一些元素，如 N、P 等；另一方面，人类的利用活动，如放牧家畜和刈割牧草，又将大量的营养元素移出系统，造成系统的养分平衡破坏，进一步地妨碍植物的正常生长发育。一般地，人们总是根据营养元素或其他元素对牧草生长的限制程度高低和土壤中有效量的多少来决定施用肥料的配方。例如，干旱半干旱地区的禾本科草地最受限于氮元素，通常是施用氮肥。补播主要是通过增加植被的组成来调整结构，加强优良牧草的竞争优势，抑制不良牧草的生长，增加理想牧草的比重。该措施主要用于草群质量严重退化草地的改良和农业弃耕地的植被恢复。另外，人们通过补播一些特别的牧草种如豆科牧草，来提高草地土壤的氮素水平或降低土壤含盐量，改良土壤的理化性质。

不同改良措施从各自的角度出发，在不同程度、不同方向上改良草地时常常将不同的措施组合在一起施用，这样对草地改良的效果往往会更好。我国采用各种改良措施，经初步实验证明效果良好，如内蒙古自治区在天然草地上进行带状耕翻，改良 14 年的测产结果为平均每年比未改良草地增产 64.4%，采用拖拉机悬挂或牵引松土机在退化草地上作业后土壤含水量增加 11.1%，羊草加杂类草草甸草地增产幅度较大，为 174.8%。东北地区在使用施肥措施的羊草草甸草地上割草向日本出口，取得了可观的经济效益。

　　总的说来，草地改良具有一定的时效性和地域性，而且在其有效期内对草地生态系统的影响是多方面的，表现是动态的；对于所追求的目标，改良措施的优化不仅是相对的，而且容易受到其他因素如环境和管理等因素的影响，包含着一定的不确定性和风险性。系统水平上的草地改良研究要充分考虑到这一特点，根据具体的目标，在一定时间尺度上合理配置各草地的改良措施，平衡草地的生产和畜牧业的需求，才能达到改良草地生态系统和有效促进植被恢复的效果，真正为草地畜牧业可持续发展提供帮助。各国的实践表明，培育改良天然草地，促进植被恢复，对生态效益和经济效益的促进效果十分明显。

1.3.2　人工草地复壮及可持续利用技术

　　草地畜牧业发达国家把人工草地建植、合理利用和科学管理作为发展草地生态畜牧业的基本任务来抓，并对草地生态畜牧业、优化放牧数学模型建造、放牧强度、草地改良等进行了大量的试验研究。发达国家非常重视草原的保护、改良和草原地区的可持续发展。欧洲许多国家的畜牧业产值占农业总产值的比重都较高，如英国和德国都在 60%～70%，丹麦、瑞典则占到 90%，其中草原畜牧业作为畜牧业的主体对整个农业经济的贡献很大。以法国为例，其草地面积占国土面积的 1/3，而且已建成永久性高产改良草地和人工草地。在政策上，对于凡是能够按法国和欧盟有关规定，符合每公顷载畜量指标的草原畜牧业生产，则按不同海拔及草地类型给予补贴，以进一步促进人工草地建设和天然草场改良。合理的载畜量既保证了牛羊有足够的饲草满足营养需要，又使草地得到了有效保护。

　　美国的草地资源与中国有许多相似之处，但美国草地除用于畜牧业经营以外，一半以上的草地得到有效保护的主要目的是维持生物多样性、保护水资源、保护野生动物、开展旅游经营、增强生态调节功能。尽管美国谷物饲料充足，但为保护生态环境，增加土壤肥力，从 20 世纪 50 年代起就在草原牧区提倡人工种草，不断提高优质牧草的播种面积和比重。美国农业产值的近 1/3 来自养牛和牧草生产所创造的价值。美国草地建设水平也很高，草地围栏面积已达 99.1%，人工草场在全部草地面积中的比重已达 15%。高产量的人工草地、饲料作物加上天然草地的合理利用，是美国草地可持续经营和管理的成功经验。

　　澳大利亚有天然草地 4.4 亿 hm^2，占其国土面积的一半以上，草原畜牧业是其土地利用的主要方式。目前，澳大利亚是世界养牛大国、第一牛肉出口国，畜牧业产值为 117.26 亿澳元，加工业和服务业也依赖于草原畜牧业。澳大利亚北部热带地区以天然草地放牧为主，充分利用天然草地发展低成本草原畜牧业，并通过制定严格的载畜量,保证牧场适度规模经营。在比较湿润的地区则建立高产、优质人工草地,人工草地面积已达 3000 万 hm²,主要种植黑麦草、三叶草等。其全部人工草地均使用围栏,集约化程度高,牧场规模虽不大,但单位面积的生产力很高。澳大利亚在发展畜牧业的过程中,始终把天然草原合理利用、饲草料生产和饲养管理放在首位,所取得的畜牧业成就举世公认。

然而,在青海、西藏高寒牧区人工草地的研究成果当中,高水平、实用性的规范化综合技术研究不多,缺乏不同海拔、不同区域人工草地可持续利用的试验研究和技术过硬的高效益示范样板;同时有关不同海拔、不同区域老龄人工草地复壮及演替规律关键技术的优化集成与组装配套研究很少,未能发挥现有单项技术的整体效应,从而使该项研究处于单项技术的重复和低水平研究阶段,这种状况与该地区生态保护和建设总体规划的要求相差甚远。

1.3.3 高寒退化草地分类恢复及综合修复技术

退化草地生态系统的恢复与重建一直是国内外研究的热点领域,国外开展的研究较早,约始于 20 世纪 30 年代,美国、苏联、新西兰等国早在 40 年代就开始了受损草地恢复试验和草地改良研究。目前,世界上畜牧业较发达国家的人工草地已占天然草地的 50%以上,并通过草地生物量和土壤的动态监测,以草定畜,合理轮牧,有效减少了草地的退化,实行了草地科学化管理和利用。我国退化草地的恢复重建研究始于 20 世纪 70 年代末,中国科学院西北高原生物研究所于 1976 年在青海省海北藏族自治州(海北州)境内建立了国内第一个高寒草甸生态系统定位研究站,中国科学院植物研究所于 1979 年在内蒙古设立了典型草原生态定位研究站,中国农业大学、东北师范大学和甘肃农业大学等单位先后分别在不同地区设立研究站点,开展了草地生态学研究,特别是退化草地恢复治理方面的长期试验研究。目前,国内低海拔地区退化草地的恢复重建理论与实践已取得了一些进展,但与发达国家相比,仍然存在着较大的差距。

退化生态系统的植被恢复试验和新技术研究,是近年来国际恢复生态学和保育生态学研究的热点与前沿,能为解释退化生态系统植被恢复的宏观生态学问题提供有效的实验证据,其作用日益重要且不可替代。其在应用技术方面也有所创新,如新型绿色植物生长调节剂和光合促进剂在提高牧草的生长发育与生物量等方面具有明显的经济效益和生态效益。其成本低廉、经济可行、应用简便、容易推广,是恢复退化草地和牧草生产较理想的应用技术。退化植被和退化土壤的恢复试验对了解退化植物群落演替规律,特别是对构建生物多样性丰富、抗逆性强、稳定性高的高寒草地生态系统具有重要的科学指导作用。

从恢复生态学的发展趋势来看,国际上对生态环境保护和退化草地恢复治理的研究不断向广度与深度拓展,在应用技术和工程化的基础上,尤其重视过程和机理的研究。近年来,我国的西部大开发战略和农业结构调整工作都已进入了攻坚阶段，在西部大开发中，国家把生态环境建设放在首位，对西部地区生态环境治理的力度逐年加大，相继启动了一系列重大的生态保护建设工程和科学研究课题，其中绝大部分与草地植被的恢复和重建相关。

青海省草地类型较为简单，以高山草甸、高寒草原和温性草原为主。过多的牲畜使得天然草场被过度利用，优良牧草的生长受到抑制，毒草和劣质草滋生，草场质量下降，植物生产力降低，覆盖度减小，草场植被大面积退化，严重地区土壤也已退化。据统计，青海省有 1/3 的草地发生不同程度的退化，退化严重的地段已变成次生裸地"黑土滩"（马玉寿等，2005；董全民等，2011，2015）。草场的退化使得载畜能力降低，加之载畜量增多，草畜矛盾加剧，又加速了草场的进一步退化，继而引发了畜种的退化。草地退化后植被组成和空间结构的改变，为啮齿动物提供了良好的栖息环境，其大量繁殖、数量剧增，引发了草原鼠害，加速了草地的退化演替，进一步降低了草地的承载能力，使青海省的草地生态系统处于这种恶性循环之中。草地退化后盖度下降，生物量减少，涵养水源和保持水土的能力下降，易导致土地沙化和湖泊干枯。

在植被恢复的过程和实践中需要遵循自然规律与因势利导的原则，根据草地退化的具体原因、退化程度、气候条件、地势和水源地等具体情况采取单一或综合措施因地制宜地进行恢复治理，才可以避免盲目行动，节约成本，最大限度地恢复退化植被而不破坏原有植被。

1.3.4 高寒退化草地治理措施及模式

通过野外调查和相关技术的集成，在高寒草甸和高寒草原退化等级和标准划分以及极度退化高寒草甸（"黑土滩"）分类、分级标准的基础上，结合以往成功的治理经验，将高寒草甸和高寒草原退化草地的治理归结为 3 种模式及其相关的治理措施，具体如下。

人工草地改建模式：本模式适用于坡度小于 7°的重度退化草地和极度退化高寒草原。这类退化草地土壤肥力很差，但地势相对平坦，适于机械作业。此类退化草地通过机械作业种植适宜的草种，可使其快速恢复生产和生态功能。据调查，在三江源区，坡度小于 7°的重度"黑土滩"退化草地有 83.09 万 hm^2，极度退化高寒草原有 317.18 万 hm^2。

半人工草地补播模式：本模式适合于坡度小于 7°的轻、中度"黑土滩"退化草地，坡度在 7°~25°的中度和重度"黑土滩"退化草地以及坡度小于 25°的重度退化高寒草甸。这类退化草地可在不破坏或尽量少破坏原生植被的前提下，选择适宜的草种，通过机械耙耱或人工补播措施建立半人工草地。据调查，三江源区坡度小于 7°的轻、中度"黑土滩"退化草地共计 229.15 万 hm^2（其中，轻度 120.15 万 hm^2、中度 109.00 万 hm^2），坡度在 7°~25°的中度和重度"黑土滩"退化草地共计 88.51 万 hm^2（其中，中度 48.88 万 hm^2、重度 39.63 万 hm^2），坡度小于 25°的重度退化高寒草甸共计 242.94 万 hm^2（其中，坡度小于 7°的为 204.76 万 hm^2，坡度在 7°～25°的为 38.18 万 hm^2）。

封育自然恢复模式：本模式适合于坡度在 7°～25°的轻度"黑土滩"退化草地和坡度大于 25°的所有类型的"黑土滩"退化草地以及所有类型的轻、中度退化高寒草甸。这类退化草地可通过一定时间的封育使其逐渐恢复植被。据调查，坡度在 7°～25°的轻度"黑土滩"退化草地共计 62.20 万 hm^2，坡度大于 25°的所有类型的"黑土滩"退化草地共计 25.28 万 hm^2，所有类型的轻、中度退化高寒草甸为 150.28 万 hm^2。在实际操作过程中，机械和人力无法到达区域，亦可用飞播方式尝试其恢复效果。

第 2 章　高寒草地的分类分级

对草地进行分类是草地经营中的一项基础性工作，是认识和了解草地自然与经济特性的一种方法，是人类科学开发、有效保护和利用及建设草地资源的理论依据。草原分类的实践工作，需要一定的科学理论指导。对草地进行合理分类及等级划分，可将其精准应用于草原科研、规划、监测、保护、修复、利用、经营、建设等专项工作。依据 2017 年农业部《草地分类》标准，全国高寒牧区天然草地主要分为高寒草原、高寒草甸和高寒荒漠三大类，主要分布在青藏高原、帕米尔高原及云南省的西北部等地，海拔较高，气候寒冷，是全国的重点草原分布区。2008 年农业部《天然草原等级评定技术规范》规定，草地可划分为五等八级，综合评定指标可分为九类，以此来对青海高寒草地进行等级评定。

青海省高寒牧区是我国最重要、影响范围最大的生态调节区，也是需要开展生态系统健康评价与功能恢复重建的生态脆弱区域，由于自然和人为因素的共同影响，青藏高原高寒草地生态系统结构失调、功能衰退、稳定性减弱、恢复能力下降，严重威胁着青海省典型功能区的生态安全、民生改善、经济发展。因此，选取主要指标并确定其量化范围，对不同类型的高寒草地的退化等级进行划分，不仅可根据目前的退化等级因地制宜地提出相应的治理措施及模式，还可以为青海省退化草地具体治理方案的制定以及草地监测提供科学依据。

2.1　高寒草地分类

2.1.1　青海不同类型高寒草地的分布布局

青海省以高寒草原、高寒草甸、高寒荒漠为主的三大类草地面积共有 3597.80 万 hm^2，占青海省天然草地总面积的 85%。青海省按行政区划分为 8 个市（州）级单位，高寒草地集中分布在海北州 4 县、黄南州 4 县、海南州 5 县、果洛州 6 县和玉树州 6 县、海西州 7 县（市、区、行委）等区域。此 6 个州是青海省草地畜牧业的主产区，简称六大牧区。该区域内的天然草地以高寒草地为主，分布面积为 3567.67 万 hm^2，占青海省高寒草地分布面积的 99.17%，是青海省高寒草地的主体分布区域。从草地组成成分看，高寒草原、高寒荒漠、高寒草甸分别占整个高寒草地面积的 25.41%、3.23%、71.36%。按行政区域划分，六大牧区中高寒草地分布面积最大的是玉树州 6 县，占青海省高寒草地面积的 43.19%；其次是海西州 7 县（市、区、行委），占青海省高寒草地面积的 23.27%；第三位是果洛州

6 县，占青海省高寒草地面积的 17.26%；面积较小的依次为海北州、海南州、黄南州，分别占 5.98%、5.56%、3.1%。青海省各行政区域内的高寒草地分布面积统计见表 2.1。

表 2.1　青海省各行政区域内的高寒草地分布面积统计

行政单位	高寒草原		高寒荒漠		高寒草甸		高寒草地合计		面积占全省高寒草地总面积的比例（%）
	面积（hm²）	可利用面积（hm²）	面积（hm²）	可利用面积（hm²）	面积（hm²）	可利用面积（hm²）	面积（hm²）	可利用面积（hm²）	
海北州	115 411	109 640	0	0	2 035 312	1 982 664	2 150 723	2 092 304	5.98
门源县	0	0			298 557	292 351	298 557	292 351	0.83
祁连县	71 045	67 493			906 223	883 648	977 268	951 141	2.72
海晏县	17 188	16 328			219 265	213 849	236 453	230 177	0.66
刚察县	27 178	25 819			611 267	592 816	638 445	618 635	1.77
黄南州	53 604	50 924	0	0	1 351 814	1 317 608	1 405 418	1 368 532	3.91
同仁县	1 186	1 127			198 679	192 491	199 865	193 618	0.56
尖扎县	8 526	8 100			44 579	43 683	53 105	51 782	0.15
泽库县	43 892	41 697			509 326	496 770	553 218	538 468	1.54
河南县	0	0			599 230	584 664	599 230	584 664	1.66
海南州	377 202	358 341	0	0	1 621 509	1 587 787	1 998 711	1 946 128	5.56
共和县	173 152	164 495			434 897	425 332	608 049	589 827	1.69
贵德县	0	0			136 252	133 527	136 252	133 527	0.38
贵南县	12 832	12 190			210 158	205 835	222 990	218 025	0.62
同德县	14 668	13 934			254 538	249 445	269 206	263 379	0.75
兴海县	176 550	167 722			585 664	573 648	762 214	741 370	2.12
果洛州	577 698	548 879	59 650	41 755	5 571 875	5 432 678	6 209 223	6 023 312	17.26
玛沁县	23 502	22 327			1 082 127	1 056 535	1 105 629	1 078 862	3.07
班玛县	0	0			477 460	467 671	477 460	467 671	1.33
甘德县	92	90			647 451	632 848	647 543	632 938	1.80
达日县	0	0			1 261 992	1 231 331	1 261 992	1 231 331	3.51
久治县	0	0			694 582	679 727	694 582	679 727	1.93
玛多县	554 104	526 462	59 650	41 755	1 408 263	1 364 566	2 022 017	1 932 783	5.62
玉树州	4 277 714	3 882 581	30 846	21 592	11 230 410	10 927 891	15 538 970	14 832 064	43.19
玉树县	0	0			1 154 767	1 128 855	1 154 767	1 128 855	3.21
杂多县	15 284	14 520			3 033 180	2 944 120	3 048 464	2 958 640	8.47
称多县	0	0			1 284 943	1 250 204	1 284 943	1 250 204	3.57
治多县	2 665 268	2 350 757			2 859 800	2 782 921	5 525 068	5 133 678	15.36

续表

行政单位	高寒草原		高寒荒漠		高寒草甸		高寒草地合计		面积占全省高寒草地总面积的比例（%）
	面积（hm²）	可利用面积（hm²）	面积（hm²）	可利用面积（hm²）	面积（hm²）	可利用面积（hm²）	面积（hm²）	可利用面积（hm²）	
襄谦县	1 902	1 807			758 291	742 628	760 193	744 435	2.11
曲麻莱县	1 595 260	1 515 497	30 846	21 592	2 139 429	2 079 163	3 765 535	3 616 252	10.47
海西州	3 664 656	3 108 479	1 061 122	675 760	3 647 830	3 437 035	8 373 607	7 221 274	23.27
格尔木市	2 229 254	1 744 072	906	634	1 646 335	1 485 263	3 876 495	3 229 969	10.77
德令哈市	131 467	124 894	751 566	459 071	127 199	124 621	1 010 232	708 586	2.81
乌兰县	58 695	55 760			41 254	40 318	99 949	96 078	0.28
都兰县	891 125	846 569	9 877	6 914	402 384	393 156	1 303 386	1 246 639	3.62
天峻县	297 912	283 791	295 591	206 914	1 402 105	1 365 725	1 995 607	1 856 430	5.55
茫崖市	37 445	35 573			16 643	16 310	54 088	51 883	0.15
大柴旦行委	18 758	17 820	3 182	2 227	11 910	11 642	33 850	31 689	0.09
合计	9 066 285	8 058 844	1 151 618	739 107	25 458 750	24 685 663	35 676 652	33 483 614	99.17

2.1.2　青海不同类型高寒草地的分布特征

2.1.2.1　高寒草原类

该草地是在高山和青藏高原寒冷干旱的气候条件下，由耐旱耐寒的多年生密丛型禾草、根茎型苔草为建群种组成的草地类。该草地在青海南部的集中分布区域东起泽库县西部，至兴海县的苦海一带，向西北至玛多县的花石峡、扎陵湖、鄂陵湖，再向西经曲麻莱县、治多县，直至可可西里的东南部及青藏公路沿线一带，呈现出东西长、南北狭窄的长带状楔形，分布在青南高原北部海拔 3900～4900m 的地区。该区域气候寒冷、干旱、多风、冷季漫长、暖季短暂，牧草生长期短，一般为 100～120 天。土壤生草过程微弱，有机质积累少，土壤瘠薄。该草地在祁连山地主要分布在祁连山西部和布尔汗布达山的高山地带，青海湖流域与共和盆地，海拔 3400～4500m 的干旱阳坡，宽谷、洪积扇、冲积扇、河流高阶地及高原湖盆边缘。组成草群的牧草种类简单，每平方米 5～14 种，优势种为紫花针茅（*Stipa purpurea*），豆科的乳白花黄耆（*Astragalus galactites*）、镰形棘豆（*Oxytropis falcata*）和菊科的矮火绒草（*Leontopodium nanum*）常与紫花针茅一起在草群中占优势地位。常见伴生种有二裂委陵菜

（*Potentilla bifurca*）、细叶苔草（*Carex duriuscula* subsp. *stenophylloides*）、阿尔泰狗娃花（*Aster altaicus*）等。该类草地所处生境恶劣，牧草耐牧性差。该类草地主要有 7 个草地型，详见表 2.2。

表 2.2 高寒草原类主要草地型面积、鲜草产量统计表

序号	草地型名称	草地面积（hm²）	草地可利用面积（hm²）	鲜草平均单产（kg/hm²）	可食鲜草平均单产（kg/hm²）
	高寒草原类	9 038 451	8 031 561	1 064	848
1	紫花针茅型	2 445 729	2 230 950	1 154	821
2	紫花针茅、早熟禾型	337 777	320 553	804	737
3	紫花针茅、青藏苔草型	146 636	117 941	950	904
4	紫花针茅、杂类草型	3 944 628	3 528 996	1 231	1 032
5	扇穗茅型	383 197	231 326	877	619
6	青藏苔草、杂类草型	1 706 681	1 531 682	635	511
7	禾叶凤毛菊型	73 803	70 113	1 202	980

2.1.2.2 高寒荒漠类

高寒荒漠类是在寒冷和极端干旱的高原或高山亚寒带气候条件下，由以超旱生垫状半灌木、垫状或莲座状草本植物为主发育形成的一类草地。其分布海拔最高，气候最干旱，草群稀疏、低矮。其集中分布在德令哈市哈拉湖周边、野牛脊山，以及玛多县布青山西端，海拔 3800～4800m 的高山上部和可可西里地区。高寒荒漠类草地多为流石带，常发育以红景天（*Rhodiola algida*）、垫状驼绒藜（*Ceratoides compacta*）为优势种的荒漠植被，其下部常为高寒草原类或高寒草甸类草地。土壤为高山寒漠土或高山荒漠化草原土，成土母质为冰碛物或湖积、洪积堆积物，土层厚度 15～30cm，有机质含量低。草群结构简单，无层次分化，常呈不连续的斑块状分布。该类草地地处高海拔的偏远地区，气候恶劣、路途遥远、交通极为不便，绝大部分为无人居住区。同时，草地的可食牧草稀少，放牧利用价值很低，基本未被利用。该类草地主要有 3 个草地型，详见表 2.3。

表 2.3 高寒荒漠类主要草地型面积、鲜草产量统计表

序号	草地型名称	草地面积（hm²）	草地可利用面积（hm²）	鲜草平均单产（kg/hm²）	可食鲜草平均单产（kg/hm²）
	高寒荒漠类	1 151 618	739 107	1 153	360
1	垫状驼绒藜型	95 511	66 857	1 078	836
2	亚菊型	448 431	246 877	744	503
3	红景天型	607 676	425 373	1 402	203

2.1.2.3　高寒草甸类

高寒草甸类是在高原（或高山）亚寒带和寒带、寒冷而又较为湿润的气候条件下，以耐寒性（喜寒性、抗寒性）多年生、中生、中湿生为主的矮生草本植物占优势，高寒灌丛参与其中的一类草地。其多分布在海拔 3800～4800m 的地区和山体上部，由于分布范围较广，在不同区域分布的海拔有所不同。其在祁连山地，受山地地形的强烈影响，构成山地植被垂直带的重要成分，占据山体上部的阳坡和阴坡高山灌丛的上部；在与高山稀疏植被接壤的地段，只分布在土层较厚的区域，海拔为 3800～4000m。其在青南高原则上升到 4200～4800m，占据了宽谷、滩地、浑圆山顶及山体的阴、阳坡。其在可可西里地区主要分布在东南部海拔 5200m 以下的山坡、冰碛台地和谷地，在格拉丹东峰东北坡甚至分布到 5400m 以上。高寒草甸类草地是青海省分布最广、面积最大的一个草地类型，构成草地群落的优势植物有高山嵩草（*Kobresia pygmaea*）、矮生嵩草（*K. humilis*）、线叶嵩草（*K. capillifolia*）、禾叶嵩草（*K. graminifolia*）、粗喙苔草（*Carex scabrirostris*）、赤箭嵩草（*K. schoenoides*）、黑褐穗苔草（*Carex atrofusca*）、珠芽蓼（*Polygonum viviparum*）、圆穗蓼（*P. macrophyllum*）以及高寒灌丛山生柳（*Salix oritrepha*）、金露梅（*Potentilla fruticosa*）、鬼箭锦鸡儿（*Caragana jubata*）、鲜卑花（*Sibiraea laevigata*）、杜鹃花属植物等。该类草地主要有 36 个草地型，见表 2.4。

表 2.4　高寒草甸类主要草地型面积、鲜草产量统计表

序号	草地型名称	草地面积（hm²）	草地可利用面积（hm²）	鲜草平均单产（kg/hm²）	可食鲜草平均单产（kg/hm²）
	高寒草甸类	25 436 251	24 674 760	2 332	1 820
i	典型高寒草甸亚类	21 109 123	20 607 319	2 229	1 655
1	早熟禾、杂类草型	147 531	144 580	1 239	1 022
2	具金露梅的早熟禾型	2 345	2 253	2 679	1 594
3	高山嵩草型	8 559 438	8 315 624	1 807	1 227
4	高山嵩草、矮生嵩草型	1 065 390	1 043 937	1 781	1 472
5	高山嵩草、细柄茅型	99 505	97 515	1 915	1 599
6	高山嵩草、异针茅型	921 512	903 080	1 963	1 544
7	高山嵩草、杂类草型	3 618 474	3 546 105	2 043	1 385
8	高山嵩草、圆穗蓼型	817 523	800 965	2 673	2 111
9	矮生嵩草型	720 672	706 307	2 064	1 825
10	矮生嵩草、高山嵩草型	430 189	421 585	1 985	1 770
11	矮生嵩草、杂类草型	395 212	387 055	2 706	2 131
12	线叶嵩草型	912 259	893 994	3 103	2 459
13	线叶嵩草、早熟禾型	29 104	28 522	3 795	2 957
14	线叶嵩草、杂类草型	206 005	201 883	3 643	2 354

序号	草地型名称	草地面积（hm²）	草地可利用面积（hm²）	鲜草平均单产（kg/hm²）	可食鲜草平均单产（kg/hm²）
15	线叶嵩草、珠芽蓼型	730 359	714 829	4 128	3 268
16	嵩草、杂类草型	2 509	2 459	2 100	1 485
17	禾叶嵩草型	155 433	152 325	4 939	3 744
18	黑褐苔草、杂类草型	165 460	162 151	1 338	1 166
19	粗喙苔草、线叶嵩草型	59 342	58 155	1 828	1 595
20	苔草、杂类草型	17 336	16 989	3 457	2 708
21	具金露梅的嵩草、苔草型	791 859	774 080	3 691	3 125
22	具高山柳的苔草、嵩草型	1 061 464	1 037 273	2 670	2 134
23	具鬼箭锦鸡儿的嵩草型	15 951	15 632	2 614	2 424
24	具杜鹃的苔草型	55 839	54 723	5 123	2 577
25	具锦鸡儿的苔草、嵩草型	10 085	9 867	2 734	2 329
26	具鲜卑花的苔草、嵩草型	33 288	32 597	4 662	2 118
27	具金露梅的珠芽蓼型	85 039	82 834	4 263	3 741
ii	沼泽化高寒草甸亚类	4 288 278	4 029 440	2 869	2 669
28	西藏嵩草型	2 655 072	2 479 841	2 953	2 720
29	西藏嵩草、苔草型	1 437 401	1 363 330	2 741	2 590
30	粗喙苔草、西藏嵩草型	112 214	106 857	1 861	1 710
31	水嵩草、苔草型	8 061	7 658	3 012	2 830
32	甘肃嵩草型	28 204	26 794	4 400	4 349
33	华扁穗草型	32 397	30 777	3 911	3 855
34	藨草型	14 929	14 183	2 996	2 718
iii	盐化高寒草甸亚类	38 850	38 001	1 017	916
35	赖草型	25 866	25 277	861	737
36	具水柏枝的赖草型	12 984	12724	1 328	1 273

1. 典型高寒草甸亚类

该亚类草地是高寒草甸类草地的主要组成部分。其分布在青南地区中东部的高原面和祁连山地的冷龙岭、大阪山、大通山、青海南山等地。其常占据山地阴坡、阳坡、浑圆山顶、河滩、河谷阶地。该类草地土壤分化程度低，粗骨性强，土层较薄，草群中的植物根系发育较好，具有较强的耐牧性。植物生长期短，以营养繁殖为主。牧草产量低，但营养价值较高，牧草中的粗蛋白质、粗脂肪和无氮浸出物含量较高，粗纤维含量较低，其是高寒地区的优良放牧地。优势植物有嵩草属的高山嵩草、矮生嵩草、线叶嵩草、禾叶嵩草等，珠芽蓼、圆穗蓼等杂类草，禾本科的异针茅（*Stipa aliena*）、双叉细柄茅（*Ptilagrostis dichotoma*）等，以及多种高寒灌丛植被，构成优势草地。

2. 沼泽化高寒草甸亚类

该亚类草地是在高寒气候和土壤过分潮湿的条件下由以耐寒的湿中生或中湿生多年生草本植物为主构成的草地。它的形成和分布往往与特定的地形和水分条件相关联，广泛分布在青南高原、祁连山地，地势低洼、排水不畅、土壤过分潮湿、通透性不良的地带，发育良好。其分布区土壤多为高山沼泽草甸土，土层厚。在低温、通气性不良的条件下，微生物活动微弱，有机质积累丰富，在土壤的上层形成较厚的泥炭层。植物种类组成比较单调，多为湿生、湿中生、中生植物，以西藏嵩草、粗喙苔草、华扁穗草（*Blysmus sinocompressus*）为优势种。草群密度大，覆盖度常在 70%～90%，部分地区可郁闭地面。草地产量较高，草质好，在冷季的保存率较高。

3. 盐化高寒草甸亚类

该亚类草地是在高寒气候条件下，在盐渍化土壤中生长发育起来的，由以耐盐、喜盐或抗盐性多年生中生草本植物为主形成的一种类型。土壤含盐量高，呈碱性。地下水位高，平均在 1～1.5m。地表干燥，常常出现白色盐霜或盐结皮。其集中分布在柴达木盆地，天峻县布哈河和江河河床，青海湖湖滨滩地。草群以根茎型的赖草（*Leymus secalinus*）为优势种，在河床中常与灌木共为优势种，形成疏灌草地。

2.1.3　青海高寒草地的等级

2.1.3.1　草地的等级划分指标

天然草地的等级是对草地质量和生产力进行评定的综合指标。2008 年农业部《天然草原等级评定技术规范》规定，草原等是用不同饲用价值的牧草占草群总产量的质量百分比确定的，草原级是由单位面积可食牧草的产量来划分的，如表 2.5、表 2.6 所示。

表 2.5　草原等的划分标准

草原等	划分标准
I 等	优等牧草占总产量≥60%
II 等	良等以上牧草占总产量≥60%
III 等	中等以上牧草占总产量≥60%
IV 等	低等以上牧草占总产量≥60%
V 等	劣等和不可食牧草占总产量≥40%

表 2.6　草原级的划分标准

草原级	划分标准
1 级草原	可食牧草产量≥4000kg/hm²
2 级草原	3000kg/hm²≤可食牧草产量＜4000kg/hm²
3 级草原	2000kg/hm²≤可食牧草产量＜3000kg/hm²
4 级草原	1500kg/hm²≤可食牧草产量＜2000kg/hm²
5 级草原	1000kg/hm²≤可食牧草产量＜1500kg/hm²
6 级草原	500kg/hm²≤可食牧草产量＜1000kg/hm²
7 级草原	250kg/hm²≤可食牧草产量＜500kg/hm²
8 级草原	可食牧草产量＜250kg/hm²

在草原等和级评定的基础上进行叠加组合，将草原 5 等归并为优质、中质、劣质，草原 8 级归并为高产、中产、低产，将草原等级的综合评定指标归并为 9 类，如表 2.7 所示。

表 2.7　草原等级划分标准

草原等级	划分标准
优质高产	优等牧草和良等牧草占总产量≥60%，可食牧草产量≥3000kg/hm²
中质高产	良等牧草和低等牧草以上占总产量≥60%，可食牧草产量≥3000kg/hm²
劣质高产	劣等牧草占总产量≥40%，可食牧草产量≥3000kg/hm²
优质中产	优等牧草和良等牧草占总产量≥60%，500kg/hm²≤可食牧草产量＜3000kg/hm²
中质中产	良等牧草和低等牧草以上占总产量≥60%，500kg/hm²≤可食牧草产量＜3000kg/hm²
劣质中产	劣等牧草占总产量≥40%，500kg/hm²≤可食牧草产量＜3000kg/hm²
优质低产	优等牧草和良等牧草占总产量≥60%，可食牧草产量＜500kg/hm²
中质低产	良等牧草和低等牧草以上占总产量≥60%，可食牧草产量＜500kg/hm²
劣质低产	劣等牧草占总产量≥40%，可食牧草产量＜500kg/hm²

2.1.3.2　青海高寒草地的等级评定

依据上述草地等级的划分指标，结合近期草地生产力监测数据，对青海高寒草地进行等级评定。结果显示，青海高寒草地主要以优质高产、优质中产、中质高产、中质中产、劣质中产、劣质低产 6 项为草原等级的综合指标。其中优质中产草地分布面积最大，占全省六大牧区高寒草地的 68.7%，居第二位的是中质中产草地，占全省六大牧区高寒草地的 22.9%，优质高产、中质高产草地面积分别占 2.8%、2.4%，劣质中产和劣质低产草地面积分别占 1.5%、1.7%。因此，青海牧区的高寒草地以优质中产、中质中产为主，表明青海高寒草地等级较高。

2.2　不同类型高寒草地退化等级

2.2.1　高寒草甸退化等级

2.2.1.1　高寒草甸类草地含义

高寒草甸类草地是指在高原（或高山）亚寒带和寒带寒冷又湿润气候条件下，由以耐寒性、喜寒性多年生、中生草本植物为主或有中生高寒灌丛参与形成的以矮草草群占优势的草地类型，组成草地的植被类型主要为亚高山草甸和高山草甸。植物群落组成以短根茎莎草科植物为主，如高山嵩草（*Kobresia pygmaea*）、矮生嵩草（*K. humilis*）等嵩草属植物，伴有丛生禾草及少量杂类草，如针茅（*Stipa* sp.）、羊茅（*Festuca* sp.）、横断山风毛菊（*Saussurea superba*）和麻花艽（*Gentiana straminea*）等。

2.2.1.2　高寒草甸退化等级划分

根据野外调查数据的总结分析，结合关于典型高寒草甸退化至"黑土滩"过程中的植被群落学特征研究报道（李希来，1996；陈全功等，1998；周华坤等，2003，2005），将高寒草甸至"黑土滩"的退化过程划分为 5 个阶段，分别是未退化草地、轻度退化草地、中度退化草地、重度退化草地和极度退化草地。不同退化阶段的主要群落表观特征见表 2.8。

表 2.8　高寒草甸不同退化阶段的主要群落表观特征

退化阶段	植物总种数	植被总盖度（%）	原生植被盖度（%）	嵩草属植物重要值	土壤坚实度（kg/cm³）	优势种
未退化草地	20~28	80~95	80~95	25.0	4.0	高山嵩草、矮生嵩草
轻度退化草地	24~32	75~90	70~85	15.0~20.0	3.5	高山嵩草、针茅
中度退化草地	18~29	60~80	50~70	10.0~15.0	2.0	早熟禾、披碱草
重度退化草地	10~23	50~75	30~50	2.0~6.0	1.0	杂类草
极度退化草地	8~15	<60	<30	<1.0	<1.0	杂类草

2.2.1.3　判定方法

（1）50%以上的主要测定分类指标（优势种代表、原生植被盖度、植被总盖度和嵩草属植物重要值 4 个及以上主要指标）达到某一退化级规定值时，则该高寒草甸草地视为退化草地，并将测定分类指标达标最多的退化级别确定为该高寒草甸草地的退化级别。

（2）50%以上的主要测定分类指标（优势种代表、原生植被盖度、植被总盖度和嵩草属植物重要值 4 个及以上主要指标）未达到各级退化高寒草甸草地标准时，则认定该草甸草地为未退化草地。

2.2.1.4 判定结论

1. 未退化草地

这一阶段为高寒草甸原生植被群落阶段，是高寒草甸在放牧演替下形成的偏顶极群落。植物群落组成以短根茎莎草科植物为绝对优势种，如高山嵩草、矮生嵩草等嵩草属植物，伴有丛生禾草及少量杂类草，如针茅、羊茅、横断山风毛菊和麻花艽等，物种分布均匀，总盖度达 80%～95%，基本无秃斑地，优良牧草如嵩草、禾草的比例在 80%以上，嵩草属植物的重要值在 25.0 以上，总地上生物量在 1000kg/hm^2 以上，土壤坚实度＞4kg/cm^3，有机质含量超过 10%。该阶段牧压适当，鼠害在危害阈值之下。该类草地在青海省三江源区、西藏那曲地区占有很大的面积，是高寒草地畜牧业赖以发展的资源。

2. 轻度退化草地

该阶段是短根茎莎草+密丛禾草植物阶段，是短根茎莎草科植物草场超载过牧的结果，属轻度退化草地，以短根茎莎草、密丛禾草为优势种，如高山嵩草、矮生嵩草、针茅、羊茅等，伴有部分杂类草，如麻花艽、横断山风毛菊和二裂委陵菜（*Potentilla bifurca*）等，物种分布不太均匀，总盖度达 75%～90%，草场秃斑地占 15%～20%（李希来，1996），优良牧草在 50%～75%，嵩草属植物的重要值在 15.0～20.0（刘伟等，1999），总地上生物量变化较小，在 1000kg/hm^2 以上，土壤坚实度为 3～4kg/cm^3（陈全功等，1998），有机质含量也超过 10%。该阶段是较短根茎莎草科植物阶段，草群垂直结构出现分层，为喜开阔生境的啮齿动物如高原鼠兔提供了较好的生存条件。

3. 中度退化草地

该阶段是疏丛禾草、短根茎莎草和杂类草植物群落阶段，是轻度退化草场超载过牧和鼠害共同作用的结果，属中度退化草场，以疏丛禾草、短根茎莎草为优势种，如垂穗披碱草（*Elymus nutans*）、早熟禾和高山嵩草等，杂类草如横断山风毛菊、线叶龙胆（*Gentiana lawrencei* var. *farveri*）和雪白委陵菜（*Potentilla nivea*）等为主要伴生种，总盖度为 60%～80%，裸露的秃斑地占 30%～50%（李希来，1996），优良牧草的比例在 30%～50%，嵩草属植物的重要值在 10.0～15.0（刘伟等，1999），总地上生物量略有下降，在 1000kg/hm^2 左右，土壤坚实度下降为 2kg/cm^3 左右，有机质含量略有下降，但超过 10%（陈全功等，1998）。该阶段为高寒草甸退化的量变过程，其中杂类草的盖度和优势度加大，为高原鼢鼠和高原鼠兔提供了丰富的食物资源与良好的栖息环境。该阶段若不采用保护和改良等措施，则易演变为重度和极度退化草场。

4. 重度退化草地

该阶段为匍匐茎杂类草植物群落阶段。中度退化草场在鼠害和过牧的共同危害下，很快就退化为以匍匐茎杂类草为优势种的阶段，属重度退化草场。此阶段往往形成以鹅绒委陵菜（*Potentilla anserina*）和短穗兔耳草（*Lagotis brachystachya*）等匍匐茎植物为优势种的植物群落，伴生种有杂类草如肉果草（*Lancea tibetica*）、矮火绒草（*Leontopodium nanum*）、海乳草（*Glaux maritima*）、细叶亚菊（*Ajania tenuifolia*）、西伯利亚蓼（*Polygonum sibiricum*）、棘豆（*Oxytropis* sp.）等，这些杂类草无性繁殖能力很强，侵占了大面积的生境，而禾草和莎草只是偶尔出现。整个群落的优良牧草比例明显下降，杂毒草比例上升，总盖度为 50%～75%，秃斑地面积占 50%左右，优良牧草比例在 10%～30%，嵩草属植物的重要值下降为 2.0～6.0（刘伟等，1999），总地上生物量下降至 600～1000kg/hm^2，土壤坚实度下降为 1kg/cm^3 左右，有机质含量下降显著，在 5%～8%（陈全功等，1998）。该阶段草场因裸露土壤呈黑色，牧民统称该类草场为"黑土滩"，草场退化已发生质的变化。此时草场已失去放牧利用价值，鼠害依然严重。

5. 极度退化草地

重度退化草地在啮齿动物的继续危害下，迅速退化为极度退化草地。植被以一二年生毒杂草为主，如白苞筋骨草（*Ajuga lupulina*）、黄帚橐吾（*Ligularia virgaurea*）、马先蒿（*Pedicularis* sp.）、圆萼刺参（*Morina chinensis*）等，群落盖度在 30%以下，草场秃斑地面积达 70%以上（李希来，1996），优良牧草比例在 10%以下，嵩草属植物的重要值在 1.0 以下（刘伟等，1999），土壤坚实度下降为 1kg/cm^3 以下（陈全功等，1998），有机质含量较重度退化草场有所下降，为 3%～8%。该阶段整个草地呈典型的"黑土滩"或"砾石滩"景观，与原生植被相比已面目全非，禾本科、莎草科植物消失殆尽，土壤风蚀、水蚀极其严重，草场基本失去利用价值。害鼠因缺乏食物、栖息环境不良而大量外迁至其他未退化草场。

2.2.2　高寒草原退化等级

2.2.2.1　高寒草原类草地含义

高寒草原类草地主要是以寒冷旱生的多年生密丛禾草占优势，分布在海拔 3500～4700m，多发育于山间宽谷平原、滩地、冲洪积扇、山顶坡地、河流阶地等地貌单元，土壤以高山草甸草原土和固定风沙土为主，生草过程微弱，植被低矮稀疏，生物量较低，种群单一，优势种和次优势种以旱生、中生的禾草为主，如紫花针茅、扇穗茅、扁穗冰草、洽草、羊茅、沙生风毛菊、披碱草、冷蒿等。

2.2.2.2 高寒草原退化等级划分

高寒草原退化等级分为原生未退化、轻度退化、中度退化和重度退化 4 级，其分级标准定义见表 2.9。

表 2.9 高寒草原退化等级标准

退化等级	植物群落优势种	禾本科植物盖度（%）	可食牧草地上生物量比例（%）	土壤有机质含量 [2]（g/kg）	草场质量
原生未退化草地	禾本科牧草	>30	>70	15～35	质量优良，未退化
轻度退化草地	禾本科牧草+杂类草	20～30	50～70	20～40	质量中等，比原生植被下降一等
中度退化草地	杂类草	10～20	30～50	5～20	质量差，比轻度退化植被下降一等
重度退化草地 [1]	毒杂草	<10	<30	<9	质量很差，比中度退化植被下降一等

注：1. 为沙化或潜在沙化草地。
2. 有机质含量测算的表层土样深度为 0～20cm

2.2.2.3 高寒草原退化等级评定方法

（1）确定高寒草原的优势种。相对盖度超过 50%的植物种，一般以旱生、中生的禾草、莎草、杂类草为主，如紫花针茅、扇穗茅、青藏苔草、扁穗冰草、洽草、羊茅、沙生风毛菊、披碱草、冷蒿等。

（2）确定禾本科植物的盖度，用样方法目测或针刺法。

（3）确定植物群落中可食牧草地上生物量比例（%），运用收获法和烘干称量法进行牧草产量测定。

（4）根据表 2.9 确定的参数范围确定高寒草原退化等级。

（5）采用对角线法用土钻采集判定样地的表层土样（0～20cm）100g 左右，运用重铬酸钾容量法-外加热法测定有机质含量，根据表 2.9 确定的参数范围进行验证。如准确率在 85%以上，则界定结论可接受。

2.2.2.4 判定结论

（1）当植物群落优势种为旱生或中生的禾本科植物，其禾本科植物盖度>30%、可食牧草地上生物量比例>70%、有机质含量为 15～35g/kg 时，判定草场质量为未退化标准，所述高寒草原退化等级为原生未退化。旱生或中生的禾本科植物是指紫花针茅、扁穗冰草、扇穗茅、洽草、羊茅或披碱草等。

（2）当植物群落优势种为旱生或中生的禾本科植物+杂类草，其禾本科植物盖度为 20%～30%、可食牧草地上生物量比例为 50%～70%、有机质含量为 20～40g/kg 时，判定草场质量下降一等，所述高寒草原退化等级为轻度退化。

（3）当植物群落优势种为杂类草，其禾本科植物盖度为 10%～20%、可食牧草地上生物量比例为 30%～50%、有机质含量为 5～20g/kg 时，判定草场质量下降一等，所述高寒草原退化等级为中度退化。

（4）当植物群落优势种为毒杂草，其禾本科植物盖度<10%、可食牧草地上生物量比例<30%、有机质含量<9g/kg 时，判定草场质量下降一等，所述高寒草原退化等级为重度退化。

2.2.3　高寒沼泽湿地退化等级

2.2.3.1　高寒沼泽湿地类草地含义

高寒沼泽湿地指土壤经常为水饱和，地表长期或暂时积水，生长湿生和沼生植物的天然草地，下层有泥炭累积或虽无泥炭累积但有潜育层存在的地段。

2.2.3.2　高寒沼泽湿地退化等级划分

高寒沼泽湿地退化等级主要根据水资源和植物群落两部分内容划分，高寒沼泽湿地退化指数（SDI）由高寒沼泽湿地的积水面积占比（WER）和湿生植物重要值（Hiv）计算确定。

2.2.3.3　高寒沼泽湿地退化等级评定方法

（1）湿地区域确定：依据高寒沼泽湿地资源调查数据，结合遥感影像和野外调查，确定划分湿地的范围。

（2）野外调查：根据确定的高寒沼泽湿地区域，制定湿地调查方案，开展积水面积、植物群落、鼠洞等现场调查，获取各划分指标的数据资料。

（3）退化指数计算：高寒沼泽湿地退化指数（SDI）按下列公式计算。

$$\text{SDI} = \frac{1}{2}(\text{WER} + \text{Hiv}) \tag{2.1}$$

式中，SDI 表示高寒沼泽湿地退化指数；WER 表示积水面积占比；Hiv 表示湿生植物重要值。

（4）退化等级划分：根据表 2.10 中 SDI 范围确定高寒沼泽湿地退化等级。

表 2.10　高寒沼泽湿地退化等级

高寒沼泽湿地退化指数（SDI）	退化等级
SDI>0.55	未退化（Ⅰ）
0.325<SDI≤0.55	轻度退化（Ⅱ）
0.1<SDI≤0.325	重度退化（Ⅲ）
SDI≤0.1	极度退化（Ⅳ）

2.2.3.4 判定结论

高寒沼泽湿地退化等级主要根据高寒沼泽湿地积水面积占比和湿生植物重要值进行判定，具体标准如表 2.11 所示。

表 2.11　高寒沼泽湿地积水面积占比和湿生植物重要值分级

特征描述	积水面积占比（WER）	级别	湿生植物重要值（Hiv）	级别
湿生植物为优势种，积水较多，鼠洞密度为每平方米 0~2 个	WER>50%	正常	Hiv>0.6	正常
湿生植物为亚优势种，积水较少，有少量干化斑块出现，干化斑块上具有明显的鼠洞，鼠洞密度为每平方米 2~10 个	25%<WER≤50%	减少	0.4<Hiv≤0.6	略有减少
湿生植物为伴生种，积水很少，出现大量干化斑块，有裸地出现，鼠洞密度为每平方米 10~24 个	0<WER≤25%	明显减少	0.2<Hiv≤0.4	明显减少
有零星的湿生植物，无积水，湿地系统被完全破坏，鼠洞密度为每平方米 2~10 个	WER=0	消失	Hiv≤0.2	显著减少

第3章 高寒草地生态恢复技术

高寒草地因为生长季节短、生物量季节增长低，以及高寒植物有性繁殖体较少等特点，导致其在没有人为干预恢复的情况下，自然恢复效率极其低下。而青藏高原退化草地的发展与恢复必须和可持续利用青藏高原的经济资源相协调。因此，进一步的发展必须以合理的生态原理为根本。以前用来恢复退化高寒草地的干扰方法包括播种、个体移植和草皮移植等。用生态学的原理筛选对退化草地恢复有效的办法，将为高寒退化草地治理提供有效的策略，以此来维护和增强草地资源的重要生态功能。这就要求我们利用各种治理策略，对不同种类的退化草地因地制宜地进行有效恢复。有效的恢复策略包括进行鼠虫害控制、毒杂草防除、围栏封育休牧、"黑土滩"恢复、退化坡地和"黑土坡"恢复、施肥、一年生和多年生牧草栽培、草产品加工、矿山恢复、高寒沼泽湿地与荒漠化恢复，以及一些其他的前瞻技术等，这些都可以通过适当的干扰机制和人工管理来对高寒退化草地进行针对性恢复。

3.1 鼠害防控技术

3.1.1 害鼠的种类、分布及危害

3.1.1.1 种类

由于受青藏高原高寒生态条件的局限，青海省害鼠数量较多但种类较为单一，主要种类有高原鼠兔、高原鼢鼠和高原田鼠（图3.1）。其中，高原鼠兔和高原田鼠以地上活动为主，一般称为地面鼠；而高原鼢鼠以地下活动为主，一般称为地下鼠。每一种鼠类都有其自己的生活习性和特定生活环境，并占据一定的分布地区。

图 3.1　高原害鼠种类及危害

a、b 为高原鼠兔，c 为高原田鼠，d 为高原鼢鼠，e 为高原鼠兔危害，f 为高原鼢鼠危害

3.1.1.2　分布

草原害鼠适应性很强，只要食料充足，对气候条件的要求并不严格。青海省害鼠主要分布在河湟谷地干草原区（海拔 1650～2000m）、高寒草甸区和高寒荒漠区（海拔 4700～5200m），鼠类的水平分布可概括为以下 4 个生物气候带。

1. 祁连山地草甸、草原草地区

该区包括海北州刚察、海晏、门源和祁连及海西州天峻，气候寒冷湿润，主要害鼠是高原鼠兔，其次是高原鼢鼠，伴生有高原田鼠等。

2. 青南高原草甸、草原草地区

该区包括海南州共和、贵南、同德和兴海，黄南州泽库、河南，果洛州玛沁、玛多、甘德、达日、久治和班玛，玉树州玉树、曲麻莱、称多、杂多、治多和囊谦以及可可西里地区。这些地区气候寒冷、空气稀薄，广大地区至今仍为无人区，保持着原始自然状态，主要害鼠是高原鼠兔，其次是高原田鼠，伴生有旱獭等。

3. 柴达木盆地荒漠、草原草地区

该区包括海西州德令哈、格尔木、乌兰、都兰，这些地区气候干燥、温差很大、风力强劲，主要害鼠是高原鼠兔。

4. 东部黄土高原草原、草甸草地区

该区包括海东市平安、乐都、民和、循化、化隆和互助，西宁市区及周边的大通、湟源和湟中，海南州的贵德，黄南州的同仁和尖扎。这些地区气候比较温暖湿润，是青海主要农业区，人类对自然的影响较大。主要害鼠是高原鼢鼠，其次是高原鼠兔等。

3.1.1.3　危害

青海省不同的害鼠种类有着不一样的危害标准，当高原鼠兔每公顷有效洞口达到 150 个、高原鼢鼠每公顷新土丘达到 199.5 个、高原田鼠每公顷有效洞口达到 1500 个时就要进行防治。

每只高原鼠兔每天吃鲜草 66g，全年（按 180 天计）吃掉 24.09kg；每只高原鼢鼠成体每天吃鲜草 264g，全年（按 180 天计）吃掉牧草 47.52kg，每只高原田鼠成体每天吃鲜草 38g，全年（按 180 天计）吃掉牧草 6.84kg。据计算，青海省三种害鼠每年吃掉的鲜草约为 108.49 亿 kg。

高原鼠兔除有鼠洞出口坑、跑道破坏植被外，还将挖出的土堆成低矮的土丘覆盖草地植被。高原鼠兔土丘（鼠坑）共造成无植被的裸地（"黑土滩"）5.13 万 hm^2，每年约损失鲜牧草 1.07 亿 kg。高原田鼠、根田鼠土丘虽然小，但密度极高，在单位面积上危害形成的裸地较多，全省高原田鼠共造成"黑土滩"0.14 万 hm^2，每年约损失鲜牧草 300 万 kg。

高原鼢鼠打洞造穴、挖掘对草地造成的不良后果更为严重。全省现有高原鼢鼠危害面积 109.68 万 hm^2，被覆盖破坏的草地植被总面积为 16.66 万 hm^2，每年约损失鲜牧草 3.46 亿 kg。如得不到及时有效控制，新的土丘还会与时俱增，被土丘覆盖的植被面积还会不断扩大。

青海草地三种主要害鼠因采食而每年损耗鲜牧草 108.49 亿 kg，因挖掘形成洞坑、跑道而推出地面的土丘覆盖草地植被，每年损耗的鲜牧草为 4.56 亿 kg，鲜草价格按 0.1 元/kg 计，每年仅牧草一项的直接经济损失即为 11.3 亿元。如上述牧草用于养羊业，牧草利用率按 70%计，每年可多养 542 万只羊单位，再生产的效益增值也是不可忽视的。

青海省草地害鼠数量在整个动物种群中占有绝对的优势，据普查测定，仅高原鼠兔就不少于 4 亿只。害鼠不仅与家畜争夺优良牧草，降低草地载畜量，而且终年打洞造穴、挖掘草根、堆成地表土丘，破坏植被，造成塌陷与水土流失。轻则地表千疮百孔，毒草丛生，使草地植被逆向演替，逐步劣化变质；重则地表土层剥蚀，砾石裸露形成寸草不生的次生裸地。目前，青海省寸草不生的"黑土型"退化草地已达 330 万 hm^2，70%分布在青南高寒草甸区，不仅恶化了草地生态环

境，更严重的是破坏了黄河、长江、澜沧江源头及其支流区域的生态平衡。测定资料表明，草地植被具有防风固沙、阻止水土流失、拦截地表径流、涵养土壤水分和保持土壤肥力的多种功能。由于鼠害、春末冻融交替使牧草与土壤反复剥离及全球气候干旱等因素，青南的"黑土型"退化草地已逾 200 万 hm²，不仅使三江源头的生态环境更加脆弱，而且给中下游地区造成极大的生态隐患。

不仅如此，90%的鼠类能传播多种疾病，能携带 200 余种病原体，其中能使人致病的有 57 种，而其中最可怕的要数鼠疫，严重威胁人类的健康及畜禽安全。啮齿动物中家栖鼠类是主要的带菌动物，病死率很高。其传染途径主要是人体皮肤接触带菌鼠尿污染的水、土壤及植物等，或直接接触鼠尿和被感染的动物组织，或人们误食被鼠尿污染的食物和水。流行性出血热流行甚广，病死率高达 5%～10%。除上述鼠传疾病外，还有森林脑炎、恙虫病、斑疹伤寒等，也会不时传给人类，其对于家畜会造成传染性流产、产犊时白泻、结核病等。一些家栖鼠类会破坏人们的生活用品，啃咬食物、家具与污染食品，影响了工农业的生产和人们的正常生活。

3.1.2 鼠害防治

青海省对鼠害的大规模防治最早始于 20 世纪 50 年代，1958 年首先使用磷化锌掩埋毒饵进行高原鼠兔的防治。在随后的几十年里，鼠害防治采用了物理方法、化学方法、生物方法和生态防治等方法（景增春等，1991；施大钊和钟文勤，2001；钟文勤和樊乃昌，2002；Jackson and van Aarde，2003；张宏利等，2004；姚圣忠等，2005）。

3.1.2.1 物理方法

物理方法主要是利用捕鼠夹、鼠笼、灭鼠弓箭、电子捕捉器等器械及水淹法、扣捕法等对啮齿动物进行捕杀。伴随各种灭鼠器械的使用，诱鼠剂也得到了长足发展，诱鼠剂和灭鼠器械相互配合在防治鼠害过程中起到了一定的效果。使用传统弓箭结合电子通信设备可以在捕获高原鼢鼠后及时将信息发送到用户手机上，实现了高精度、及时的物理灭鼠。物理灭鼠的优点是对人畜安全，尤其是对大的家畜，一般不会造成伤害，对环境无残留毒害，鼠尸易清除，灭鼠效果明显，适于小面积应用。缺点是费工、成本高、无法大范围应用。

3.1.2.2 化学方法

化学方法是指使用药物控制动物数量，可分为两大类：药物灭杀和不育控制，是目前国内外灭鼠应用最为广泛的方法。

1. 药物灭杀

对高原鼠兔和高原鼢鼠的化学防治，最早源于对磷化锌毒饵的应用。随后又开发了含有机氟的灭鼠药物，但是因不可避免的二次、三次中毒现象，导致对兔、鼠天敌的毒害，破坏了生态平衡。从 20 世纪 80 年代起，含有机氟药物被禁止生产和使用。随后，又出现了敌鼠、敌鼠钠盐、氨基甲酸酯类、毒鼠磷、士的宁、溴敌隆、肉毒素以及地芬·硫酸钡等杀鼠剂。高志祥等（2006）对野外捕获的褐家鼠进行溴敌隆敏感性检验，发现溴敌隆能有效控制褐家鼠种群数量；肉毒素具有适口性好、毒饵残效期短、无二次中毒现象等优点（王兴堂等，2010；祁晓梅等，2008；李生庆等，2015）；王兴堂等（2010）比较了 5 种药物对高原鼠兔的灭杀效果，发现大隆、肉毒素等可有效灭杀高原鼠兔，并构建了药物浓度、用药量和饵料种类的最佳配比。近年来开发的地芬·硫酸钡制剂的原理是利用物理方式促使害鼠肠道梗阻而脏器衰竭死亡的方法灭杀害鼠，是一种新型的灭鼠药物，因其无毒无害而得到了广泛推广（李喜国，2017）。结合药剂的使用，毒饵选配、灭鼠方法和时机、灭鼠容器也有一定的改进。化学方法的优点是方法简单、灭效高、见效快、成本低，缺点是易污染环境，导致人畜中毒，使动物产生抗药性，从而降低灭杀效果。

2. 不育控制

借助某种技术或方法使雄性和（或）雌性绝育，或阻碍胚胎着床发育，阻断幼体生长发育，以降低生育率，从而控制种群数量的增长。这一概念最早由 Knipling 在 1959 年提出（Knipling，1959，1960），目前发展到手术不育、激素的药物不育及免疫不育三类方法（Tuyttens and Macdonald，1998）。与单纯灭杀相比，不育控制的优点基于两个假设：一是不育个体继续占有领域，消耗资源，维持社群压力，减缓种群恢复速率；二是竞争性繁殖干扰假说，不育个体继续占有配偶，降低雌性怀孕率和生育力。

目前，不育控制已成为控制动物种群数量的常见方法，在国际上得到了普遍应用和推广。例如，60%～80%的雌性绝育手术能有效降低欧洲野兔（*Lepus europaeus*）的种群数量（Williams and Twigg，1996；Twigg and Williams，1999；Williams et al.，2007）；雌二醇能有效降低啮齿动物等的种群数量（Kendle et al.，1973），左炔诺孕酮能使雄性白脸僧面猴（*Pithecia pithecia*）不育（Savage et al.，2002）。雌性成体注射猪卵透明带（porcine zona pellucida，pZP）蛋白可以实现对野马（*Equus caballus*）和白尾鹿的免疫不育，有效抑制它们的繁殖（Nuñez et al.，2010；Mcshea et al.，1997）。

在国内，张知彬在 1995 年首次介绍了不育控制技术，并通过数学推理和分析发现，不育控制的实际效果明显优于单纯灭杀。雄性结扎不育不影响布氏田鼠两性的社会行为和交配行为，不育雄性与雌性的交配干扰了正常雄性的交配，降低了雌性有效交配次数，导致雌性怀孕率和产仔数下降，证实了"繁殖干扰假说"（张建军等，2004）。α-氯代醇能堵塞大鼠输精细管，导致睾丸和附睾极度膨大，然后萎缩（张知彬等，1997）；炔雌醚显著降低布氏田鼠精子数及睾丸和附睾重量，并对睾丸和附睾造成明显组织损伤（Zhao et al.，2007）；环丙醇类衍生物不育剂增加褐家鼠精子死亡率和附睾溃疡率，对雄性生殖系统造成严重损伤，导致雄性个体不育（张知彬，2000；陈东平等，2004）；雌性不育剂可造成高原鼠兔子宫内膜出血、胚胎流产或吸收，雄性不育剂造成曲细精管、精母细胞等的损伤，从而导致产仔率下降，种群数量降低（魏万红等，1999）。复方不育剂 EP-1 不仅能有效抑制布氏田鼠、灰仓鼠和子午沙鼠的繁殖（张知彬等，2004），还能有效降低雄性大仓鼠的睾丸、附睾重量及繁殖力（张知彬等，2005，2006）。通过数学模型比较不育控制和灭杀对布氏田鼠种群的作用，结果表明与灭杀相比，不育控制在降低种群数量方面没有显著的差别（Shi et al.，2002）；有研究通过模型证明不育控制能有效降低动物种群数量（Zhang，2000）；刘汉武等（2008）比较不育控制和灭杀对高原鼠兔种群的影响，表明不育控制比化学灭杀在抑制种群上具有更好的效果，雌性不育在不育控制中具有更重要的作用。张知彬（2000）介绍了澳大利亚在应用免疫不育防治小家鼠、欧洲野兔及红狐等脊椎动物上取得的进展；张爱莲（2004）利用草原兔尾鼠卵透明带 3 基因（*LZP3*）开展免疫不育实验，DNA 免疫疫苗能有效降低草原兔尾鼠的生育力。

在青藏高原，采用炔雌醚、左炔诺孕酮、EP-1 等药物针对高原鼠兔进行野外不育控制实验，发现炔雌醚能有效降低雄性睾丸重量和精子数量，而对领域行为等没有影响，不育的雄性继续占有配偶，但不产生子代，从而实现长期控制高原鼠兔的种群数量的目的；同时，不育药物对小型雀形目鸟类也没有显著的负效应（Liu et al.，2012；Qu et al.，2015），炔雌醚可以在水体和土壤中快速降解，对环境的污染也很小（Zhang et al.，2014）。因此，使用炔雌醚对高原鼠兔进行防治，具有很好的应用前景。

3.1.2.3 生物方法

生物防治是指利用动物的天敌或有致病力的病原微生物控制种群数量。该方法主要包括以下 3 个方面。

（1）利用鼠类的天敌，如猛禽（大鵟、猎隼等）或小型兽类（赤狐、狼、香鼬、艾虎等）。在高寒草地设立鹰架招鹰，诱集鼠类天敌，不仅增加了害鼠被捕获的概率，而且破坏害鼠的栖息环境，干扰其生存活动，造成其种群迁移，从而有效防治草原鼠害（周俗等，2006；祁晓梅，2009）。

（2）选择对人畜无毒而对靶向动物有致病力的病原微生物，经实验室培养后以毒饵的形式投放到动物种群中，使其发病死亡。这种方法要大面积应用需要解决以下关键问题：一是对人畜无害，在使用中不发生变异，同时对靶向动物的毒力强而稳定；二是免疫力，出现免疫个体的概率小，不与其他微生物产生交叉免疫；三是传播范围广，能造成大范围的传染。例如，采用黏液瘤病毒能增加北美棉尾兔的死亡率，有效降低其种群数量（Silvers et al.，2010）。但这种方法的使用需要特别谨慎，避免对环境产生不良的影响。

（3）利用寄生虫对动物进行防治。动物的寄生虫如球虫类、螨类、蜱类等影响宿主的存活、生长发育及繁殖（Anderson and May，1978；May and Anderson，1978；杨学军等，2002；Wang et al.，2009）。在饵料中添加虫卵，使寄生虫在动物体内或体表繁殖，增加宿主的死亡风险，控制害鼠的种群数量。例如，利用高原鼠兔的专一性寄生虫艾美尔球虫感染高原鼠兔，可以有效降低其种群数量，达到长期控制其种群数量的效果（边疆晖等，2011）。

3.1.2.4　生态防治

改变栖息环境使之不适宜害鼠生存，或隔断食物来源，从而减少繁殖或增加死亡率，降低种群数量。建植人工草地破坏高原鼠兔原有的适宜生境，对高原鼠兔的去除率达 94.8%；通过撒播、施肥等措施促进植物生长，使退化草地植被恢复，改良的草地成为高原鼠兔的不良生境，影响高原鼠兔的繁殖和生长，抑制其种群增长（张清香等，2006）。化学防护剂福美锌等的气味阻碍狗獾（*Meles meles*）的取食，从而影响其种群动态变化（Baker et al.，2005），这种方法也可以在鼠害防治中进行尝试。

总而言之，鼠害暴发从根本上说，是草地过度放牧、草地退化和害鼠天敌缺失等引发的草地生态环境失调的集中表现。因此，要从根本上治理鼠害，应在生态平衡的指导思想下，综合应用多种方法，科学地利用和管理草地资源，恢复退化草地，使生态系统进入良性循环，只有这样才能长期、有效地控制鼠害，实现草原的可持续利用（周华坤等，2003，2016；赵新全和周华坤，2005）。

3.2　毒杂草防除技术

3.2.1　毒草型退化草地的种类、分布及危害

3.2.1.1　毒草型退化草地的种类及分布

毒草型退化草地的扩张已成为第二大引起草原严重灾害的因素，据统计，我国天然草地毒草危害面积约 $3.33 \times 10^7 \text{hm}^2$（赵宝玉等，2008）。隶属于青藏高原的西藏全部和新疆、青海、甘肃、四川、云南部分地区毒草分布面积广（表 3.1）。其中，西藏可利用天然草地面积达 5500.00 万 hm^2，毒草危害面积约 573.50 万 hm^2，草地有毒植物共计 365 种，分属 74 科 202 属（刘晓学等，2015），危害严重的毒草主要有豆科的毛瓣棘豆、冰川棘豆、茎直黄芪，禾本科醉马草，瑞香科狼毒，毛茛科工布乌头（王敬龙和王保海，2013）；新疆可利用天然草地面积达 4800.68 万 hm^2，毒草危害面积为 124.00 万 hm^2，草地有毒植物共计 257 种，分属 45 科

167 属，对草地畜牧业造成危害的主要毒草有豆科的小花棘豆和变异黄芪，禾本科醉马草，藜科无叶假木贼，毛茛科乌头属，菊科橐吾属，玄参科马先蒿属等（严杜建等，2015）。青海可利用天然草地面积为 3153.07 万 hm²，毒草危害面积 262.11 万 hm²，草地有毒植物共计 224 种，分属 19 科 34 属，主要有豆科棘豆属的甘肃棘豆、小花棘豆、黄花棘豆、黑萼棘豆、镰形棘豆，禾本科醉马草，瑞香科狼毒，毛茛科乌头属和毛茛属，菊科橐吾属的黄帚橐吾，龙胆科龙胆属的大叶龙胆、线叶龙胆、麻花艽等（侯秀敏，2001）；甘肃可利用天然草地面积约 1607.06 万 hm²，毒草危害面积 97.00 万 hm²，草地有毒植物共计 178 种，分属 18 科 39 属，以毛茛科、龙胆科、豆科、大戟科、茄科为主，其他有毒植物为菊科、罂粟科、瑞香科、伞形科等（谭成虎，2006）；四川可利用天然草地面积达 1786.70 万 hm²，草地有毒植物 92 种，分属 18 科 34 种（刘洪先和汤宗孝，1986）。

表 3.1　青藏高原各省毒草分布面积

省份	可利用天然草地面积（万 hm²）	毒草危害面积（万 hm²）	严重危害面积（万 hm²）	毒草危害面积占可利用天然草地面积的比例（%）
西藏	5 500.00	573.50	282.10	10.43
新疆	4 800.68	124.00	43.08	2.58
青海	3 153.07	262.11	128.92	8.31
甘肃	1 607.06	97.00	34.34	6.04
四川	1 786.70	671.50	145.00	37.58
云南	1 192.56	293.33	64.40	24.60
合计	18 040.07	2 021.44	697.84	11.21

3.2.1.2　青藏高原主要毒草的危害

1. 破坏草地生态，降低草地利用率

更能忍受和适应逆境条件，如抗旱、抗寒、耐风沙、耐贫瘠，有粗长的主根和发达的根系，具有强大的繁殖能力（既能有性繁殖，也能无性繁殖）和空间拓展能力，是毒草的共同特点。毒草大量生长，逐渐成为优势种或建群种，与优良牧草争夺水分、养分，破坏了草地的生物多样性，降低了草地的利用率，使草地连年退化，甚至出现了秃斑块，草地质量和产量严重下降，草地生态呈现恶性循环。

2. 引起牲畜中毒

牲畜被迫采食或误食毒草后可能会引起中毒，生物碱中毒可引起中枢神经和消化道疾病；糖苷类中毒可引起神经型、肠胃型和发疹型等疾病；挥发油能引起中枢神经系统、心脏和消化系统疾病；食入过多高含量叶红质的食物会使家畜的皮肤上出现皮疹；硝酸盐和亚硝酸盐引起的慢性或急性中毒，会使肉、奶产量降

低或母畜流产，甚至家畜死亡；若家畜采食被真菌寄生的毒草，会使母畜受胎率降低或流产，牛犊生长缓慢，公畜性欲下降、精子品质下降，严重危害畜牧业的发展（表 3.2）（陆阿飞，2010；Bischoff and Smith，2011）。

表 3.2　2000～2013 年青藏高原各省份毒草引起家畜死亡的情况

地区	中毒数（头）	死亡数（头）	死亡率（%）
西藏	345 200	20 800	6.03
青海	100 000	20 000	20.00
甘肃	12 745	3 784	29.69
四川	20 800	19 543	93.96
云南	194 882	21 943	11.26
合计	673 627	86 070	12.78

3. 妨碍畜种改良

由于新引进畜种或杂交后代对当地毒草没有识别能力，误食当地毒草后引起中毒，可能会导致公畜生产性能及母畜繁殖能力减弱或丧失，甚至死亡，在一定程度上影响了牧区畜种的改良进程。

3.2.2　毒杂草防控技术及模式

3.2.2.1　毒草的防控技术

最近几十年来，各级草原管理部门及科研工作者从草地毒草防控与生态保护等多角度出发，采取了多种技术预防和控制毒草灾害的发生。

1. 传统防控技术

1）人工挖出或机械防除

人工挖出或机械防除简单易行、环保有效，主要是利用人工或简单工具进行挖除和刈割（王庆海等，2013），如吴国林等（2006）用螺丝钻破坏狼毒根系的生长点而阻止其生长。此法适合毒草生长集中且分布面积较小的地区，清除毒草后及时补播合适的优良牧草以恢复草地植被。

2）化学防控

化学防控主要是利用除草剂对天然草地的毒草进行灭除，此法适用于毒草分布面积大且生长密度较高的草地，一般在毒草盛花期使用，效果较佳。常用的除草剂有狼毒净、灭棘豆、2,4-D、43.2%灭狼毒、百草敌、草甘膦、毒莠定、使它隆、甲磺隆、迈士通等。针对不同的毒草种类，可采用不同的化学除草剂，如用2,4-D 能够较好地灭除棘豆属和黄芪属植物，用 43.2%灭狼毒能有效抑制草地狼毒群落,并促进禾本科牧草生长。使用 20%阔叶净和 80%甲磺隆组成的混合除草剂对黄花棘属和马先蒿属的防治效果更佳。由中国科学院寒区旱区环境与工程研究所和西北师范大学研发的以天然草原超低容量除草技术为主的化学防除技术达到了国内领先水平,灭棘豆超低量制剂的推广药量为 $1350 \sim 1650 \mathrm{mL/hm^2}$,7 月上旬至 8 月中旬是除草剂施用的最佳时间(樊胜岳等,2003)。

2. 现代防控技术

1)生物防治

生物防治是以生物多样性为基础,在有害生物危害区域引入有害生物的天敌(微生物、植物和动物等),使有害生物与天敌间建立一种相互制约、相互调节的关系,从而使区域生态保持平衡,即可利用植物的替代防控、接种专性寄生于毒草的病原菌防除毒草。

a. 替代防控

替代防控是根据植物群落的演替规律,选择种植演替中后期出现的植物,通过以草治草的方法,种植对某毒草竞争力强的一种或多种优良牧草,抑制有毒植物的生长发育,从而使毒草种群得到控制而不危害家畜。例如,紫花苜蓿对醉马草具有持续、强烈的竞争抑制作用,经过长期竞争演替,可能替代醉马草(黄玺等,2012)。化感作用是部分毒草增强其生存竞争能力的方式之一,因此也可利用植物间的化感作用防治毒草,如垂穗披碱草对黄花棘豆、黄帚橐吾、狼毒、秦艽、南山蒿、密花香薷等毒草有化感抑制作用(程晓月等,2011);毛茛、高乌头、五爪金龙、露蕊乌头和乳白香青对箭叶橐吾有化感抑制作用(张红等,2006);后源等(2011)发现黄花棘豆、南山蒿等"黑土滩"本地毒草的植物体化学提取物对甘肃马先蒿有较强的抑制作用,可用于防治甘肃马先蒿。

b. 接种病原菌

狼毒与黄花棘豆上的锈孢子堆均可通过风力、气流、雨水、虫媒等方式传播而侵染其根、茎、叶,对草地上的狼毒人工接种栅锈菌,对黄花棘豆接种可引起锈病的病原菌能有效控制其蔓延(姚拓等,2004;张扬,2005),喷洒对毒草有特异性作用的微生物菌剂如霜霉菌,能有效抑制毒草生长(巴合提亚尔·达吾提等,2017)。

c. 基因工程

疯草类植物能使牲畜中毒,主要是由内生真菌产生苦马豆素引起的,Ralphs等(2008)已经从斑荚黄芪、密柔毛黄芪、绢毛棘豆等中检测到了内生真菌,运用基因工程技术改变内生真菌、除去内生真菌可使疯草类植物解毒(王占新等,2010)。

d. 生物防除

有些毒草只对某一类或某几类动物有毒,而对其他动物无毒或毒性小,则可以在该毒草生长密集的区域放养对其不敏感的动物，抑制毒草的生长。例如，棘豆属植物对牦牛毒性较小，因此，在棘豆属植物生长密集的区域放养牦牛能抑制棘豆属植物的生长（曹丹丹等，2014）。

2）生态防治

生态防治是限制毒草的生长或降低毒草在植物中的比例以达到防治目的的方法。因为毒草的根系发达、抗逆性强，在降雨量较少时滋生蔓延，所以可以改变适宜毒草生长的草地环境，以达到抑制毒草生长的目的。例如，在醉马草生长区域灌水，可以使其生长受到抑制。

3）开发利用毒草

a. 用作饲料

疯草类毒草因其内生真菌含有苦马豆素导致动物中毒，对其进行脱毒后，可用作牧草喂牛羊，对棘豆进行生化处理后提取微量元素"锡"用于牛羊补饲（侯秀敏，2001）；醉马草与芨芨草适当加工后可饲喂绵羊（严杜建等，2015）。

b. 植物源农药开发利用

部分毒草产生的次生代谢产物是具有除草、杀虫及杀菌作用的活性物质，是高效稳定、无残留的天然植物源杀虫剂，如狼毒可用作杀虫剂，能有效灭除山楂叶螨、菜粉蝶幼虫、蚜虫等（曾辉，2004）。黄花棘豆叶、根及南山蒿叶对甘肃马先蒿有化感作用，能抑制甘肃马先蒿种子萌发、幼苗生长（后源等，2011）。

c. 医药开发

毒草也有药用价值，如疯草含有的苦马豆素有抗肿瘤活性和免疫增强作用，可用于开发抗肿瘤药和抗菌药等（赵宝玉等，2008）；狼毒可以治慢性支气管炎、咳嗽、顽固性皮肤病等，也有抗肿瘤活性及抗病毒作用（曾辉，2004）。

3.2.2.2　毒草化草地恢复技术及模式

毒草化草地的扩散和蔓延，导致生物多样性丧失、生态屏障功能减弱，但与其他类型的退化草地不同，与原植被群落相比，虽然植物群落组成发生了变化，但没有出现地表裸露、植物蓄积量减少、水土流失等特征（赵成章等，2004），总盖度与地上总生物量也没有降低（林丽等，2007）。处于不同退化阶段的草地植物群落特征不同，毒草所占比例有差异，土壤种子库中毒草种子比重也不同。轻度退化草地中毒杂草占 26.9%，中度退化草地中毒杂草占 77.4%，重度退化草地中毒杂草占 97.0%，极度退化草地中植被主要以一二年生毒杂草为主（马玉寿，2006）。根据草地的不同退化程度分类恢复草地，且几种恢复技术综合使用比单一使用能达到更好的效果。

1. 严格控制放牧强度，落实以草定畜、草畜平衡制度

毒草大量滋生是草地退化的重要标志，过度放牧是导致草地退化和毒草繁衍

的主要原因，因此严格控制放牧强度，划区轮牧或短期禁牧，减少草地放牧压力，避开毒草的盛花期放牧，在黄帚橐吾幼苗期禁牧，抑制毒草的生长。在牧草返青期间，对家畜进行舍饲圈养，对毒草化草地进行春季休牧，使优质牧草得到充分生长，制约毒草的生长。

2. 划破草皮以恢复草地植被

适度的划破草皮能够有效地改善土壤的通透性，改变土壤的水、气含量以及土壤温度，为微生物的活动创造良好的条件，加速土壤有机质的分解和矿化，进而提高土壤速效养分含量。而且划破草皮会使原凋落物层被破坏，土壤理化性质被改变，增加生境的异质性，为一年生禾草和双子叶牧草这种主要依靠种子繁殖的植物提供更多的竞争机会，同时也为土壤种子库及地表种子增加萌发机会（万秀莲和张卫国，2006；魏斌等，2012）。

3. 免耕法补播

免耕能够避免因翻耕造成的地表裸露，补播能够补充退化草地土壤种子库的牧草种子，提高种子进行更新的能力。优质牧草能改变原有植物的种间竞争机制，对水分、养分及光等草地资源进行重新分配，能够大幅提高草地生产力及优质牧草的比例，显著增加草地植被的高度、盖度、物种丰富度及生物多样性，并且明显抑制毒杂草的生长（沈景林等，2000；魏斌等，2012）。

4. 施肥

施肥是改良草地的重要措施，不但能够有效补充植物所缺的营养元素，提高牧草质量，改善土壤肥力，而且能改善草地群落结构，促进牧草生长，提高草地生产力。牧草在群落中所占比例的增加，能削弱豆科有毒植物的竞争优势，使其数量下降，造成有毒植物地上、地下生物量下降。施肥也会导致地面积累的凋落物量增加，能抑制某些物种的萌发，降低毒草的生物多样性（马玉寿等，2005；魏斌等，2012）。

5. 重建或改建人工植被

重度退化草地和极度退化草地"黑土滩"毒杂草所占比例很大，原生植物几乎消失，毒杂草土壤种子库比例也比原生植物土壤种子库大，因此只靠自然恢复很难恢复到原有状态，必须采用重建和人工改建的方法才能恢复其植被。对于地势较平坦的"黑土滩"，可以机械播种并进行一系列农艺措施以提高牧草种子的萌发率，而对于地势条件较差的"黑土滩"坡地，可利用种子丸粒化设备将农药、肥料、生长剂、保水剂、增氧剂等有效成分和一些辅助材料有序地包敷到种子上，使牧草种子丸粒化，可免去农艺措施，且同样能改善土壤肥力，提高播种质量（韩立辉，2010）。

6. 轻度、中度毒草化草地修复模式

控制载畜量+施肥+毒草防除+鼠害防治，可使草地放牧率保持在 40%~60%，将轮牧、休牧、禁牧方式结合，合理地给草地施尿素，使用化学除草剂 2,4-D+甲磺隆配成 1%的混合液，于 6 月下旬喷雾防除毒草，将高原鼠兔的种群密度控制在危害阈值之内。

7. 重度毒草化草地修复模式

重度毒草化草地植被盖度一般在 30%~50%，次生裸地出现大面积秃斑，产草量急剧下降，毒杂草蔓延，属于重度受损的草地生态系统，在自然状态下短期难以恢复，但若采用完全改建或重建的方法，会破坏原有的植被，也不利于群落的恢复。因此，采用补播+施肥+毒草防除+鼠害防治这种综合修复模式是最有利的（图 3.2）。

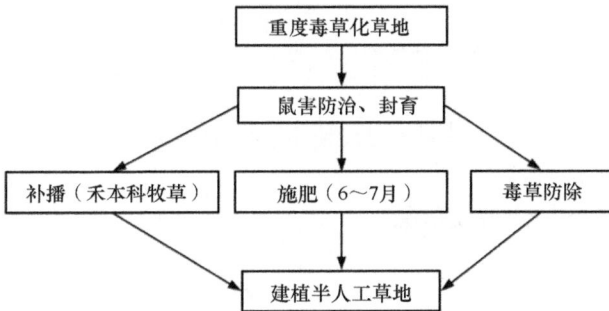

图 3.2 重度毒草化草地恢复技术及模式图

8. "黑土型"次生毒杂草草地修复模式

"黑土型"次生毒杂草草地毒草丛生、禾草极少、发育很差，能自然恢复的机会很小，需要人工重建。草种选择是"黑土滩"次生毒杂草草地治理的关键技术，以乡土草种为主，主要有垂穗披碱草、同德老芒麦、青牧一号老芒麦、青海中华羊茅、青海冷地早熟禾、同德小花碱茅等，最具代表性的新种质资源是青海草地早熟禾与青海冷地早熟禾，应用面积最广、时间最长的是垂穗披碱草（马玉寿等，2011）。这些种子既能单播，也可以混播，混播人工草地的生产性能和群落多样性与稳定性均优于单播（马玉寿等，2005；Smith et al.，2017），6 种牧草混合播种被推荐用于建植人工草地（施建军等，2009）。人工重建过程中，播种量、播种深度和镇压工序非常重要，镇压能使种子和土壤紧密结合，有利于种子萌发，播种时期以 4~6 月为宜，在分蘖期追肥，建植后，头两年的返青期绝对禁牧。人工重建的草地中牧草对化学防除剂的选择性较差，因此不适宜用化学防除

剂防治毒草。采用一定的灌溉措施能降低毒草的发生，同时能提高牧草的生物量（景美玲等，2012）。人工草地重建后的田间管理是其持续利用的关键，包括施肥、毒草防除、鼠害防治等，否则重建几年后人工植被的优势就会不存在，重新沦为"黑土滩"。因此采用的最佳修复模式为混播+农艺措施+施肥+毒草防除+鼠害防治（图 3.3）。

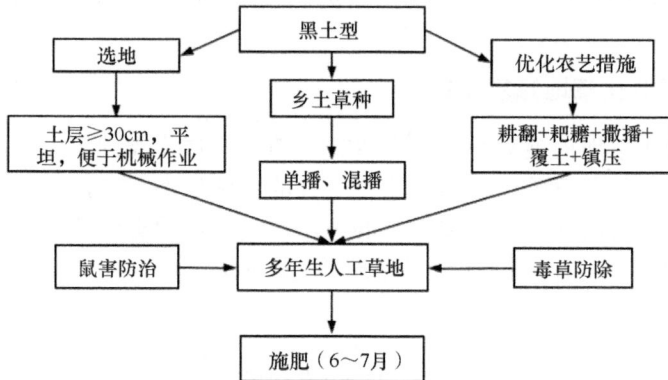

图 3.3 "黑土型"次生毒杂草草地恢复技术及模式图

3.3 虫害防治技术

3.3.1 害虫的种类、分布及危害

3.3.1.1 种类

（1）草地蝗虫：为害青海省干草原的主要有宽须蚁蝗、小翅雏蝗和狭翅雏蝗（图 3.4）。

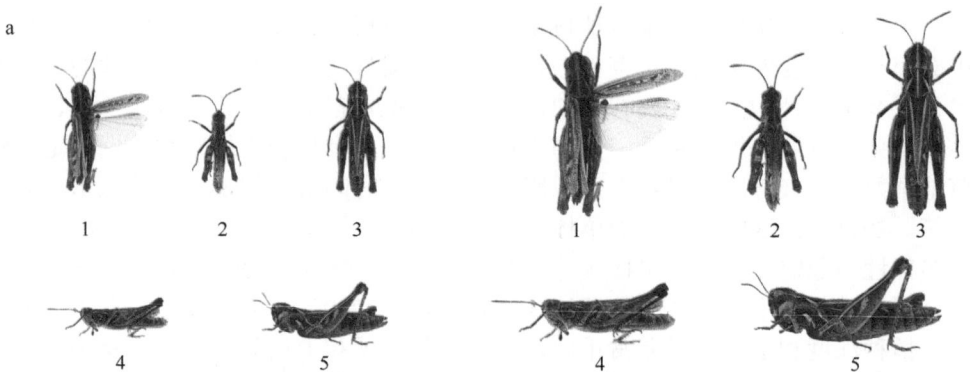

A. 原大小图　　　　　　　　　　B. 放大 1.5 倍图

b

1　　2　　3　　　　　　　1　　　2　　　3

4　　　5　　　　　4　　　　5

A. 原大小图　　　　　　　B. 放大1.5倍图

c

1　　2　　3　　　　　　1　　　2　　　3

4　　　5　　　　　4　　　　5

A. 原大小图　　　　　　　B. 放大1.5倍图

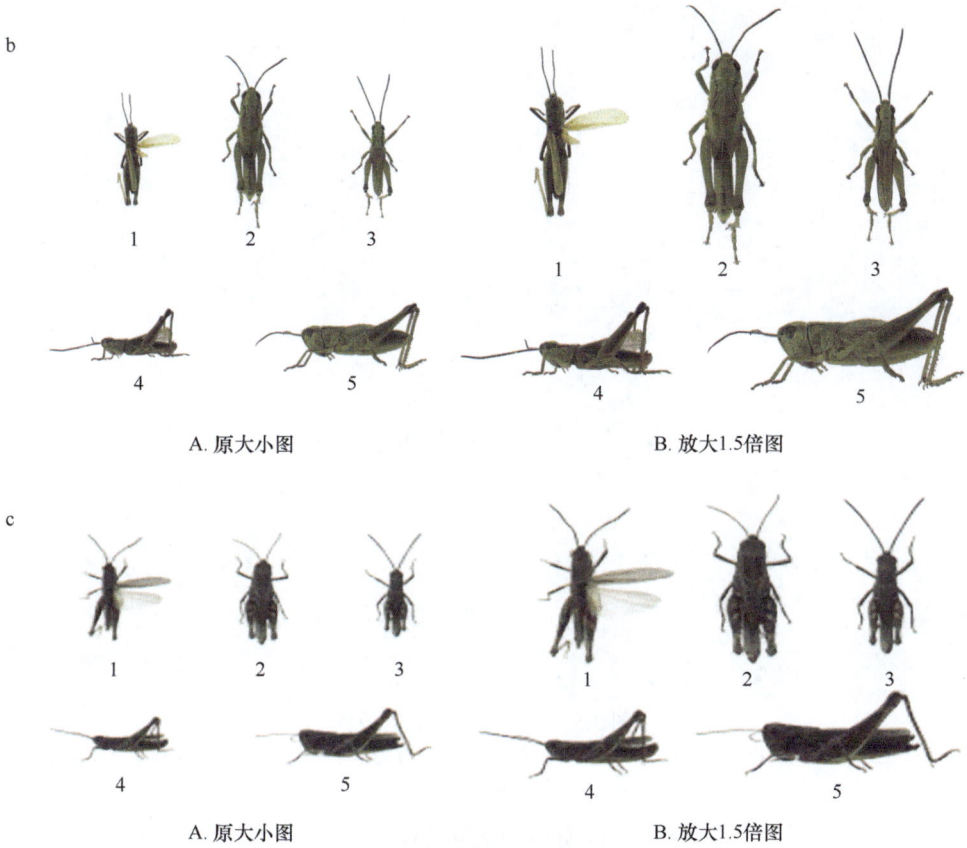

图 3.4　草地蝗虫种类

a 为宽须蚁蝗；b 为狭翅雏蝗；c 为小翅雏蝗

（2）草原毛虫：为害青海省草甸草原的主要是青海草原毛虫（图 3.5）。

图 3.5 草原毛虫生长阶段图

a 为草原毛虫卵；b 为草原毛虫幼虫；c 为草原毛虫雌、雄成虫；d 为草原毛虫茧；e、f 为草原毛虫取食牧草顶端幼嫩部位

（3）古毒蛾：为害青海省荒漠草原的主要是白刺古毒蛾（图 3.6）。

图 3.6 白刺古毒蛾

a 为白刺古毒蛾幼虫；b 为白刺古毒蛾成虫；c 为白刺古毒蛾茧和幼虫

3.3.1.2 分布

1. 草地蝗虫

根据生物气候特征及蝗虫发生为害程度，青海省草地蝗虫的地理分布可分为 4 个区。

（1）环湖山地、盆地草甸—草原蝗区：包括海北、海南、黄南全州及海西州的天峻。

（2）柴达木盆地荒漠草原蝗区：包括海西州（除了天峻、唐古拉）的大部分地区。

（3）东部黄土高原草山—农作蝗区：包括海东市及西宁市。

（4）青南高寒草甸蝗区：包括玉树、果洛两州及海西州唐古拉山镇。

2. 草原毛虫

青海省草原毛虫根据生物气候特点，其地理分布可分为三个区。

（1）祁连山山地草甸毛虫区：包括海北州、青海湖盆地及祁连山支脉达坂山、日月山以及青海南山的山地草甸地带。

（2）玉树高寒草甸毛虫区：包括东昆仑山南部、巴颜喀拉山西部、唐古拉山北部以及可可西里山环抱的广大地区。

（3）黄南、海南和果洛高寒草甸毛虫区：包括西倾山、巴颜喀拉山的高寒草甸地带的果洛、海南和黄南南部地区。

3.3.1.3　危害

1. 草地蝗虫

当草地蝗虫达到每平方米 25 头时就要开始防治。

青海省草地蝗虫为害分为三个区。重度为害区：位于青海湖周边，面积 75.55 万 hm²，是青海省草地蝗虫的重灾区和易灾区，同时也是监测和防治的重点地区。中毒为害区：位于青海省东部，面积 28.38 万 hm²，虫情需随时监测，及时加以防治。轻度为害区：位于青南局部地区草原，只是零星分布，面积 3.9 万 hm²，基本处于自然生态平衡状态，无需防治。

青海省为害草地的三种主要蝗虫采食量不同，因此所造成的损失也不尽相同。其中小型种混合种群（蚁蝗属+雏蝗属）采食量为（0.056±0.012）g/（头·d），中型种混合种群（红翅皱膝蝗+白边痂蝗等）采食量为（0.154±0.019）g/（头·d）。

当蝗虫每平方米达到 60 头以上时，为害区牧草损失量已超过了平均产草量的一半。当蝗虫每平方米达到 97 头以上时，牧草几乎被啃食殆尽，造成大批牲畜无法越冬而死亡，对畜牧业生产造成严重的损失。

青海省草地蝗虫主要以小型混生种为主，因此一年为害天数按 90 天计算，每头蝗虫一年吃掉鲜草 5.04g。据此，按照全省草地蝗虫为害面积计算，其造成的草地植被损失为 12.31 亿 kg，鲜草按 0.10 元/kg 计，每年的直接经济损失为 1.23 亿元；按牧草利用率 70%计算，每年蝗虫吃掉的牧草可多养 59.02 万只羊单位。除经济损失外，在蝗虫重灾年份，蝗灾对草地植被的破坏是十分惊人的，对本已脆弱的生态环境的破坏是致命的，因此，草地蝗虫的有效治理是促使草地生态系统趋于良性循环的一项重要措施。

2. 草原毛虫

当草原毛虫每平方米 30 头时就要开始防治。

青海省草原毛虫为害分为三个区。重度为害区：位于青海省青南地区，草原毛虫为害严重，是青海省草原毛虫的重灾区，同时也是监测和防治的重点地区。中度为害区：位于祁连山地草甸北部，草原毛虫在局部地区为害较为严重，需随时监测虫情，及时加以防治。轻度为害区：位于祁连山的南部，草原毛虫零星分布，危害较轻，需监测虫情，以防止为害面积扩大、灾情加重。

3～5 龄草原毛虫每头每天吃鲜草 0.016g，为害天数按 60 天计算，一头草原毛虫一年消耗鲜牧草 0.96g。青海省草原毛虫每年为害面积约为 70.68 万 hm^2，全省草原毛虫每年所造成的牧草损失为 5.1703 亿 kg。除直接取食的牧草损失外，再加上中度、重度为害区造成的 15%的牧草减产量（6357.00 万 kg），每年约损失牧草 5.806 亿 kg，鲜草按 0.10 元/kg 计，每年草原毛虫造成的经济损失达 5806 万元，可多养 27.8 万只羊单位，其效益极为可观。

草原毛虫主要吃莎草科、禾本科等优良牧草，当草原毛虫达到 300 头/m^2 时，毒杂草总量达 99%以上，优良牧草损失殆尽，因此，其对草地生态环境的破坏也是很严重的。

3.3.2 虫害防治

3.3.2.1 化学防治

1. 化学农药的剂型及作用方式

化学农药的剂型主要有：粉剂、可湿性粉剂、可溶性粉剂（水溶剂）、乳油、水剂、颗粒剂和微量喷雾剂（超低容量剂）。

化学农药的作用方式有：胃毒剂、触杀剂、内吸剂和熏杀剂等。

2. 农药的使用方法

1）喷粉法

该法是利用各种喷粉器喷药。该法的优点是工效高，适于缺水地区使用，缺点是药剂的黏着力差，散布不均匀，易受气流影响，风大时不能使用，一般要求在无风或小风时施药。

2）喷雾法

该法是使用喷雾器械（图 3.7），在一定压力下将药液分散成细小雾点均匀覆盖在草地植被及害虫体表上，以达到杀虫目的的方法。随着喷雾器械的发展，喷雾方法也有很多种。

图 3.7　喷雾器种类

a 为背负式手持常量喷雾器；b 为机械牵引式常量喷雾器；c 为大型拖拉机便携式超低量喷雾器；d 为巴西产 AJ-401 喷雾器；e 为飞机携带式超低量喷雾器；f 为直升机携带式超低量喷雾器

常量喷雾法：利用人工喷雾器或机动喷雾器的喷雾方法。地面喷雾用药量为 $750 \sim 1500 \mathrm{kg/hm^2}$，在缺水地区应用较难。

低容量喷雾法：用药量为 $75 \sim 150 \mathrm{kg/hm^2}$。

超低容量喷雾法：通过高效能的雾化装置，使药液雾化，经飘移而沉淀。地面和飞机用药量均为 $0.75 \sim 5.25 \mathrm{kg/hm^2}$。该法必须使用低毒性农药和特殊剂型。

3. 合理使用农药的原则

1）因虫施药

蝗虫体表有一层很厚的几丁质，触杀类农药对其作用不大，应使用以胃毒为主的农药，且用药量较大；毛虫体表柔软，较易杀死，对农药的要求不高，用药量也较小。

2）适时施药

青海草原毛虫大多数个体进入 3 龄时为防治适期；草地蝗虫为早发种和晚发种的混合种群，一般在晚发种完全出土后，早发种在 3 龄时防治，才能取得良好的效果。

3）选择合理的用药量

在应用新农药时，首先要进行小区药效试验，以确定使用浓度和用药量，总的要求是：既提高药效又节省用药量，以取得良好的防治效益。不论采用什么防治方法、防治什么害虫，农药施用浓度或用量都要适当，切不可随意加大或减少。

4）选择毒性小的农药

农药的毒性一般用小动物半数致死量（LD_{50}，表示在规定时间内通过指定感染途径，使一定体重或年龄的某种动物半数死亡所需的最小细菌数或毒素量）的大小来表示。半数致死量值越小，表示毒性越大。为了保证人畜安全，要求选用毒性较小的农药，要严格遵守农药安全使用的规定，在防治时要发出布告，明确禁牧时间。

3.3.2.2 生物防治

1. 蝗虫微孢子虫防治草地蝗虫

青海省于 1987 年引进蝗虫微孢子虫进行防治草地土蝗试验，蝗虫采食喷洒蝗虫微孢子虫的牧草后，微孢子虫在蝗虫脂肪组织中寄生，并大量繁殖，消耗蝗虫体内的营养物质，最终造成蝗虫死亡，同时还可通过雌虫产卵传给下一代并逐年繁衍下去，从而在防治后的多年一直影响蝗虫的种群数量。

1）蝗虫微孢子虫大面积使用和防治效果

将 $0.5×10^9$ 孢子/mL 的蝗虫微孢子虫按 $1hm^2$ 草地的超低量喷雾器用量定容，直接将药液喷洒在牧草上；喷洒药液后 24h 内无雨不需要补喷，若在 24h 内下雨需要补喷；青海省最佳施药时间是早晨和傍晚，即气温在 10℃左右对大面积施用蝗虫微孢子虫灭蝗极为有利（11～16℃时因温度高、气流上升，不宜超低量喷雾）。

喷洒蝗虫微孢子虫后第 41 天校正虫口减退率为 76.62%，防治效果理想。蝗虫微孢子虫对青海省主要的草地蝗虫均有感染致病作用，感染蝗虫微孢子虫的蝗虫表现出的症状为发育迟缓、体形瘦小、腹节拉长，后期腹部松软多呈粉红色，不活跃，少食或不食直至死亡。少部分进入成虫期的蝗虫生殖能力明显减退，交尾比例小，孕卵率低，产卵量小，证实其有垂直感染的性能。

2）天敌在蝗虫微孢子虫传播流行中的作用

天敌在微孢子虫病的传播和持续流行中有着十分重要的作用与地位。施用微孢子虫后多年，青海沙蜥、山丽步甲和蚂蚁等带孢率仍然可分别达到20%～60%、12%～58.3%和 0%～13.9%，青海沙蜥粪便中微孢子虫的含量可达 2.7×10^3～8.3×10^5 孢子/mL，且天敌种类比较丰富，则表明微孢子虫病在蝗群中流行的比例和程度均较强，并且持久。跟踪调查表明，蝗虫微孢子虫对蝗虫天敌的生物多样性有着显著的保护作用。在微孢子虫引入草地生态系统后，该系统中的生物群落多样性指数增加，均匀度和稳定性提高，相反地，蝗虫的个体数量减少。其结果是形成稀有种增多、常见种居中、优势种减少的较为稳定的生态系统。

2. 烟碱防治草地蝗虫

烟碱和苦参碱作为一类新型植物源农药，目前逐渐在青海省草地蝗虫防治工作中广泛应用，在青海省每公顷用量300mL，防效高达97%以上，防效与高效氯氰菊酯等化学农药相媲美，是一类高效、环保、安全的植物源农药。

3. 绿僵菌防治草地蝗虫

绿僵菌及其混配剂现在常用的有绿僵菌高孢粉、绿僵菌油悬浮剂等系列产品，该系列产品对青海草地土蝗的防治效果是 5 天后防效达 70%以上，30 天后防效达80%以上。绿僵菌对蝗虫的持续控制效果在施药后的第二年仍可达到 70%以上，这对青海省来说不失为一种持续有效控制草地蝗虫的可推广的药品。而且在青海大部分地区，天干物燥，牧区空气湿度低，水溶性药品容易因水分迅速蒸发而影响药效，而绿僵菌油悬浮剂在空气中不易被蒸发，适合在青海这种较为干旱的地区使用推广。

4. 病毒杀虫剂防治草原毛虫

病毒杀虫剂的基本成分为 V 液和 B 液两部分，V 液是核型多角体病毒，B 液是苏云金杆菌亚种。青海省于 1988 年引进病毒杀虫剂，开始进行田间应用试验，并逐步在草原毛虫发生区中试推广和大面积应用，取得了较好的效果。病毒杀虫剂的特点是当年效果不是很好，但病毒具有垂直感染效果，故防后2～3 年虫口密度呈逐年下降趋势，4～5 年后就可完全控制草原毛虫。使用病毒杀虫剂防治草原毛虫是最理想的选择。

1）病毒大面积使用和防治效果

青海省从 1989 年起在玉树高寒草甸毛虫区、果洛高寒草甸毛虫区、黄南高寒草甸毛虫区和祁连山地草甸毛虫区推广应用病毒杀虫剂，防治青海草原毛虫已达50 多万公顷，平均防效78.13%。病毒杀虫剂对低龄幼虫（4 龄以下）灭杀力较强，因此幼虫 3～4 龄时是最佳防治时期,一般在东部草原地区为 5 月下旬至 6 月上旬,西部草原地区为 6 月中旬。在其使用过程中,常量、低容量和超低容量喷雾后第 9 天的效果均达到 85%以上,没有显著差异,但由于青海省水资源奇缺,可选择使用低容量或超低容量喷雾器作业。

2) 病毒推广前景

病毒杀虫剂对其他动物十分安全,经对鸡、兔、绵羊和牦牛的灌服试验,结果没有发现中毒现象,在大面积防治草原毛虫过程中,牧民无需搬迁和禁牧,施药时不需特别保护,具有安全、经济、有效、简便易行等优点,有利于牧民群众的生产与生活活动,不影响河湖鱼类生活和养(放)蜂业的发展,具有很好的大面积推广应用的前景。

5. 类产碱防治草原毛虫

类产碱是北京克劳沃植保科技有限公司研制的一种新型生物防治剂,主要用于防治鳞翅目昆虫,在青海省主要应用于草原毛虫的生物防治。青海省于 2007 年引进应用类产碱,每公顷用 300mL 的类产碱防治草原毛虫,5 天后平均防效达到 95%以上;另外,对青海省柴达木地区发生的白刺古毒蛾也有较好的防治效果。

在类产碱使用时对防治人员的皮肤、眼睛、呼吸器官均无刺激感觉,且使用后在土壤中降解快、无残留,不污染环境,对人畜安全,适合在山地、丘陵等大型机械不能喷雾的地区进行人工喷雾使用。

3.3.2.3 综合治理

害虫综合防治是一套害虫治理系统,这个系统考虑到害虫的种群动态及其有关环境,利用所有适当的方法与技术以尽可能互相配合的方式,来维持害虫种群达到这样一个水平,即低于引起经济为害的水平。

1. 草地蝗虫的综合治理

1) 卡死克+蝗虫微孢子虫

卡死克是一种昆虫刺激剂,可抑制蝗虫脱皮,有一定滞育作用。在蝗虫高密度危害地区,使用蝗虫微孢子虫与卡死克 1∶1 隔带喷施,防后第 28 天的虫口减退率为 77.83%,残虫感染率为 89.67%;蝗虫微孢子虫与卡死克混合液喷施的虫口减退率为 79.03%,残虫感染率为 60%,两者防效无显著差异,因此两种方法都可以使用。

2) 拟除虫菊酯类农药+蝗虫微孢子虫

在高密度蝗害区,为了迅速将蝗灾控制住,减少损失,宜以拟除虫菊酯类农药为主与蝗虫微孢子虫隔带喷施灭杀。间隔带为农药喷洒 30m,蝗虫微孢子虫喷洒 10m,这种方法可在当年控制蝗虫数量的同时,将蝗虫微孢子虫引入蝗害区,利用其垂直感染的性能达到长期控制残虫密度的目的。

3）苏云金杆菌+拟除虫菊酯类农药

在蝗虫与毛虫混生区可选用苏云金杆菌和拟除虫菊酯类农药混合喷洒，可减少化学农药的用量，减少环境污染。

2. 草原毛虫的综合治理

1）病毒+拟除虫菊酯类农药

在草原毛虫重灾区，可用拟除虫菊酯类农药与病毒各半混合喷施，既发挥化学农药的快捷威力，又发挥病毒垂直感染的优点，达到长期控制草原毛虫种群密度的目的。

2）病毒+苏云金杆菌

在草原毛虫与草地螟混生区，可用苏云金杆菌与病毒混合喷洒灭治，可同时杀死两种害虫，且不会污染草地生态环境。

3）辛-氰乳油+苏云金杆菌

在古毒蛾高密度区，可采用以 35%辛-氰乳油为主配合苏云金杆菌混喷；在中、低密度区，两种农药可各一半混合喷施，效果可达 95%以上，同时可杀死蚜虫和金龟子的幼虫。

3.4 围栏封育休牧技术

围栏封育（围封）是草地管理的主要措施，是实现轻度退化草地自我恢复和保护新建植人工草地的主要方法。其措施是把草地围起来，封闭一段时间，在此期间不进行任何放牧或割草利用，其目的在于给牧草提供休养生息的机会，积累足够的营养物质，逐渐恢复草地生产力，促进草地的自然更新。围封对浅层土壤养分和有机碳的恢复影响较大，恢复效果因草地土壤、气候、植被条件的不同而不相同，不同高寒草地类型和不同草地健康状况下的恢复效果也有差异（都耀庭和张东杰，2007；吴启华等，2013）。当然，围封的目的是恢复利用，而长期的围封会产生一些负面影响，如莎草科植物减少，杂类草增多以及枯落物积累等，可影响高寒草地碳循环和养分循环。所以，草原围栏封育管理应该遵循适应性管理法则，对围栏封育草地进行科学利用（周立等，1995；赵新全等，2000；赵新全，2011）。

对天然草地实施围栏封育，是保护天然草地最有效的一项改良措施。草地围栏封育技术适用于退化程度较轻的天然草地，其特点是投资少、收效快。据 2009 年调查，青海省有轻度退化草地 1318.10 万 hm^2，占全省退化草地总面积的 42.10%。围封区域主要是受人类干扰程度相对较低、高海拔地区的无人区以及地处偏远因而不能充分利用的缺水草地和夏季牧场。试验数据表明，对青藏高原高寒草甸退化草地实施围栏封育后，草地植被的生长发育、植被种类成分和草地生境条件都得到了明显的改善。青海省畜牧兽医科学院在果洛州达日县轻度退化草地实施围栏封育 3 年后，第一年总盖度明显增加，禾本科牧草盖度增加 100%，莎草科牧草盖度提高 5%，可食杂类草和毒草盖度下降 20%，地上生物量增加 12.93kg/hm²，基本恢复到未退化前的水平。由此可见，对轻度退化草地实施围栏封育，封育效果极为显著。

3.4.1 围栏封育技术

青海高寒草地的围栏封育技术依据 NY/T 1237—2006《草原围栏建设技术规程》和 DB 63/T 437—2003《编结网围栏》，其主要技术流程为：方案设计、材料定制与运输、安装。

3.4.1.1 方案设计

对需要封育的草地进行实地勘测，并确定围栏线路和区域面积，设计封育规模以及安装方案。

3.4.1.2 材料定制与运输

围栏材料由编结网围栏、刺丝围栏以及支撑的固定柱组成，材料规格见上述标准。由生产厂家供货，围栏主要种类有铁丝围栏、刺丝围栏、电围栏等，可根据实际生产需要进行定制。

3.4.1.3 安装

（1）围栏定线。依据地势，在欲建围栏地块设置标桩。
（2）围栏中间柱的设置。为使围栏有足够的张紧力，每隔一定距离设置中间柱。
（3）小立柱间距及埋设。小立柱由水泥和角钢等不同材料组成，依据地形及土壤紧实程度，适度设置小立柱及其埋深。注意区分水泥和角钢的埋设。
（4）中间柱的埋设。角钢和水泥中间柱的埋深规格一致，地上部与小立柱取齐，然后在其受力的方向加支撑杆。
（5）围栏安装。刺丝的安装：设立临时作业立柱，安装张紧器以张紧刺丝，由下往上一道一道张紧固定。
（6）编结网围栏的安装：铺设网片、张紧器固定、实施张紧、固定网片。
（7）安装门。

3.4.2 休牧技术

高寒草地围栏设施建设完成后，就可以实施休牧计划。退化草地的休牧时间长短主要由草地主要优势牧草休养生息后的恢复程度来决定。

3.4.2.1 全年休牧

全年休牧即对退化草地实施围栏封育，全年禁牧。草场禁牧后，在一定程度上增加了其他草场的放牧时间和放牧的家畜数量。因此，草场实施休牧时必须要有周密的轮牧、补饲、减畜计划，不能因一个区域的休牧导致另一个区域草场的加速退化。区域草场实施全年休牧时，必须要有一定数量的天然草地和人工草地的饲草、饲料作为补充，配套实施科学、合理的家畜饲养管理措施，在优化畜种、畜群结构的基础上，减少家畜饲养量、加速出栏、增加商品率，才能真正做到减轻放牧草场的压力，达到可持续利用的目的。

3.4.2.2 阶段性休牧

在青海高寒牧区，特殊的地理环境和气候条件限制了草场的放牧利用特点，冬春草场放牧时间长于夏秋草场放牧时间，利用率也高于夏秋草场，使得夏秋草场的饲草储量多而有余，冬春草场饲草储量少而不足，导致冬春草场的退化程度远高于夏秋草场。青海省畜牧兽医科学院马玉寿研究员针对青海省季节草场利用不平衡的突出矛盾，提出返青期禁牧、夏季游牧、秋季轮牧、冬季自由放牧的阶段性休牧管理模式，在草场管理实践中具备较强的可操作性。研究资料表明，返青期禁牧可使返青后的牧草得到充分的生长发育，特别是禾本科牧草得到了迅速生长，优良牧草的快速生长同时制约了毒杂草的生长，使草地生产力提高了一倍以上。在草场面积、产草量有限的状况下，返青期禁牧可适当增加夏季和冬季草场的放牧强度，达到不破坏草场生态的目的。因此，在冬春草场实施阶段性休牧是切实有效地保护草场的主要措施之一。这种阶段性休牧管理模式可有效地解决或缓解冬季缺草的问题，是对青海省季节草场管理和利用方式的有效补充。

返青期休牧是近年来在青海开始大规模实施的草地利用方法。2015 年，在青海省祁连县典型高寒草甸、草原化草甸、沼泽化草甸以及人工建植的草地进行的试验结果表明，返青期休牧可以迅速提高高寒草甸植被的株高、盖度以及生物量。经过返青期休牧后，群落物种数整体呈上升趋势，各类型草地的禾本科和莎草科牧草的重要值显著上升，阔叶型杂类草的重要值逐渐下降。各类型草地都向着群落稳定状态的方向演替。返青期休牧可以显著提高 0～20cm 土层土壤含水量，改善土壤容重（李林栖等，2017）。

3.4.2.3 休牧结束时间的确定

围栏封育草地的休牧结束时间要依据当地专业技术监测部门，结合遥感影像和实地对围栏封育后的草地优势植物的生态特性及其生产力状况进行监测后，根据其结果来确定是否终止休牧。

3.5 "黑土滩"恢复技术

3.5.1 "黑土滩"退化草地的分类分级标准

依据地形条件以及工程治理的需要,"黑土滩"主要指坡度在0°～7°的滩地,根据聚类分析和主成分分析结果,并结合"黑土滩"退化草地治理中可操作性的原则,将"黑土滩"退化草地分为轻度、中度和重度三级。

依据上述分类及分级结果,"黑土滩"退化草地的分类及分级标准见表3.3。

表3.3 "黑土滩"退化草地评价指标、类型及等级划分

退化类型	退化等级	秃斑地比例(%)	可食牧草比例(%)
滩地 (0°～7°)	轻度	40～60	15～20
	中度	60～80	5～15
	重度	≥80	≤5

3.5.2 轻度、中度退化草地综合治理技术

江河源区轻度、中度退化草地一般分布在夏季牧地、过渡草场。草地植物组成中优良牧草有高山嵩草(*Kobresia pygmaea*)、矮生嵩草(*K. humilis*)、线叶嵩草(*K. capillifolia*)、西藏嵩草(*K. tibetica*)、异针茅(*Stipa aliena*)、羊茅(*Festuca ovina*)、早熟禾(*Poa* spp.)等。毒杂草主要有细叶亚菊(*Ajania tenuifolia*)、黄花棘豆(*Oxytropis ochrocephala*)、黄帚橐吾(*Ligularia virgaurea*)、甘肃马先蒿(*Pedicularis kansuensis*)等。轻度、中度退化草地的鲜草产量为1566～2065kg/hm²,分别只达到未退化草地产量的62.5%和47.4%。轻度、中度退化草地的治理主要采用围栏封育、灭杂、施肥等综合技术措施。

3.5.2.1 围栏封育

1998年在达日县窝赛乡对不同退化程度的同类型草地各封育1hm²,然后自1998年起于每年8月中旬进行地上生物量、盖度等指标测定,到2000年连续测定了3年。从表3.4中可以看出,未退化草地封育后,禾本科植物盖度明显增加,莎草科植物和阔叶型杂类草的盖度呈下降趋势,地上生物量从第2年起不再增加。轻度退化草地的地上生物量、总盖度以及禾草科和莎草科牧草的生物量、盖度在封育后有了明显提高,而杂类草的盖度和生物量则显著下降,封育3年后轻度退化草地的生产性能基本上恢复到了未退化前的水平。中度退化草地在3年的封育过程中,群落盖度与生物量的变化规律基本上和轻度退化草地一致,3年后基本上能恢复到轻度退化草地的水平。重度退化草地封育3年后,植被总盖度从30%

提高到 50%，地上生物量从 806kg/hm² 提高到 1352kg/hm²，但优良牧草增加的速度相当缓慢，盖度从 10% 增加到了 20%，生物量从 80kg/hm² 增加到了 250kg/hm²，优良牧草生物量占地上生物量的比例仅由 9.9% 提高到了 18.5%，草地牧用价值仍然很低。"黑土滩"通过封育虽然总盖度和地上生物量均有了不同程度的提高，但优良牧草的恢复速度非常缓慢，封育 3 年后优良牧草生物量占地上生物量的比例只达到 8.3%。

表 3.4　不同程度退化草地封育 3 年后地上生物量及各植物类群占比

草地类型	封育年限	地上生物量（kg/hm²）	主要植物类群的地上生物量及其占比					
			禾本科		莎草科		毒杂草	
			生物量（kg/hm²）	占比（%）	生物量（kg/hm²）	占比（%）	生物量（kg/hm²）	占比（%）
未退化草地	第一年	3305	1806	54.6	1052	31.8	447	13.5
	第二年	3486	2100	60.2	985	28.3	401	11.5
	第三年	3460	2180	63.0	884	25.5	396	11.4
轻度退化草地	第一年	2065	836	40.5	674	32.6	555	26.9
	第二年	2336	1052	45.0	748	32.0	536	22.9
	第三年	3358	1985	59.1	856	25.5	517	15.4
中度退化草地	第一年	1566	202	12.9	152	9.7	1212	77.4
	第二年	1872	644	34.4	364	19.4	864	46.2
	第三年	1985	851	42.9	506	25.5	628	31.6
重度退化草地	第一年	806	50	6.2	30	3.7	726	90.1
	第二年	1124	98	8.7	35	3.1	991	88.2
	第三年	1352	165	12.2	85	6.3	1102	81.5
极度退化草地	第一年	676	10	1.5	10	1.5	656	97.0
	第二年	758	20	2.6	10	1.3	728	96.0
	第三年	965	50	5.2	30	3.1	885	91.7

综上所述，轻度退化草地的恢复改良应以封育为主，一般封育 2～3 年后草地即可恢复到初始状态。中度退化草地靠封育恢复需要 5～8 年时间。重度退化草地和"黑土滩"由于植物群落中优良牧草几乎消失，自然繁殖更新能力极低，因此，仅靠封育在短期内是难以恢复到初始状态的，必须采用重建的方式或结合补播、施肥、毒杂草防除等其他改良措施，进行人工群落的配置。

3.5.2.2　灭除毒杂草

小区试验于 1997 年开始进行，选用 4 种除草剂，即：72% 2,4-D 丁酯、混合除草剂（甲磺隆、阔叶净等的混合物）、5% 萘五星可湿粉、百草敌和对照共 5 种处理，各处理只设一个药量水平，小区面积 15m×4.5m（表 3.5）。1997 年 7 月

12 日进行喷施，每个小区的施药量为 72% 2,4-D 丁酯 5g、混合除草剂 2.1g、5% 萘五星可湿粉 1.5g、百草敌 7g。1997 年和 1998 年连续两年于 8 月下旬测定生物量、盖度与高度。结果表明，混合除草剂对阔叶型毒杂草具有良好的防除效果，喷药第二年优良牧草生物量由 948kg/hm^2 提高到 2234kg/hm^2，增产 135.65%，盖度由 73% 上升到 95%；毒杂草生物量由 1324kg/hm^2 下降到 180kg/hm^2，下降了 86.4%，盖度由 90% 下降到 18%。混合除草剂特别是对黄花棘豆、马先蒿、橐吾等草原恶性毒杂草的灭效达 100%。使用混合除草剂等化学除草剂灭除毒杂草，不但是改良高寒草甸退化草地的有效途径，而且还是一项一次投入、多年受益的草地改良措施，值得推广。

表 3.5　不同药物的灭效分析（1997 年）

项目		对照	比对照提高			
			混合除草剂	72% 2,4-D 丁酯	5%萘五星可湿粉	百草敌
生物量（kg/hm^2）	莎草	208	−30.8%	−25%	−7.7%	+65.4%
	禾草	740	+183.2%	−5.4%	+2.2%	+6.5%
	毒杂草	1324	−86.4%	−7.3%	+15.7%	−3.3%
盖度（%）	莎草	23	+10%	−15%	+10%	+15%
	禾草	50	+90%	+10%	+5%	+5%
	毒杂草	90	−80%	−20%	+2%	−10%
高度（cm）	莎草	3.9	+35.9%	+46.8%	+41.0%	+34%
	禾草	31.5	+16.7%	+8.1%	+7.0%	+5.6%
	毒杂草	9.8	−75.5%	+0.8%	+13.8%	+1.5%
植物种数	莎草	4	0%	0%	0%	0%
	禾草	4	0%	0%	0%	0%
	毒杂草	30	−50%	0%	0%	0%

3.5.2.3　草地施肥

草地施肥是改良草地的重要措施。施肥不但可以提高草地的产草量，而且可以有效地改善牧草品质。高寒草甸地区由于气温低，土壤微生物活动微弱，土壤潜在肥力高，而速效养分供应不足，因此，施肥的效果是非常明显的。在果洛州达日县退化草地上，用于试验的肥料为含氮量 46% 的成品尿素，试验设施肥时间（5 月 21 日、6 月 19 日、7 月 7 日）和施肥量（150kg/hm^2、300kg/hm^2、450kg/hm^2）2 个因素，各设 3 个水平，加上对照试验，共 10 个处理，小区面积 3m×4m（表 3.6）。采用随机区组排列，3 次重复，肥料按照设计于 1998 年一次性撒施。连续两年于 8 月下旬测定地上、地下生物量和植物群落结构，测产面积为 1m^2，同时取草样和土样进行养分分析。

表 3.6　试验处理组合

施肥量	对照	5 月 21 日	6 月 19 日	7 月 7 日
对照	J			
150kg/hm²		A	D	G
300kg/hm²		B	E	H
450kg/hm²		C	F	I

各处理间不同经济类群的地上生物量平均值，通过单因素试验结果的统计分析，差异极显著。并通过进一步的新复极差测验，除部分处理莎草和毒杂草的地上生物量与对照差异不显著外，其他处理均与对照差异极显著，这说明施肥对提高高山嵩草草地地上生物量具有明显的增产效果。同时，地上生物量随施肥量的增加而增加，当施肥量达到 450kg/hm² 时，地上生物量平均达到 5960kg/hm²（表3.7 中 C、F、I 处理的平均值）。

表 3.7　不同类群地上生物量测定结果（kg/hm²）

处理	禾草		莎草		毒杂草		总生物量	
	1998 年	1999 年	1998 年	1999 年	1998 年	1999 年	1998 年	1999 年
A	1680	2635	788	724	1248	941	3716	4300
B	1808	2844	836	796	1216	988	3860	4628
C	2096	2916	876	869	960	1035	3932	4820
D	1712	2489	784	941	1216	1082	3712	4512
E	2128	2702	932	1014	784	1129	3844	4845
F	2608	2916	1020	1086	944	1176	4572	5178
G	1888	3484	764	1158	1472	1224	4124	5866
H	1984	3769	980	1231	1220	1271	4184	6270
I	2096	5262	1168	1303	1136	1318	4400	7883
J	1136	1636	680	702	1048	935	2864	3273

从表 3.8 可以看出，随着施肥量的增加，优良牧草产量一直在增加，当尿素使用量达到 450kg/hm² 时，其产量较对照增加了 1.37 倍；相对增产率在逐步下降，但增产量仍然在快速增加，当尿素的使用量超过 300kg/hm² 时，牧草产量增幅缓

表 3.8　施肥效益分析

处理	优良牧草产量（kg/hm²）	增产量（kg/hm²）	增产率（kg 干草/kg 尿素）	成本（元/kg 干草）
对照	4154	0	0.0	0.0
150kg/hm²	7294	3140	20.9	0.105
300kg/hm²	7964	3810	12.7	0.173
450kg/hm²	9829	5675	12.6	0.175

慢。同时，随施肥量的增加每千克干草的成本由 0.105 元上升到 0.175 元。因此，从增产率和成本核算分析，大面积推广应用时施肥量可掌握在 150kg/hm^2，施肥时间以 7 月初为宜。

3.5.3 重度、极度退化草地综合治理技术

3.5.3.1 "黑土型"人工植被建植的适宜牧草

多年来，通过对牧草的越冬率、覆盖度、生育物候期、产量及群落结构的系统观测和评价，结果筛选出了适应性较强的 17 种牧草，可作为三江源区"黑土型"退化草地植被恢复的适宜草种。其中，早熟禾属 4 种为青海草地早熟禾、青海扁茎早熟禾、冷地早熟禾、波伐早熟禾；羊茅属 3 种为中华羊茅、紫羊茅、毛稃羊茅；披碱草属 3 种为垂穗披碱草、青牧一号老芒麦、同德老芒麦；碱茅属 2 种为星星草、碱茅；以及其他属的梭罗草、赖草、异针茅、无芒雀麦、冰草等。特别是最近驯化选育出的牧草新品种青海草地早熟禾和青海扁茎早熟禾，其发达的根茎和良好的生产性能，非常适合江河源区高寒草甸退化草地补播和人工草地建植，是"黑土型"退化草地植被恢复的先锋植物。

人工草地建植所用的种子要达到国家规定的三级以上标准（种子纯净度、发芽率必须按照 GB 6142—2008 规定的标准）。播种前对于带有严重病虫害的种子应立即销毁，有轻度病虫害的种子须经药物处理后方可使用。对于带有长芒的种子应进行脱芒处理。

3.5.3.2 多年生人工植被混播组合

混播是"黑土型"退化草地人工植被建植的关键技术，不同草种的合理搭配可有效地优化人工植被的群落结构，经多年的试验观测，"垂穗披碱草+冷地早熟禾+中华羊茅+波伐早熟禾+西北羊茅+同德老芒麦"和"垂穗披碱草+冷地早熟禾+中华羊茅+波伐早熟禾+西北羊茅"混播组合，随着生长年限的增加，群落结构稳定性在逐渐增强，牧草产量相对稳定，且显著高于其他混播组合，可初步确定为江河源区"黑土型"退化草地进行人工植被混播的较好群落组合。

3.5.3.3 农艺措施及其工艺流程

农艺措施及其工艺流程为：灭鼠→翻耕→耙糖→撒播（条播）+施肥→镇压→围栏，其中播种量、播种深度和镇压的工序至为重要。在人工植被建植前，首先在冬春季节利用高效低残毒的 C 型肉毒素、D 型肉毒素进行灭鼠，然后对极度退化草地利用机械进行深耕翻，对植被盖度在 30%以上的重度退化草地进行地面重耙处理，接着将处理后的地面耙平，结合施肥进行撒播或条播，垂穗披碱草等大粒种子的单播量为 30～37.5kg/hm^2，小粒种子的单播量为 7.5～15kg/hm^2，混播时

的播种量为单播量的 50%～70%。播种深度为 2～3cm。肥料用磷酸二铵或羊板粪，磷酸二铵用量为 150～300kg/hm^2，羊板粪为 22 500～30 000kg/hm^2。播种适期为 5 月上旬至 6 月上旬。人工植被建植后，应及时对其采用围栏管护措施（围栏应符合 JB/T 7137—2007 和 JB/T 7138—2010 规定的标准）。建植第 1～2 年的返青期绝对禁牧。

3.5.3.4　田间管理

1. 鼠害防治

高原鼠兔为害是导致"黑土型"退化草地人工植被快速退化的主要因素。当高原鼠兔的有效洞口密度达到 160 个/hm^2 时，人工草地优良牧草的地上生物量只有未危害草地的 12%，牧草高度、盖度、多度均大幅度下降。当高原鼠兔的有效洞口密度达到 180 个/hm^2 时，优良牧草的地上生物量只有未危害草地的 4%，牧草高度、盖度、多度进一步下降，人工草地开始向建植前的"黑土型"植被演替。由此可见，鼠害是人工草地快速退化的主要原因之一。人工植被建植后至少每两年要对草地主要害鼠（高原鼠兔和高原鼢鼠）灭治一次（灭治害鼠参照 DB 63/T 164—2021 的标准执行）。

2. 追肥

通过施肥恢复土壤肥力，是"黑土型"退化草地人工植被持续稳定的重要措施之一，不同肥料种类间的单因素增产效应为氮肥＞磷肥＞钾肥，说明持续利用必须注重氮肥，同时要配合适量的磷肥。"黑土型"退化草地人工植被的施肥组合方案为：施肥时间在 6 月中旬至 7 月上旬之间、N 为 75～150kg/hm^2、P$_2$O$_5$ 为 50～112.5kg/hm^2、少施或不施钾肥，可取得较高的产量和经济效益。同时，为了获得较好的经济效益，以每 2 年施肥一次为好。

3. 防除毒杂草

高寒草甸人工草地一般从第 4 年起甘肃马先蒿等毒杂草就会大量侵入，经毒杂草危害的 6 龄草地，其人工植被的密度下降了 57%，盖度由 81%下降到 31%，优良牧草地上生物量占总地上生物量的比例由 85%降低到 22%。毒杂草的大量侵入不仅从多方面严重影响了人工草地的品质，也使人工植被群落结构受到破坏，加速了"黑土型"退化草地人工植被的退化演替进程。因此，"黑土型"退化草地人工植被的持续利用必须要进行毒杂草防除。其防除方法为：在 6 月中旬至 7 月上旬，用甲磺隆 75g/hm^2+72%的 2,4-D 丁酯 1500g/hm^2 配制成 1000 倍混合溶液，进行大面积喷雾，会取得非常好的效果。

3.5.4 "黑土型"退化草地人工植被的利用管理

3.5.4.1 放牧利用

生长季放牧：播种当年禁牧，第 2 年 6 月中旬可放牧利用，放牧时间应在 6 月中旬至 10 月中旬，牧草利用率应控制在 40%～60%。

冷季放牧：放牧时间可在封冻后的 11 月中旬至次年解冻前的 3 月中旬，牧草利用率控制在 80%左右。在牧草返青期要禁止放牧。

3.5.4.2 刈割利用

调制青干草：在人工植被建植后第二年，每年 8 月上旬对牧草进行刈割，留茬高度为 4～6cm，刈割后的牧草经自然晾晒后制成青干草，运回堆垛存放，是舍饲和半舍饲畜牧业的主要饲草来源。

青贮：刈割后的牧草经打捆、打包后制成青贮草（参照 DB 63/T 394—2002 的标准执行），也可与其他牧草混合青贮，用于怀孕母畜的冬季补饲，也可用于幼畜和生长家畜快速育肥。

3.6 退化坡地和"黑土坡"恢复技术

3.6.1 退化坡地和"黑土坡"的分类分级

依据地形条件以及工程治理的需要，将退化坡地与"黑土坡"按坡度划分为缓坡地（7°＜坡度≤25°）和陡坡地（坡度＞25°）。依据聚类分析和主成分分析结果，将退化坡地划分为轻度、中度和重度三级。

依据上述分类及分级结果，退化坡地的分类及分级标准如下（表 3.9）。

表 3.9 退化坡地和"黑土坡"评价指标、类型及等级划分

退化类型	退化等级	秃斑地比例（%）	可食牧草比例（%）
缓坡地（7°～25°）	轻度	40～60	15～20
	中度	60～80	5～15
	重度	≥80	≤5
陡坡地（大于 25°）	轻度	40～60	15～20
	中度	60～80	5～15
	重度	≥80	≤5

注：各参数数值范围中左边数值包含在本范围中，右边值包含在下一范围中

3.6.2 退化坡地和"黑土坡"的治理措施及模式

通过野外调查和相关技术的集成，在退化坡地和"黑土坡"分类、分级标准

的基础上，结合以往成功的治理经验，将退化坡地和"黑土坡"的治理归结为 2 种模式和与之相关的治理措施。

3.6.2.1　半人工草地补播模式

本模式适合于坡度小于 7° 的轻度、中度退化坡地和"黑土坡"及坡度在 7°～25° 的中度、重度退化坡地和"黑土坡"。这类退化草地可在不破坏或尽量少破坏原生植被的前提下，选择适宜的草种，通过机械耙糖或人工补播措施建立半人工草地，使其快速恢复。

建植半人工草地的草种选择、农艺措施和田间管理可参照 DB 63/T 390—2018 执行。

3.6.2.2　封育自然恢复模式

本模式适于坡度在 7°～25° 的轻度退化坡地和"黑土坡"，以及坡度大于 25° 的所有类型的退化坡地和"黑土坡"。这类退化坡地和"黑土坡"坡度陡、治理难度大，可通过 10 年以上的长期封育使之逐渐恢复其植被。

3.7　施　肥　技　术

施肥是提高草地牧草产量和品质的重要技术措施。合理的施肥可以改善草群成分，大幅度提高牧草产量，并且增产效果可以延续几年。植物正常的生长发育不仅需要光、温度、空气和水，还需要从土壤和空气中吸收各种养分。牧草从土壤中吸取养分的数量与草地类型、牧草种类、牧草的生长发育时期、牧草的利用方式等有关。不同土壤的供养能力也不同，因此，应在土壤养分诊断的前提下，根据不同牧草、不同草地类型及牧草的不同生长期进行施肥。

3.7.1　肥料的种类

草地施用的肥料主要有有机肥和无机肥两大类。

3.7.1.1　有机肥

有机肥是指人畜代谢物和各种有机体腐蚀物，如厩肥（羊板粪）、人粪尿等。有机肥是一种完全肥料，不但含有氮、磷、钾三要素，而且含有其他微量元素。草地施用有机肥，不但可以满足植物对各种养分的需要，而且有利于土壤微生物的生长发育，从而改善土壤的理化性状，有助于土壤团粒结构的形成。有机肥的效果迟缓，这是不足之处，但它来源广，能就地取材，主要作为基肥。有机肥的施用量没有限制，一般干旱草地每公顷施用 1.5 万 kg 左右，湿润草地每公顷施用 3 万 kg 左右。

3.7.1.2 无机肥

无机肥也叫化学肥料或矿物质肥料。其不含有机质，肥料成分浓厚但不完全，主要成分能溶于水，易被植物吸收利用。其一般多作为追肥施用。一般磷酸二铵每公顷施用 225kg 左右，尿素每公顷施用 150kg 左右。

无机肥名目繁多，有效成分含量也不一样，施用时可参照施用说明书。

3.7.2 施肥的作用和效益

3.7.2.1 提高草地的产草量

在天然草地上，无论施用有机肥还是化肥，施肥效果都非常明显。天然草地施肥可提高草地产草量 50%～100%，同时，也可提高草地植被的覆盖度。

3.7.2.2 改善草群成分

在草地上单施氮肥，能增进禾本科牧草的发育，施磷、钾肥有利于豆科牧草的生长；施用有机肥能使多数牧草种类均衡生长发育，使禾本科牧草和豆科牧草的比重增加，草群中杂类草比例减少。

3.7.2.3 改善牧草的品质

施肥可以提高牧草中蛋白质、钙、磷和钾等营养物质的含量，从而改善牧草的品质，提高牧草的适口性和消化率。这是因为施肥能改变牧草的茎叶比、营养枝与生殖枝比例，改善草群成分。

3.7.3 草地施肥技术与特点

草地只有合理施肥，才能发挥肥料的最大效果。肥料的种类很多，其性质与作用都不同，如何进行合理施肥以发挥肥料的效果，这取决于牧草种类、气候、土壤条件、施肥方法和施肥制度。

（1）施肥前应先了解肥料的种类、性质，草地上施用的肥料包括有机肥料、无机肥料和微量元素肥料，应根据肥料的性质进行施肥。

（2）在草地应根据牧草需要养分的时期，也就是生长发育的不同时期施肥。在牧草生长的前期，特别是在分蘖期施肥效果好，能促进牧草生长。施肥时要区别牧草种类和需肥特点，一般禾本科牧草需要多施些氮肥，豆科牧草需要多施些磷、钾肥。豆科、禾本科混播草地应施磷、钾肥，不应施氮肥。

（3）依据土壤供给养分的能力和水分条件进行施肥。土壤供应养分的能力与气候、微生物和水分条件密切相关。土壤中水分的多少，决定施肥效果，影响植物对肥料的吸收和利用。土壤中水分少时，化肥不能溶解，植物无法吸收利用。土壤中水分不足，有机肥也不能分解利用。水分过多也不好，易造成养分流失。

依据施肥技术要求和肥料的性质,采用合理的施肥方法才会收到良好的效果。一般施肥方法包括基肥、种肥、追肥。

基肥是在草地播种前施入土壤中的厩肥(羊板粪)、人粪尿等有机肥料的某一种。其目的是满足植物整个生长期对养分的需要。

种肥是以无机磷肥、氮肥为主,采取拌种或浸种方式在播种的同时施入土壤。其目的是满足植物幼苗时期对养分的需要。

追肥是以速效无机肥为主,在植物生长期内施用的肥料。其目的是追加补充植物生长的某一阶段出现的某种营养的不足。

3.8　一年生牧草种植栽培技术

3.8.1　技术流程

3.8.1.1　种子处理

目前栽培的一年生牧草品种以农家品种居多,混杂退化比较严重,加之燕麦小穗内籽粒发育不均匀,成熟期不一致,使籽粒大小和粒重差异较大。小穗基部的籽粒大而饱满,发芽率高,小穗上部的籽粒小而瘪瘦,发芽率低,所以应注意选种。播种前应进行种子精选,剔除小粒、秕粒、虫粒和杂质,选择粒大、饱满的籽粒作种。选择晴天,将精选好的种子摊晒 2～3 天,以提高发芽率,促进苗齐苗壮,培育壮苗夺高产。

优质种子是出好苗的前提条件。优质种子应该满足下列条件:纯净度高、籽粒饱满、整齐一致、含水量适中、生活力强、无病虫害。通常的量化评定指标有纯净度、千粒重、含水量、发芽率和种子用价等。

1. 纯净度

种子的纯净度包括纯度和净度两个概念。纯度是指本种或本品种种子占供检种子的数量百分数。它反映了播种材料中混杂其他种或品种的程度,也可显示播种材料的真实性。纯度计算公式为

$$纯度 = \frac{供检种子粒数 - 异种(品种)粒数}{供检种子粒数} \times 100\% \qquad (3.1)$$

净度是指除去杂质和其他植物种子后,供检种子质量占供检样品总质量的百分数。它反映了播种材料中杂质及其他植物种子的含量情况。净度计算公式为

$$净度 = \frac{(样品总质量 - 杂质质量 - 其他植物种子质量)}{样品总质量} \times 100\% \qquad (3.2)$$

纯度、净度越高,种子质量越好。

2. 千粒重

千粒重是指 1000 粒自然干燥种子的质量，单位为克（g）。它反映了供检种子的成熟度及营养物质储藏情况。正常情况下，燕麦成熟种子的千粒重是较为固定的，但也会由于种植地域、生长年限、栽培措施的不同而存在一定的差异。如果由于某些原因使种子的成熟度较低时，则会导致籽粒瘦小、皱瘪，千粒重下降；反之，环境适宜，管理得当，种子的成熟度较高时，则籽粒肥大、饱满，千粒重较高。一般而言，千粒重越小，种子中储藏的营养物质量就越小，种子顶土出苗的能力也就越弱，进而导致出苗率低、弱苗率高。因此，在生产中应该选择千粒重大的种子。

3. 含水量

含水量是指供检种子样品中含水的质量占供检种子样品质量的百分数。适宜的种子含水量对种子的生活力和寿命，以及储藏、运输和贸易等至关重要。含水量过高，储藏过程中种子容易发霉变质，且生活力丧失很快，而且会加重运输负担，有时也会成为贸易障碍。但含水量过低，如低于 6%将对种子的生活力造成伤害。通常要求燕麦种子的含水量为 11%～12%。

4. 发芽率

发芽率是指在标准环境条件下，发芽试验终期末次计数时，正常发芽种子数占供检种子数的百分数。标准环境的光、温、水、气条件根据各草种的特性确定，非常适宜种子发芽。燕麦种子发芽率的测定方法为：在培养皿中或砂中进行，先将燕麦种子在 5～10℃下预冷或在 30～35℃下加热，处理时间可达 7 天，然后在 20℃的人工气候箱中培养，光照 8h，初次第 5 天计数，末次第 10 天计数。发芽率反映了供检种子中具有生活力和发芽能力的种子的多少。发芽率越高，种子质量越好。

5. 种子用价

种子用价是指供检种子中真正有利用价值的种子占全部供检种子的质量百分数。它表示供检种子的有效性。种子用价计算公式为

$$种子用价=净度×发芽率×100% \tag{3.3}$$

种子用价越高，种子质量越好。

6. 种子预处理

种子预处理是农业生产中的一个重要环节。一方面，种子预处理可以减少在生长、收获、贮藏过程中所造成的种子活力下降，使种子的活力得到一定的恢复；另一方面，种子预处理能杀灭种子所携带的病菌、防治苗期病虫害、提高种子发

芽率、增加幼苗营养、促进生长发育，从而实现苗全、苗齐、苗壮和增加作物产量的目的。种子预处理在农业生产中具有农药用量准确且变异系数小、药剂在种子上保留时间长且持效期长、农药用药量降低及减少环境污染等优点。随着农业生产的现代化，种子预处理的方法或技术得到了迅速发展和广泛应用。燕麦种子播种前的预处理包括清选去杂、药物处理等措施。

1）清选去杂

净度低、杂质多的种子，在使用播种机播种时，存在流动性差或流动不均匀，进而影响播种或播种质量的问题，在播种前应采取相应措施进行处理。分离杂质的常用设备有气流筛选机、比重筛选机、窝眼筛选机、磁性分离机、螺旋分离机及倾斜面清选机等。应根据种子中所含杂质的特点选用相应的清选分离机械。也可采取清水或盐水漂浮法去除轻质杂质。

2）药物处理

A. 包衣

包衣是将药物、肥料、保水剂、生长调节剂和微生物制剂等物质包裹在种子表面的种子预处理技术。经过包衣处理的种子，播种后能在土壤中建立一个适于种子萌发和幼苗生长的微环境。包衣材料通常包括有效剂和助剂。有效剂包括杀虫剂、杀菌剂、中量和微量元素肥料、抗旱保水剂，以及促进生根、出苗的生长调节剂和具有固氮、促进土壤养分释放或改善微生态环境等功能的微生物制剂等。助剂包括成膜剂、分散剂、缓释剂、防冻剂和染色剂等。皮燕麦和裸燕麦对种衣剂及其拌种浓度的反应有很大不同，皮燕麦的药种比 1∶20 是最佳处理；而裸燕麦的药种比以 1∶（30～40）最佳。

B. 拌种

药粉拌种简单易行。吡虫啉拌种皮燕麦在 300mL/50kg 时达到抗虫水平，吡虫啉拌种裸燕麦在 100mL/50kg 时即发挥效力。噻虫嗪拌种皮燕麦和裸燕麦时，在最低浓度 100mL/50kg 时就达到了抗虫水平。对吡虫啉·戊唑醇悬浮种衣剂对燕麦红叶病的防治效果的研究表明，采用（120mL 高巧+42mL 立克秀）/100kg 种子（商品量）拌种包衣，可显著提高皮燕麦的出苗率，促进幼苗生长，对皮燕麦、裸燕麦红叶病的防效分别达 84.97%和 47.87%，皮燕麦、裸燕麦的增产率分别达 60.43%和 48.96%。

3.8.1.2 播种技术

1. 前作要求

燕麦对氮肥反应良好，因此许多豆科牧草都是它的良好前作，尤以豆科作物前茬对其增产效果显著。马铃薯、蔓菁、甜菜等也是较好的前作。燕麦忌连作，长期连作往往造成产量下降。因此，种植燕麦应特别注意进行适当的倒茬轮作。

2. 播种方式区分

根据种子在田间的平面分布方式，可将栽培草地播种方式分为条播和撒播。根据是否伴播保护作物，可将草的播种方式分为保护播种和无保护播种两类。根据是否结合播种进行浇水、施肥和施药等处理，可将草的播种方式分为联合播种和单独播种两类。根据是否采取覆盖措施，可将草的播种方式分为覆盖播种和无覆盖播种两类。根据是否采取耕作措施，可将草的播种方式分为免耕播种和耕作播种两类。

3. 播种时期

为了达到苗早、苗齐、苗全、苗壮，便于苗期管理，利于度过严酷季节，以及高效利用土地，满足社会需求等目标，开春气温上升到种子萌发所需要的最低温度时就可以播种。

一般燕麦在 2～4℃时即可发芽，而幼苗的耐低温能力更强，可耐零下 3～4℃低温，燕麦不耐高温，超过 35℃即受害。根据燕麦的这一特性，以早播为宜。在土壤含水量达 10%以上、地温在 5℃以上时播种，播期根据气候、地理条件及种植目的等进行确定，燕麦在我国西北、华北、东北等主要产区均为春播，通常从 4 月上旬开始播种，延续到 5 月下旬至 6 月上旬结束，播期较长。二茬复种常在 7 月中、下旬播种，早霜来临前收获。

4. 播种量

播种量的计算公式为：播种量（kg/hm²）=田间合理密度÷千克粒数÷种子用价×保苗系数。式中，田间合理密度为每公顷田地中的适宜植株数量；千克粒数可通过种子的千粒重求得，千克粒数=10^6÷千粒重；种子用价可通过测定播种材料的净度、发芽率而计算得到，种子用价=净度×发芽率×100%；保苗系数需依据植物种类、种子大小和栽培条件等，结合生产经验确定。

一般情况下，燕麦的种植密度可根据土壤肥力、水分条件确定。旱地裸燕麦一般每公顷播种量在 120～150kg，即 600 万～675 万粒/hm²，基本苗 400 万～500 万株/hm²；皮燕麦每公顷播种量在 180kg 左右，饲草用燕麦可适当增加播种量到 240kg/hm²。不同水分、肥力条件的燕麦播种量不同，在瘠薄旱地每公顷播种量 90～105kg，一般旱地每公顷播种量应在 105～120kg，中等肥力旱地每公顷播种量在 135～150kg；在肥力较高的二阴滩地、下湿滩地和水浇地每公顷播种量应在 150～185kg；在盐碱土壤上，播种量应加大到正常播种量的 3 倍以上。

依据经验播种量给出了一个选择范围，一般而言，进行种子生产时采用下限，甚至可更低；进行营养体生产时采用上限。对于通常采取条播或撒播的草种，条播时采用下限，撒播时采用上限；整地质量好时采用下限，整地质量差时采用上限。土壤墒情好时采用下限，土壤墒情差时采用上限。气候条件好时采用下限，气候条件差时采用上限。

5. 燕麦的播种方式

在青海省种植燕麦，种子田采用条播方式，行距为 20～25cm；饲草田采用条播或人工撒播，条播行距为 15cm；播后覆土、耙糖和镇压。

6. 播种深度

影响种子顶土能力的因素包括种子大小和草种类型。一般而言，种子大，则储存的营养物质较多，因而顶土能力强；种子小，则储存的营养物质较少，因而顶土能力弱。通常小粒种子覆土厚度 1～2cm，中粒种子 3～4cm，大粒种子 5～6cm。

燕麦在轻质土壤中播种深度不超过 7cm，中质土壤中播种深度不超过 5cm，重质土壤中播种深度不超过 3cm。

7. 镇压

播种前镇压有利于精确控制播种深度；播种后镇压使种子与土壤接触紧密，有利于种子吸水发芽。在气候干旱的北方地区，播种前后常需镇压，以便保墒。在质地疏松的土壤，播种前后常需镇压，以便控制播种深度及保证种子和土壤密接。种子较小时，播种前后常需镇压，以便控制播种深度，通过减少水分散失和提墒保证种子所处的土壤浅表保持湿润状态。黏性土壤潮湿时不宜镇压，否则容易造成表土板结，阻碍种子顶土出苗。

3.8.1.3　田间管理

1. 破除土表板结

播种后出苗前，由于播种后遇雨、地势低洼、土壤潮湿、播后灌溉等原因，土壤表层时常形成板结层，妨碍种子顶土出苗，如不采取处理措施，严重时甚至可造成缺苗。破除板结的方法是用具有短齿的圆形镇压器轻度镇压，或用短齿钉齿耙轻度耙地。在有灌溉条件的地方，可采取灌溉措施破除板结。

2. 杂草防除

轮作倒茬是有效防治田间杂草的一个重要途径。据研究，燕麦田的杂草种类繁多，尤其是在连年种植禾本科作物的情况下发生较重。在进行杂草防除时，一般有两种方法，即中耕除草和化学防除。

在燕麦 4～5 叶期进行第一次中耕除草，这一时期应浅中耕，因为深耕会伤害燕麦根系。此期杂草苗龄较小，除草的关键作用在于清除杂草、增加地温，以利于燕麦生长，如果杂草较多或土壤状况不理想可推迟中耕。在燕麦拔节期，根据燕麦长势进行深耕（3～5cm），此期中耕可消除田间杂草，同时可起到提高地温、减少土壤水分蒸发、促进壮秆以防倒伏等作用。在抽穗初期至灌浆期，人工拔除田间野荞麦、野燕麦和其他杂草。

燕麦对除草剂的反应较其他禾谷类作物敏感，使用不当会造成产量下降，直接影响经济效益，因此一定要慎用。对于燕麦田双子叶杂草一般在分蘖期使用除草剂（每公顷用 750mL、72%的 2,4-D 丁酯或 225mL 阔叶净兑水 375kg 喷雾）清除。在有机燕麦生产过程中，严格禁止使用化学除草剂除草，禁止使用基因工程产品防除杂草。

3. 灌溉

燕麦是耐旱性较强的作物，在有灌溉条件的地区，通过适时补充水分，可实现燕麦超高产栽培。灌溉水应符合 GB 5084—2021 要求，不能用污染的水源。雨涝时一定要注意排水，燕麦地不能有积水，配套排水渠或采取人工挖沟的方法排水。

在燕麦 3～4 叶时，进行第一次灌水，这一时期正是燕麦开始分蘖、小穗分化时期，此时灌水对燕麦产量影响较大。在燕麦拔节期至抽穗期，进行第二次灌水。赵宝平等（2021）研究表明燕麦在灌底水+拔节期和抽穗期两次灌水可获得较高的饲草产量与籽粒产量。这一时期是燕麦营养生长和生殖生长并重时期，是需水肥最大效率期。灌水可达到穗大、穗多、粒重的目的，进而实现燕麦丰产。在燕麦开花期至灌浆期，进行第三次灌水，这一时期正处于高温时期，及时灌水既可满足燕麦因高温对水分的迫切需要，又可创造良好的田间小气候，起到降温的作用。如果此期缺水，会严重影响燕麦籽粒的饱满程度，导致产量和品质下降。

4. 施肥

在农业生产中，有机肥与无机肥配合施用，可以使土壤具有良好的理化性质，使作物生长健壮。燕麦根系发达，对养分的需求量较少。在有机燕麦生产过程中，农家肥在原则上来源于本生态圈内的厩肥、绿肥、秸秆等堆腐而成的经无害化处理的有机肥。

在燕麦主产区，由于多年来一直认为燕麦是耐贫瘠、低产作物，不注重有机肥的施用。今后需广辟肥源，发展绿肥及其他堆肥和厩肥，以便施足底肥，在不断提高土壤肥力的同时，使燕麦达到高产、优质。燕麦在种植过程中，施用的基肥一般以农家肥为主，根据土壤肥力确定施肥量。种子田施有机肥 30～45m³/hm² 作基肥，饲草田也施有机肥 30～45m³/hm² 作基肥。

种肥是指播种或定植时，施于种子或秧苗附近或供给植物苗期营养的肥料。燕麦在用种肥分层播种机进行播种时，种肥通过播种机播种时施入，就目前的生产而言，燕麦普遍用有机肥作种肥比较困难，这就需要在合理轮作的基础上，配合施用无机肥。种子田施磷酸二铵 135～180kg/hm² 作种肥，饲草田施磷酸二铵 75～97.5kg/hm² 作种肥。

分蘖期或拔节期是燕麦需肥的关键时期，基肥和种肥已无法满足燕麦生长发育所需要的养分，因此需要追肥，追肥原则为前促后控，结合灌溉或降雨前施用，可分为以下几种情况。在基肥和种肥均施足的情况下，可不追肥，因为肥水条件较好，追肥易造成燕麦倒伏。在未施基肥、只施种肥的情况下，土壤质地为壤土或黏壤土时，也可不追肥；在青海省东部农业区种子田施尿素 45～75kg/hm² 作追肥，环湖地区饲草田施尿素 75～120kg/hm² 作追肥。追肥应结合降雨或灌溉施入。氮肥固然对燕麦增产作用很大，但必须适量，否则会使燕麦倒伏，造成减产。

5. 病虫害与杂草控制

随着燕麦种植年限的增加和种植面积的扩大，燕麦的病虫害有加重的趋势。目前的主要病害有黑穗病、秆锈病和红叶病。虫害与其他禾谷类作物相同，有黏虫、蚜虫、蓟马、金针虫、蛴螬等。

黏虫成虫可用谷草把或糖醋毒液诱杀；在发现黏虫危害时，当卵孵化率达到 80% 以上、幼虫每平方米达到 15 头时，选用 Bt 乳剂每公顷 255～510mL 兑水 750～1125kg，或以 5% 的抑太保乳油 2500 倍液喷雾。蚜虫可用 800 倍液的溴氰菊酯喷洒防治，或用 50% 的辟蚜雾可湿性粉剂 2000～3000 倍液，或吡虫啉可湿性粉剂 1500 倍液，用药液量 600～750kg/hm²（表 3.10）。

表 3.10　燕麦病虫害防治

类型	病虫害名称	农药名称	剂型	常用药量[g（mL）/（次·hm²）]	施药方法	最多施药次数	安全间隔期（天）
虫害	黏虫	Bt	乳剂（100 亿个活芽孢/mL）	255～510mL	喷雾	3	≥3
	蛴螬	抑太保	5%乳油	250mL	喷雾	3	≥3
	蓟马	溴氰菊酯	2.5%乳油	150mL	喷雾	3	≥6
	蚜虫	吡虫啉	10%可湿性粉剂	400g	喷雾	3	≥6
病害	黑穗病红叶病秆锈病	甲基托布津	70%可湿性粉剂	750g	喷雾	2	10

燕麦黑穗病可用多菌灵、甲基托布津等可湿性农药闷种，起到预防效果；也可用多菌灵、甲基托布津等 500 倍液喷雾防治。燕麦红叶病可用多菌灵、甲基托布津等 500 倍液喷雾防治；播前浸种和田间杂草拔除可起到防病的作用。燕麦秆锈病可用多菌灵、甲基托布津等 500 倍液喷雾防治（表 3.10）。

3.8.2 一年生牧草栽培技术示范

3.8.2.1 青藏高原二茬复种栽培技术

1. 品种选择

1）川水复种区

川水复种区为河湟谷地有灌溉条件的地区，海拔一般 1650～2300m，作物生长期 209～240 天。作物生长期≥0℃的积温 2434～3401℃，年降水量 254.2～361.5mm。二茬复种作物生长期 100～120 天。

可选择早熟高产燕麦、青引 1 号、青引 2 号、青海 444、青海甜燕麦；高丹草（TRAS、甘露 2 号）、甜高粱（润宝）；饲用玉米（BMS-001、BMS-002）、英红、科青 1 号、科多 8 号；毛苕子、西牧（324、333、327、881）箭筈豌豆；豌豆（草原 224 号、草原 10 号、青海紫麻豌豆）。

在 7 月上、中旬麦收后立即翻茬整地播种，或直接在硬茬（板茬、热茬）上播种，然后整地耙糖。

2）低位山旱区（浅山）

低位山旱区（浅山）为湟水、黄河河谷两侧的一系列丘陵沟壑山地，海拔 1700～2300m，作物生长期 185～220 天。作物生长期≥0℃的积温 2150～2450℃，年降水量 250～400mm，二茬复种作物生长期 90～110 天。

可选择青引 1 号、青引 2 号、青海 444、加拿大栽培燕麦；毛苕子，西牧（324、333、327、1433）箭筈豌豆；豌豆（草原 11 号、草原 12 号、草原 224 号、草原 7 号）；高丹草（TRAS、甘露 2 号）。

在 7 月中、下旬麦类作物收获后及时整地播种。

3）中位山旱区（半浅半脑）

中位山旱区（半浅半脑）介于高位和低位山旱类型的过渡地带，海拔 2300～2700m，作物生长期 150～190 天。生长期内≥0℃的积温 1724～2400℃，年降水量 400mm 以上，二茬复种作物生长期 70～90 天。

可选择青引 1 号、青引 2 号、青海 444、巴燕 3 号、巴燕 4 号、巴燕 6 号燕麦；西牧（324、333、1433）箭筈豌豆；豌豆（草原绿色、早熟 1 号、草原 9 号、草原 10 号）。

在 7 月下旬或 8 月上旬麦类作物收获后及时整地复种，可进行混播复收。

2. 栽培技术

1）整地

低、中位山旱区麦类作物收获后及时翻茬（深度 20～25cm），耙糖碎土，整平待播。川水复种区前茬作物收割后立即浅耕（深度 15～20cm），耙糖整地，田间无较多的植株残茬及大土块。

选择三级以上的禾谷及豆类种子,选用适宜本地生长、生长早、生长快的优良高产品种,并对带有严重病虫害的种子要销毁,轻度的需要药物处理后方可播种。

播前应晒种 1～2 天,最好采用隔年的种子,以提高种子的发芽率和生活力。人工清选或机械清选,复种用的禾谷类及豆类作物种子要达到国家规定的三级以上标准,符合 GB 4404.5－1999 有关规程。

每公顷施基肥(农家肥 30～45m³)或种肥磷酸二铵(N 18%、P_2O_5 46%)150～225kg、尿素 225～300kg。

2)播种

播种以条播为宜,条播可采用分层施肥条播机,也可以采用人工撒播的方法,撒播要求撒籽均匀。行距 15～20cm,播后要耙耱覆土,播种深度根据千粒重及种子大小,地墒 3～5cm。

燕麦单播量 225～255kg/hm²,一年生豆科饲草单播量为:箭筈豌豆 75～120kg/hm²,毛苕子 60～90kg/hm²,豌豆 270～300kg/hm²,即燕麦与豆科饲草混播时的适宜禾:豆按实际单播量的 6:4(燕麦每公顷保苗率应掌握在 300 万～375 万株,豆科饲草每公顷 75 万～150 万株)。

3)田间管理

川水复种区禾谷类作物拔节期和孕穗期及时浇水。当土地贫瘠,生长不良时,可在禾谷类分蘖期或拔节期,豆科分枝期及现蕾期结合灌溉或降雨,追施氮肥(N 46%)75～150kg/hm²。禾谷类饲草分蘖期可人工除草一次,禾豆混播饲草及豆类草禁用 2,4-D 丁酯。

4)刈割及利用

作青刈饲喂时从禾谷类孕穗期或豆科现蕾期开始,随刈随饲;调制青干草时,禾谷类于孕穗期或乳熟期,豆科饲草于现蕾期或开花期刈割。二茬草收获在 10 月上、中旬霜冻前或植物停止生长后进行收割。

晒制青干草利用时将刈割的青草,就地铺摊暴晒 1～2 天,每隔 3～4h 翻动一次,等枝叶含水量达 23%左右时即可打捆,就地田间排列存放,待完全干燥后运回贮藏。也可运回农家院落任其自然风干或在晒场翻晒干燥后及时贮藏,晒至青干草含水量保持在 17%以下。

青海省大部分地区采用青贮窖(池)的形式,青贮饲草的最佳含水量为 65%～75%;用捆裹青贮机械设备进行捆裹青贮,饲草含水量应控制在 60%～65%。

复种饲草除青刈饲喂、调制青干草和青贮外,还可粉碎成草粉作牲畜粗饲料。

3. 粮草轮作倒茬

轮作倒茬有利于茬口衔接、后茬作物生长和不重复茬。夏粮收获后立即翻耕整地、复种饲料作物,变传统的一年一茬耕作方式为一年二茬。建议采取以下草料轮作模式。

1）河谷川水地区高产饲草料作物轮作（复种）模式

这种模式是利用麦收后复种饲草料作物和春播品种或秋播冬小麦轮作倒茬，茬口衔接紧凑，供青期具有轮作互补性。一年生禾谷类饲草料作物轮作：小麦—复种饲草料作物（皮燕麦、裸燕麦、黑麦草、高丹草、甜高粱、饲用玉米）—冬小麦（秋播）；一年生豆科饲草料作物与麦类作物轮作：小麦—复种饲草料作物（毛苕子、箭筈豌豆、饲用蚕豆、豌豆）—冬小麦（秋播）；一年生块根蔬菜类饲料作物与麦类作物轮作：小麦—复种块根蔬菜类饲料作物（白菜、胡萝卜、饲用甜菜、马铃薯）—春小麦（春播）。

2）低、中位山旱区高产饲草料作物轮作（复种）模式

优良饲草轮作（复种）可使粮食—经济作物的二元种植结构变为粮食—饲草料—经济作物的三元种植结构。利用复种优良新品种提高粮食作物和油菜作物的产量，豆科饲草的轮作（复种）可改良土壤、增加土壤肥力，为养殖业提供高蛋白质饲草，又可压青作绿肥养地。一年生禾谷类饲草料作物与麦类作物轮作：小麦—复种饲草料作物（燕麦、莜麦、苏丹草、糜谷、黑麦草）—小麦（青稞、大麦）；一年生禾谷类饲草料作物（复种）与油料作物轮作：小麦—饲草料作物（燕麦、莜麦、糜谷、甜高粱、苏丹草）—油菜（胡麻）；一年生豆科饲草料作物与粮食作物轮作：小麦（青稞、大麦）—豆科饲草料作物（箭筈豌豆、毛苕子、饲用蚕豆）—小麦。

3.8.2.2　燕麦与豆科牧草混播高产栽培技术

燕麦作为禾本科牧草，蛋白质含量较低，对土壤养分的消耗过大，尤其是在没有轮作制的情况下，每年施用同种同量化肥和连作是一年生青刈燕麦连年减产的主要原因。豆科牧草是饲喂家畜的主要优质饲草，同时还具有通过共生细菌进行固氮的作用，能吸收土壤深层的磷、钙，增加土壤有机质，对土壤结构的改良和土壤肥力的提高具有重要作用。以毛苕子、箭筈豌豆、豌豆为主的一年生豆科牧草含有丰富的蛋白质、钙和多种维生素，在100kg饲草中，可消化粗蛋白达9～10kg，开花前粗蛋白量占干物质量的15%以上；其鲜草含水量较高，草质柔嫩，适口性强，许多饲喂试验证明，因为消化较快、采食量较大、养分利用效率的提高，使豆科牧草比禾本科牧草具有更优的饲喂品质。对羊而言，豆科牧草的营养价值高于具有中等或较低代谢能的禾本科牧草，但对牛而言，在代谢能较高的情况下，养分利用效率的提高可能较少，但能改变畜体组成而产生瘦肉较多的胴体。因此，建立一年生禾豆混播人工草地，越来越受到草地工作者和农牧民群众的重视。建立人工草地，可提高单位面积的产草量和蛋白质含量，并能增加土壤中氮素和有机质含量，提高土壤肥力。一年生豆科和禾本科饲草混播不仅比单播一种禾本科牧草的产草量和营养价值高，而且豆科和禾本科混播草地的饲草便于调制成干草，饲喂家畜时，不会因

单一采食豆科牧草而发生臌胀病或有中毒现象发生。禾豆混播较其单播具有优越性，豆科牧草能生物固氮，氮素直接或间接地被混播群落中的禾本科牧草利用，两者在根系分布及养分需要方面的差异能使混播更有效地合理利用土壤养分，提高牧草的产量和质量。因此，对混播群落生物量、牧草品质及种间竞争力进行动态研究，以确定适应高寒牧区自然条件的混播组合、播种量比例，为建立高产优质一年生禾豆混播草地提供科学依据，显得非常迫切和重要。

一年生人工草地以禾豆混播为主，青海甜燕麦+西牧 880 箭筈豌豆与一年生黑麦草+豌豆为长生育期的最佳混播组合，青海 444 燕麦+西牧 880 箭筈豌豆为短生育期的最佳混播组合。前两种组合适宜在青海环湖地区和柴达木地区推广，后一种组合适宜在高寒牧区种植，也可在青海东部农业区复种。

1. 品种选择

燕麦：青引 1 号燕麦、青引 2 号燕麦、加拿大栽培燕麦、青海甜燕麦、青海444 燕麦等。

豆科：毛苕子，西牧（324、791、781、333/A、1433、879 等）箭筈豌豆，豌豆（草原绿色、早豌 1 号、草原 9 号、草原 10 号、草原 12 号等）。

2. 栽培技术

要选择三级以上的禾-豆类种子，按照 GB 6141—2008《豆科主要栽培牧草种子质量分级》、GB 6142—2008《禾本科主要栽培牧草种子质量分级》执行，并对带有严重病虫害的种子要销毁，轻度的需要药物处理后方可播种。人工清选或机械清选，播前应晒种 1～2 天，最好采用隔年的豆科种子，以提高种子的发芽率和生活力。

混播草地以条播为宜，条播可采用分层施肥条播机，也可以采用人工撒播的方法。条播时禾本科和豆科种子分开，前箱内装燕麦，箭筈豌豆放在施肥箱内并与肥料充分拌匀后播种，行距 15～20cm，播后要耙糖覆土，播种深度 3～4cm，根据地墒最深不超过 5cm。

燕麦单播量（225～255kg/hm^2）的 60%，一年生豆科饲草单播量（箭筈豌豆75～120kg/hm^2、毛苕子 60～90kg/hm^2、豌豆 270～300kg/hm^2）的 40%，即燕麦与豆科饲草实际单播量的 6：4（燕麦保苗率应掌握在 300 万～375 万株/hm^2，豆科饲草在 75 万～150 万株/hm^2）的混播量均适宜青海省农牧区不同生态区域。

3. 田间管理

在有灌溉条件的川水地区燕麦拔节期及孕穗期浇水 1～2 次。若土地贫瘠，生长不良时，可在燕麦分蘖期或拔节期结合灌溉或降雨，追施氮肥（N 46%）75～150kg/hm^2。在复种及复收区，头茬草刈割后应追施氮肥（N 46%）75～150kg/hm^2。

燕麦分蘖期可人工除草一次，禾豆混播饲草禁用 2,4-D 丁酯。

3.8.2.3 燕麦圈窝种草技术

随着草地承包到户的落实和深入，家庭牧场的概念已逐步形成，广大牧民从事畜牧业的积极性被极大地调动，牲畜数量也随之增加，使得近些年来草畜矛盾更加突出，草地退化、饲草不足和雪灾等自然灾害频频发生，严重阻碍了家庭牧场的发展。"圈窝子"是冬天牧民在夜间圈养家畜的场所，其在夏季一般闲置不用，为充分利用这一资源进行饲草生产，弥补家庭牧场经营中饲草料的严重缺乏，因此，在高原牧区应广泛推广燕麦"圈窝子"种草。燕麦是一种优良的一年生禾本科饲草料作物，常用作干草冬季补饲家畜，在青海省种植极为广泛，播种面积每年都在 2 万 hm^2 以上。燕麦"圈窝子"种草是近些年来为适应家庭牧场的发展而进行的一种种草方式。

"圈窝子"种植前进行地面处理，首先铲去过多的羊板粪，留下腐化程度高、与土壤充分混合的羊板粪即可，因为过多的羊粪不利于燕麦的生长；其次采用机械或人工的方法彻底翻耕土壤，并耙平地面，由于"圈窝子"内被家畜践踏，土壤紧实度很高，翻耕有利于增加土壤通气性，便于燕麦的生长。青海省独特的气候特征，雨热同季，每年 5～9 月是降水量、平均气温和太阳总辐射量相对最多也最为集中的时期，这一时期也正是燕麦生长发育的良好时期。家庭牧场"圈窝子"内土壤营养成分的含量高于非"圈窝子"天然草地内的含量，"圈窝子"内的土壤营养成分能够充分满足燕麦的生长需要，燕麦种植前后"圈窝子"内外营养成分的明显下降是植物生长吸收利用的结果，pH 的升高与 9 月降水减少、地面蒸发加大有关。

不同播种时期燕麦的生长表现出了基本一致的变化趋势，从出苗到分蘖生长缓慢，分蘖到抽穗生长最快。较早播种可促进燕麦的快速生长，有利于燕麦干物质的积累。随播种时间的推后，燕麦完成生育期所需的时间逐渐缩短，生育期逐步提前。若播种太迟，燕麦在枯黄前，其生育期只进行到拔节期，这是燕麦为了完成生殖生长对当地气候适应的一种结果。

燕麦青干草产量及蛋白质收获量随燕麦不同的播种时期，表现出一定的变化，随播种时间的延长，燕麦青干草产量呈明显下降的趋势，为获得燕麦高产，播种时间应在 5 月中旬左右。

高原家庭牧场"圈窝子"内土壤营养成分的含量能够充分满足燕麦的生长需要，应充分利用这一土地资源进行牧草的生产，满足畜牧业生产的需要，但由于青藏高原独特的气候条件，播种时期的选择是一个很重要的栽培措施，由于随着播种时期的推后，燕麦植株高度明显降低，燕麦完成生育期所需的时间逐渐缩短，生育期逐步提前。从饲草生产的角度看，为获得较多的燕麦青干草，播种时间应在 5 月中旬左右。

"圈窝子"是指牧民冬季圈养家畜的场所，夏季一般闲置不用。圈窝子种草就是利用夏季闲置的圈窝子种植牧草来增加饲草来源的一种人工种草方式。

1. 地面处理

清除地面多余的粪便及石块等杂物，翻耕土地 20～30cm 深，耙细整平后撒播；或不进行地面人工处理，在降雨后直接撒播。

2. 草种选择及组合

由于圈窝子种草是对圈窝子的短期利用，应选择速生快长、优质、高产的燕麦品种，单播、混播均可。

3. 播种

家畜离开圈窝子后播种，以 5～6 月为宜。撒播或条播草种后撒牛羊粪覆盖，或驱赶牛羊群踩踏 3～7 天，利用牛羊群的踩踏进行覆盖。单播播量为燕麦 225～300kg/hm^2，混播播量为燕麦 150kg/hm^2+箭筈豌豆 45kg/hm^2。

4. 收割与利用

燕麦等禾本科牧草在盛花期进行刈割。选择晴天刈割，刈割后散放地面晾晒。禾本科、豆科牧草可在含水量达到 15%时调制青干草；禾本科牧草也可以在水分达到 50%时制作半干青贮料。

3.8.2.4　燕麦沙地栽培

燕麦在我国干旱半干旱区的生态适应性、潜力与抗逆性等生态生理指标研究，不同播期对燕麦生育、生态和营养与经济性状的影响，燕麦与其他牧草间混、套作的生态效应，以及燕麦在我国荒漠化治理和产业化发展的战略布局等都是亟待解决的重大课题。

1. 品种选择

选用耐瘠薄、抗旱的燕麦品种，适期免耕播种，适当补充肥料，适时喷施化学除草剂控制杂草，及时补灌，以提高裸燕麦产量和品质。经过 3 年的燕麦品比与品种适应性试验，白燕 2 号、白燕 7 号、燕科 1 号燕麦品种植株综合性状好、生育期适中（100 天）、产量稳定，适宜在沙地上种植。

2. 种子预处理与播种

为提高燕麦种子抗旱性和耐瘠薄性及出苗率，可用浓度为 100mg/L 黄腐酸+200mg/L 水杨酸混合溶液浸种 24h 后晾干播种。播种量 120kg/hm^2，行距 25cm，根据沙地墒情或等雨播种，适宜播种日期为 4 月 25 日至 5 月 25 日。播种时种肥的施用以有机肥结合化肥的增产效果最好，有机肥可采用牛圈粪或羊粪，施入量

$7.5 \sim 15t/hm^2$，化肥以磷酸二铵作种肥，施入量 $90kg/hm^2$。

3. 杂草控制

对燕麦田的杂草调查发现，藜和狗尾草是主要杂草，在燕麦拔节前，杂草 $3 \sim$ 4 叶期，选择晴朗无风的上午，用 $1125mL/hm^2$ 2,4-D 丁酯按 $600kg/hm^2$ 兑水，用手动喷雾器进行均匀喷雾的除草效果最好，该处理杂草防除效果和株防效分别可达 82.8% 和 90.0%。

4. 追肥

分蘖期前后是燕麦的水肥临界期，在燕麦分蘖期以尿素作为追肥，施入量 $75 \sim 90kg/hm^2$ 的增产效果明显。合理分配氮肥的追肥比例对燕麦增产有重要意义，追肥比例以不超过总施氮量的 50% 为宜，当氮肥的追肥比例达到总施氮量的 75% 时，易造成燕麦生育后期植株徒长，虽然最终燕麦生物产量有所增加，但籽粒产量并未明显增加甚至出现负增长。

5. 灌溉

水分条件是影响燕麦产量的重要因素，在有灌溉条件的沙地，分别在燕麦播种后、拔节期和抽穗灌浆期各灌水一次，增产效果明显。

6. 收获

燕麦穗各部位成熟度不太一致，当穗下部籽粒进入蜡熟末期时应及时收获。由于沙地多为旱作，燕麦收获季节易遇到大风天气，倘若等燕麦完全成熟再收获，燕麦籽粒容易被大风刮落而造成产量损失。

注意事项如下。

沙地较为贫瘠，燕麦播种不宜过密，以 $120kg/hm^2$ 左右最好，对于水分条件和有机肥源较好地区的沙地可适量增加，最多不超过 $150kg/hm^2$。

燕麦适宜播种期为 5 月 25 日前后，若土壤墒情不好可适当推迟播种期等雨播种，但不应晚于 6 月 10 日，播种期试验表明，6 月 10 日以后播种则燕麦不能在无霜期内正常成熟。

正确选择除草剂的喷施时期和喷药量，在燕麦拔节前、杂草 $3 \sim 4$ 叶期喷施效果最好，喷施过早则燕麦苗易受药害，喷施过晚则达不到除草效果。$1125mL/hm^2$ 2,4-D 丁酯按 $600kg/hm^2$ 兑水均匀喷雾的除草效果最好，药量太小不能达到除草效果，药量太大易对燕麦造成药害。

合理施肥并分配底、追肥比例，氮肥总施入量大于 $187.5kg/hm^2$，追肥比例大于总施氮量的 50% 时容易造成燕麦徒长，不仅达不到显著增产的目的，而且增加了成本。

及时收获，避免因遭遇大风天气而造成产量损失。

3.8.2.5 小黑麦和箭筈豌豆混播及青贮利用技术

1. 适用范围

本技术适用于在海拔 4000m 以下地区进行小黑麦与箭筈豌豆的混播种植及利用。

2. 土地整理

1）地形、土壤选择

选择地势平坦、排水良好、土层深厚的地块，土壤 pH 为 7～8。

2）整地

在头一年前茬收获后及时秋翻，耕深 15～20cm。对未进行秋翻的土地，播前要进行翻耕（深度 20～25cm），耕后要及时耙糖碎土，清除残茬，整平待播。

3）施肥

对所选地块依次进行施底肥、翻耕、耙糖等工作。在翻耕前施 20 000～30 000kg/hm^2 有机肥。

3. 栽培技术

1）播种材料

选择三级以上的禾-豆类种子，按照 GB 6142—2008 和 GB 6141—2008 执行。

2）种子预处理

箭筈豌豆的种子采用隔年的种子，播前晒种 2～3 天，或在 30～35℃的条件下进行温热处理。

3）播种方法

采用分层施肥条播机进行条播。条播时将小黑麦和箭筈豌豆种子分开，小黑麦种子放入前箱，箭筈豌豆放入肥料箱，行距 15～30cm，播后要镇压、糖地，播种深度 3～4cm，最深不超过 5cm。

4）播种期

播种期为 5 月中下旬。

5）播种量

小黑麦和箭筈豌豆混播时按照质量比 7：3 进行播种。一般混播时小黑麦播种量为 157.5kg/hm^2，箭筈豌豆播种量为 67.5kg/hm^2。

4. 田间管理

1）灌溉

在有灌溉条件的地区，在小黑麦拔节期及孕穗期进行灌溉。灌溉次数按照 DB 63/T 491—2005 的有关规定执行。

2）追肥

降雨前或结合灌溉追施氮肥，用量为纯氮 34.5～69kg/hm²。

3）除草

小黑麦分蘖期人工除草一次，禾豆混播种植的田间杂草防除按照 DB 63/T 491—2005 的有关规定执行。

5. 收获

在小黑麦乳熟期和箭筈豌豆开花期进行收获。

6. 青贮技术

1）原料含水量

刈割后的青草就地铺摊晾晒，每隔 3～4h 翻动一次，等枝叶含水量达到 65%～75%，收集青草待用。

2）调制方法

采用青贮袋、青贮壕或者捆裹青贮等方式，调制方法按照 DB 63/T 240—2022 的相关规定执行。

7. 青贮饲料品质鉴定

1）感官评定

利用青贮牧草的色泽、气味和质地的组成进行综合判定。具体按照 DB 63/T 240—2022 的要求执行。

2）综合评定

利用青贮牧草的 pH、水分、气味、色泽、质地得分加和后进行综合评分。鉴定方法参见表 3.11。

表 3.11　禾豆混播青贮牧草质量评定的综合评分标准

项目	pH	水分	气味	色泽	质地
总评分	25	20	25	20	10
优等（选择）	3.6(25)、3.7(23)、3.8(21)、3.9(20)、4.0 (18)	70%（20）、71%（19）、72%（18）、73%（17）、74%（16）、75%（14）	酸香味，舒适感（18～25）	亮黄色（14～20）	松散软弱，不黏手(8～10)
良好（选择）	4.1(17)、4.2(14)、4.3（10）	76%（13）、77%（12）、78%（11）、79%（10）、80%（8）	酸臭味，酒酸味（9～17）	金黄色（8～13）	中间（4～7）
一般（不选）	4.4(8)、4.5(7)、4.6(6)、4.7(5)、4.8（3）、4.9（1）	81%（7）、82%（6）、83%（5）、84%（3）、85%（1）	刺鼻酸味，不舒适感（1～8）	淡黄褐色（1～7）	略带黏性（1～3）
劣等（不选）	5.0 以上（0）	86%以上（0）	腐败味，霉烂味（0）	暗褐色(0)	腐烂，发黏，结块（0）

注：括号内的数值表示每项指标数值所对应的评分

3.9　多年生牧草种植栽培技术

3.9.1　技术流程

3.9.1.1　选地和整地

选地应选在气候条件较好,要求≥0℃年积温 1500℃以上,年降水量在 350mm 以上,作物生长期大于 90 天的地区,年降水量低于 350mm 的地区要具备灌溉条件;土壤要求土层厚度 30cm 以上,有机质含量 3%以上,盐渍化程度较轻,含盐量不超过 0.3%;地形方面要求地势平坦,坡度小于 25°,机械耕作地区坡度小于 20°。

新开垦地应当先将地整平,清除杂草和杂物,有鼠害的地方灭鼠后再进行耕翻,耕深 18～22cm,耕翻土壤应在秋季或春季进行,耕翻后要用耙耙碎土块,整平地面;熟地耕深 15～20cm。地面处理程序:耕—耙—耱—镇压。播前要清除杂草、石块等杂物,播后要进行覆土,除潮湿而黏重的土壤外,需进行镇压处理。

3.9.1.2　草种准备

人工草地种子要达到国家规定的三级以上标准(种子净度、发芽率按 GB 6142—2008 执行)。播前严格检查种子病虫害携带情况,对带有严重病虫害的种子要立即销毁,轻度的经药物处理后方可使用。播前对带有长芒的禾本科种子要进行断芒处理,对硬实率高的豆科种子进行硬实处理。选种时用机械或人工清选扬净。

3.9.1.3　播前施肥

根据土壤肥力状况施入适量的肥料,每公顷施磷酸二铵 75～100.5kg 或每公顷施农家肥 2.25 万～3 万 kg。

3.9.1.4　播种技术

1. 播种方法

人工草地播种可采用条播或撒播,播后要覆土镇压。

2. 播种方式

播种方式一般分为单播、混播和保护播种三种。

1)单播

单一的牧草播种在一块地上称为单播。这种播种方法的优点是播种简单,节省劳力和时间,但产量低,改良土壤的效果也差。

2）混播

混播是两种或两种以上的牧草播种在同一块土地上的同行或间行。混播牧草通常是豆科与禾本科牧草混播，也有同科牧草混播的。

3）保护播种

保护播种是常用的一种播种方法，多年生牧草播种当年生长缓慢，常常杂草丛生，产量较低。因此，在播种多年生牧草时，常与一年生禾谷类作物混播，禾谷类作物对多年生牧草起保护作用，这种方法称为保护播种，也叫覆盖播种。

3. 播种期

青海省大部分地区以春播为宜，春播在 4～5 月进行，在春旱严重地区采取夏播，夏播在 6～7 月进行。一年生牧草必须春播，但复种时应在前茬作物收割后及时播种。

4. 播种量和覆土深度

牧草种子的播种量和覆土深度与牧草种类、牧草的生长特性、种子大小等因素有关。适宜青海省主要栽培牧草单播的播种量及覆土深度见表 3.12。

表 3.12 青海省主要栽培牧草单播播种量及覆土深度

类别		牧草名称	播种量（kg/hm²）	行距（cm）	覆土深度（cm）
禾本科	多年生	青牧 1 号老芒麦	15～30	30	1.5～2.0
		同德老芒麦	15～30	30	1.5～2.0
		同德短芒披碱草	15～30	30	1.5～2.0
		青海中华羊茅	12～18	15～30	1.0～1.5
		青海扁茎早熟禾	9～15	15～30	0.5～1.0
		青海冷地早熟禾	9～15	15～30	0.5～1.0
		青海草地早熟禾	9～15	15～30	0.5～1.0
		同德小花碱茅	7.5～12	15	0.5～1.0
		无芒雀麦	15～30	30	1.5～2.0
		扁穗冰草	15～22.5	15～30	1.0～1.5
	一年生	丹麦 444 燕麦	225～300	15～30	3.0～4.0
		苏联甜燕麦	225～300	15～30	3.0～4.0
		青引 1 号燕麦	225～300	15～30	3.0～4.0
		青引 2 号燕麦	225～300	15～30	3.0～4.0
		青引 3 号莜麦	165～180	15～30	3.0～4.0
豆科	多年生	紫花苜蓿	15～22.5	30	1.0～1.5
		黄花苜蓿	15～22.5	30	1.0～1.5
	一年生	箭筈豌豆	67.5～75	15～30	2.0～3.0
		毛苕子	30～37.5	30	3.0～4.0

3.9.1.5　牧草混播技术

混播牧草的优势在于比单播牧草含有较全的营养成分和较高而稳定的产量，混播是人工草地的主要播种方法，是我国人工草地的发展方向。

混播牧草比单播牧草含有较全的营养成分是由于豆科牧草与禾本科混播，豆科牧草含有较高的蛋白质、钙和磷，而禾本科牧草含有较多的碳水化合物。在混播中利用豆科牧草根瘤菌所固定的氮，提高土壤肥力，使禾本科牧草蛋白质含量增加。

1. 混播牧草的选择及组合

刈草型混合草地：这类草地的主要目的是作为割草地，其利用年限一般为 3～4 年或更长，应选择适宜当地自然条件的中等寿命的上繁草，如黑麦草+披碱草。

放牧型混合草地：这类草地主要是为了放牧利用，其利用年限为 6 年或 6 年以上，属长期放牧地，应选择以牧草寿命长的下繁草为主。为了前期也能获得一定的产量，也应选择一些中等寿命的禾本科牧草进行组合，如披碱草+早熟禾+星星草。

刈草-放牧兼用草地：兼用草地利用年限为 4～6 年或以上，为了满足刈草和放牧两个方面的需要，除采用中等寿命和多年生的上繁草外，还需要包括长寿命放牧型的下繁草，如老芒麦+披碱草+中华羊茅+早熟禾。

2. 混播牧草的配合比例

在混播牧草中，根据利用年限，确定豆科和禾本科牧草间及禾本科牧草间配合的比例，大致如表 3.13 所示。

表 3.13　豆科与禾本科牧草间及禾本科牧草间的配合比例

利用年限	豆科牧草（%）	禾本科牧草（%）	禾本科牧草间	
			疏丛型（%）	根茎型（%）
短期混播牧草	75～85	15～25	100	0
中期混播牧草	25～30	70～75	75～90	10～25
长期混播牧草	8～10	90～92	50～75	25～50

疏丛型草：侧枝朝与主枝成锐角方向发出，发育完全的侧枝又形成新的侧枝，因而地表形成不很紧密的株丛。

根茎型草：地下分蘖节长出的横向根茎与主枝垂直。

根据利用方式，确定上繁草与下繁草的配合比例，见表 3.14。

表 3.14   上繁草与下繁草的配合比例

利用方式	上繁草（%）	下繁草（%）
刈割用	90～100	0～10
放牧用	25～30	70～75
兼用	50～70	30～50

3.9.1.6   田间管理

1. 播后采用围栏保护措施

牧草播种后，及时对人工草地进行围栏。播种当年禁牧，第二年后放牧或刈割利用。

2. 灌溉施肥

有灌溉条件的，在牧草返青至拔节（分枝）期应及时灌溉，一般情况下，每公顷灌水 900～1200m³。同时结合追肥，每公顷追施尿素 75～150kg。

3. 杂草防除

播种当年，幼苗生长缓慢，易受杂草危害，应人工除草 1～2 次或选用适宜的化学除草剂（如 2,4-D 丁酯）。生长三年的草地草丛密集、根系盘结，应在早春用轻耙松土、除杂，改善土壤通透性。

3.9.2   多年生牧草栽培技术示范

3.9.2.1   华扁穗草栽培技术

1. 范围

本技术适于华扁穗草（*Blysmus sinocompressus*）在海拔 2800m 以上湿地生态恢复时使用。

2. 地点选择

选择排水良好、质地疏松、富含腐殖质的沙质壤土，土层厚度不低于 30cm。

3. 播前准备

1）播种前整地和施肥

土壤翻耕，耕深 25cm。按 NY/T 496—2010 的要求，播种前每公顷施入磷酸二铵 150kg。

2）种子采集

采集地点：在海拔 3200～3600m 采集。

采集时间：在 9 月下旬种子成熟后采集。

采集方法：当种子由绿转黑时采收，连秆一并采集，晾干后用木棍敲击枝条使种子脱落，采用筛选和风选，使种子净度达 85%以上。

4. 播种

1）选种

选用籽粒饱满、没有残缺或畸形的无病虫害的种子。按照 GB/T 2930.11—2008 的要求，种子发芽率大于 87%，净度大于 85%。

2）播种时间

秋播或春播。秋播时间为 9 月中旬至 10 月中旬，春播时间为 6 月上旬至 7 月上旬。

3）播种方法

撒播：种子与干沙土按 1∶10 拌匀，播种量为每公顷 20～25kg。播种深度 2～3cm。

5. 田间管理

1）出苗前管理

播种后，每日喷灌，保持土壤湿润，遮阴。待幼苗出齐后，全光育苗。

2）除草

苗出齐后，适时清除杂草。

3）灌溉

出苗后，每周喷灌 2 次，浇透，在早晚进行。

4）追肥

分蘖后期至拔节前期，每公顷追施尿素 75kg。

6. 病虫害防治

1）主要防治类型

病害为根腐病、叶斑病和立枯病。虫害为白粉虱、蚜虫、红蜘蛛等。

2）防治方法

按 GB 4285—1989 的要求，选用高效低毒低残留的农药防治。

3.9.2.2　青藏苔草栽培技术

1. 范围

本技术适于青藏苔草（*Carex moorcroftii*）在海拔 2800m 以上湿地生态恢复时使用。

2. 地点选择

1）栽培地选择

海拔 2800m 以上，雨量充沛或方便灌溉的地域。

2）土壤条件

选择排水良好、质地疏松、富含腐殖质的沙质壤土，土层厚度不低于 30cm。

3. 播前准备

1）播种前整地与施肥

土壤翻耕，耕深 20cm，耱平耙细。按 NY/T 496—2010 的要求，播前每公顷施磷酸二铵 150kg。

2）种子采集

采集地点：海拔 3200～3600m 采集。

采集时间：9 月上旬至 9 月下旬种子成熟后采集。

采集方法：当种子由绿转黄时采收，晾干后，用木棒敲击枝条使种子脱落，采用筛选和风选，使种子净度达 98%以上。

4. 播种

1）选种

按照 GB/T 2930.11—2008 的要求，选用籽粒饱满、没有残缺或畸形的无病虫害的种子。种子发芽率大于 68%，净度大于 98%。

2）播种时间

4 月进行播种。海拔 3000m 以上地区应在 5 月中旬至 6 月中旬播种。

3）播种方法

人工撒播，播种量每公顷 22.5～30kg，播后轻轻将地表耙匀，耙深 1～2cm。

5. 田间管理

1）遮阴

播种后，每天定时洒水，进行遮阴。待幼苗出齐后，全光育苗。

2）除草

苗出齐后，适时清除杂草。

3）追肥

分蘖后期至拔节前期，每公顷追施尿素 75kg。

4）灌溉浇水

出苗后，每周浇水 2 次，浇透，在早晚进行。

5）病虫害防治

按 GB 4285—1989 的要求，选用高效低毒低残留的农药防治。

3.10　草产品加工技术

人工草地的利用就是将人工草地的饲草在生长期进行放牧或刈割制成营养价值较高的青干草或青贮料，作为储备，在冬春季给牲畜补饲，从而使畜牧业生产得到稳定的发展。

3.10.1　饲草的收割时期

饲草的收割时期是草地合理利用的重要环节，适时收割可获得较高的牧草产量和品质。多年生人工饲草播种当年禁牧、禁刈割，播种第二年后可放牧或收割利用，豆科饲草适宜收割时期以初花期或盛花期为宜，禾本科饲草适宜收割时期以抽穗期或初花期为宜。

3.10.2　饲草的留茬高度

留茬高度过高时，营养含量高的叶和基层叶留于地面，未能割去，影响了饲草的营养价值，同时也降低了饲草的收获量。

留茬高度过低时，虽然当年可多收获些饲草，但减少了剩余草的光合作用，影响以后各年的饲草产量。

人工饲草的适宜留茬高度，一年生为 4～6cm，多年生为 10～15cm。

3.10.3　饲草的割草方法

目前割草采用两种方法，即机械割草和人工割草。

机械割草主要是用割草机。人工割草工具多为镰刀，用在地面不平或草地面积较小，不能使用机械割草的草地上。在收割季节为争取多割、快割，人工割草常与机械割草结合进行。

3.10.4　青干草的调制

青干草是将饲草、细茎饲料作物及其他饲用植物在产量和质量兼优时期刈割，经自然或人工干燥调制而成的能够长期贮藏的青绿干草。由于它是用青绿植物调制而成的，仍保持一定的青绿颜色，因此称为青干草。

青干草的调制有机械化调制和人工调制两种方式。机械化调制生产过程包括割草、晾晒、搂草、集草、压捆。人工调制生产过程包括割草、晾晒、捆草。

3.10.4.1　青干草的制作

在青干草调制过程中，首先应尽可能缩短饲草的干燥时间，减少由生理生化作用和氧化作用造成的损失，然后在饲草晾晒的过程中，要翻动饲草，使水分尽可能比较均匀。同时要避免因雨淋、日光下长时间暴晒而造成的饲草品质下降。

青干草的人工调制方法：青海省地处干旱地区，降雨量少，蒸发量大，气候干燥，开花期的饲草水分通常只有 50%～55%，在割草时期，白天的气温达到 22℃以上，空气的相对湿度低于 50%，因此，割草后饲草干燥速度较快。具体操作是当割完草就将其摊晒均匀，发现饲草开始有些干燥后进行翻草，但最好只翻 2 次，因翻草次数太多，叶子损失增加，饲草质量下降。要注意勿使饲草过分干燥，致使叶和花序大量脱落。在饲草水分降到 17%左右时（也就是饲草柔嫩部分的水分降低到容易折断的程度前），将饲草集成草垛或捆扎成草捆存放，便于贮藏利用。

3.10.4.2 青干草贮藏

合理贮藏是保持青干草的营养物质不受或少受损失的重要环节，常见的青干草贮藏方式有以下两种。

1）简易棚贮藏

该方式用于贮藏数量少的青干草，适合用量不大的牧户，其贮藏设施较简单，只需建防雨雪的顶棚和防潮底垫即可。存放青干草时，应使棚顶与青干草保持一定的距离，以便通风散热。

2）专用仓库或大型干草棚贮藏

该方式用于青干草量大的农牧场，为了经济有效地利用贮藏场地，常将散青干草压缩打捆，压成长方体草捆。

将草捆堆贮成草垛，草垛大小一般为宽 5～5.5m、长 20m、高 18～20 层的干草捆。底层草捆应和干草捆的宽面相互挤紧，窄面向上，整齐铺平，不留通风道或任何空隙。其余各层堆平，上层草捆之间的接缝应和下层草捆之间的接缝错开。从第 2 层草捆开始，可在每层中设置 25～30cm 宽的通风道，在双数层开纵向通风道，在单数层开横向通风道，通风道的数量多少根据干草的水分确定。

3.10.4.3 青干草的品质鉴定

青干草品质的优劣与青干草原料的种类、刈割时期及制作技术密切相关，可通过感官鉴定对青干草的品质作出正确判断。表 3.15 为青干草感官鉴定标准。

表 3.15 青干草感官鉴定标准

品质等级	颜色	气味	分析与说明
优	鲜绿	浓厚芳香草味	刈割适时，未受雨淋和阳光暴晒，贮藏时未遇高温发酵
良	淡绿	较淡芳香草味	晒制与贮藏基本合理
次	黄褐	无芳香草味	刈割过晚、受雨淋、高温发酵
劣	暗褐	发霉味	调制和贮藏均不合理

3.10.5　饲草的青贮

饲草青贮是利用厌氧微生物乳酸杆菌发酵，产生乳酸，使青贮饲草的营养和多汁能较长时间保存的方法。

3.10.5.1　青贮容器

青贮容器主要有青贮窖（壕）、青贮塔和青贮塑料袋三大类。

3.10.5.2　青贮原料的要求

禾本科牧草或秸秆的含糖量符合青贮要求，可单一青贮；豆科牧草含糖量低，应掺 10%以上的含糖或淀粉多的饲料混合青贮；豆科饲草可与禾本科饲草混合青贮，混合比例为 2∶1。

青贮原料适宜的含水量一般以 68%～75%为宜，生产中为了简便测定出含水量，常采用以下方法，即抓一把切短的原料在手中揉搓，然后用力握在手中，若手指缝隙中有水珠出现，但不成串滴出，则该原料的含水量适宜。若握不出水，说明水分不足；若水珠成串滴出，则水分过多。

原料在青贮前，要切成碎段，凡质地粗硬的原料应切成 3～4cm 的短节，柔软的原料应切成 4～5cm 的短节，这样易于压实和提高青贮窖的利用率。

3.10.5.3　青贮饲料的主要调制方法

1. 准备容器

按计划贮量与原料种类、数量，选择相应的青贮容器。

2. 青贮原料的铡短装填

切碎的原料要及时送入容器内，逐层铺平压实，这样可以迅速排出原料空隙间的空气，制造有利于乳酸菌繁殖的厌氧条件，注意压紧窖的四壁和四角，直至装到高出窖口 50～70cm。

3. 青贮容器的封闭、管护

当容器内青贮料装满并充分压实后，即可封闭青贮容器。青贮窖，可先用塑料薄膜覆盖，然后用土封闭，四周修排水沟；青贮塔，在原料上盖塑料薄膜，然后压上余草；青贮塑料袋，应及时排气，封闭袋口，分层堆积，重物镇压。

调制后的一个月内，要经常检查整修，发现青贮窖（壕）因原料下沉而表面出现裂缝时，及时修整，填平封严。青贮塑料袋要注意防止鼠害，检查塑料袋是否漏气。

3.10.5.4 青贮饲料的品质鉴定

制作良好的青贮饲料，在营养价值上与青绿饲草差别不大，其营养成分优于青干草，它能提高牲畜的生产力，并能改善牲畜的体质状态。同时，青贮饲料便于贮藏，利用方便，减少了牲畜对季节的依赖。而且可通过感观来鉴定青贮饲料的优劣，表 3.16 为青贮饲料感观鉴定标准。

表 3.16　青贮饲料感观鉴定标准

等级	颜色	气味	质地结构
优等	绿色或黄绿色有光泽	浓厚的芳香气味	拿到手上很松散，质地柔软而略带湿润，不黏手，茎叶等能分辨清楚
中等	黄褐或暗绿色	有刺鼻酒酸味，芳香味淡	拿到手上柔软、水分多、茎叶等能分清
低等	褐色	有霉味	拿到手上发黏、结块或过干，分不清结构

3.10.5.5 青贮饲料的利用

1. 取用

青贮饲料制作一个半月后即可利用，要分段开窖，从上到下，分层取草，切忌全面打开，防止暴晒、雨淋、结冻，严禁掏洞取草。窖内每天取草厚度不应少于 5cm，取后及时覆盖薄膜或草帘，防止二次发酵。发霉变质的青贮饲料不能饲喂家畜，冰冻的青贮饲料应等融化后再饲喂家畜。

2. 喂法和喂量

用青贮饲料开始饲喂时应由少到多，逐渐增加。停喂时，也应由多到少，逐渐减少。各种家畜青贮饲料用量见表 3.17。

表 3.17　各种家畜青贮饲料日用量　　　　　　　　　　（单位：kg）

畜种	用量	畜种	用量
奶牛	15～20	马	5～10
育肥牛	10～15	绵羊、山羊	1.5～2.5
犊牛	3～5	繁殖母猪	2～3

3.10.5.6 草捆青贮

草捆青贮是近年来兴起的一项牧草加工贮藏新技术，它兼有传统青贮和调制干草两者的优点，而避免了其不足之处。采用草捆青贮技术可使草地的载畜能力得到提高。草捆青贮无需依赖好的天气，特别是对解决调制干草时常遇到天气多雨的问题有重要的作用。草捆青贮不需要特殊青贮设施（青贮塔、青贮窖等）。

3.11　高寒草地矿山植被恢复技术

青藏高原矿山植被恢复技术以恢复生态学、植被科学和农学论为指导，通过对青藏高原典型矿山或规划矿产资源的勘探、开发及闭坑矿区植被群落特征、环境现状和基质理化性质的调查与分析测试，综合现有退化高寒草地恢复技术、国内矿采遗迹地植被恢复技术，构建适宜青藏高原高寒环境下矿山废迹地（露天采矿坑、废渣聚积地、尾矿库及废弃工业场地等）植被恢复与保护的技术体系，为协调矿产资源开发活动与区域生态环境保护的矛盾、保障区域经济的可持续发展等提供技术借鉴作用。

3.11.1　砂金遗迹地的恢复

自 2003 年开始，青海省启动了对历史遗留矿山环境的治理工作，其工作的重点以砂金过采区矿山地质环境恢复治理为主要内容。2003～2010 年累计争取到中央和省财政矿山地质环境治理补助资金 55 715.5 万元，以人工补播为主要手段，以垂穗披碱草和星星草为主要牧草品种，治理面积 0.93 万 hm^2，牧草长势良好，达到了恢复矿山植被、重建地质环境系统功能的目的。2011 年底，又争取到中央财政补助资金 4500 万元，开展三江源区和柴达木循环经济试验区的矿山治理，完成治理面积 728.40hm^2。

3.11.2　煤采遗迹地的恢复

2014 年 8 月 7 日，英国《卫报》网站发表的题为《中国西北部的非法煤矿正在蚕食自然资源》的报道称，青海庆华集团经营的木里煤田 4 座露天煤矿的面积是伦敦市的 14 倍，绿色的高山草甸变成了大片黑色和灰白色的大坑，有可能严重危及中国青藏高原脆弱的生态系统。煤田的两座煤矿与一个自然保护区存在交叉，该自然保护区的冰川融水是黄河的重要支流之一，几年来露天煤矿的开采已经破坏了连接山上的冰川和高原的高山草甸，切断了雨水和冰川融水流入河流的通道，地表蓄水能力大大减弱。该内容的报道，引起了我国中央政府及青海省的极大关注，青海省自 2014 年下半年开始，相继由我国科学技术厅、国家发展和改革委员会等组织农牧厅（现农业农村厅）、林业厅（现林业和草原局）、水利部及中国科学院、青海大学、地质部门和煤矿企业等单位就木里煤矿的环境恢复与治理进行了恢复技术研讨和任务分解。2015 年，由有关单位对矿采遗迹地、周边受损公共草地采用分别覆土 20cm、30cm，补充土壤养分，种植草本、乔灌草等植物的方式进行恢复，使得天木公路两侧约 1km 地段的植被披上了绿色，若要使其恢复效果稳定，尚需要经历人工植被向自然地带性植被的演变恢复。

3.11.3 公路铁路取土坑遗迹地的恢复

根据青藏铁路工程建设中的生态环境保护以及植被恢复建设的需要，在青藏铁路沱沱河取土场建立植被恢复试验。垂穗披碱草和梭罗草具有较好的抗寒冷、抗干旱及耐盐碱等特性，对青藏铁路沿线高寒干旱地区的气候和土壤环境具有较好的适应性，采用垂穗披碱草和梭罗草以及相应的植被恢复技术措施，实现青藏铁路取土场次生裸地植被的快速恢复是可行而有效的（陈桂琛等，2008）。青藏铁路建设过程中形成的取土场属次生裸地，其有机质含量为 3.31g/kg，pH 为 8.84。梭罗草为高原干旱地区乡土多年生草本植物，具有耐寒旱、抗风沙以及耐盐碱等特性。在取土场植物的出苗率接近 50%，越冬率达 75%以上。恢复第 2 年植物群落盖度为 41%，群落地上生物量和地下生物量分别达到（1282±41.9）kg/hm^2 和（2665±95.7）kg/hm^2。可见，无论是种子萌发和植物越冬，还是植物个体生长发育以及人工植物群落特征，梭罗草表现出对青藏铁路沿线高寒干旱地区气候和土壤环境具有较好的适应性。只要采用高原乡土植物种类和采取相应的植被恢复技术措施，青藏铁路多年冻土区取土场次生裸地的植被快速恢复就是可行的（陈桂琛等，2006）。在青藏公路建设中，公路沿线高寒草原植被的人为破坏的影响是明显的，在工程结束的第 2 年、第 8 年和第 26 年后，其群落植被盖度分别达到原生植被的 2%～4%、6%～23%和 32%～54%，而生物多样性指标分别达到 46%～50%、95%以上和 100%。植被的自然恢复需要 20 年左右的时间，工程建设破坏面积大于 1500m^2，植被难以恢复、土壤沙化和水土流失，影响周边地区的生态环境质量（马世震等，2004）。目前已经证实青藏高原高寒草原区，路基建设取土迹地自然恢复的适宜时间为 20 年，取土迹地自然恢复的适宜面积为 254m^2；而土壤自然恢复的适宜面积为 156m^2，超过 254m^2 时需要采取人工重建措施（毛亮等，2013）。

3.11.4 工业园区污染土壤修复可用的乡土植物

在青海省湟中地区，土壤中的镉、锌可被蒲公英、鹅绒委陵菜、刺儿菜、节节草、艾蒿、二裂委陵菜、平车前、叶圆车前、黄花蒿、聚头蓟以及巴天酸模 11 种植物的根系吸收并转移到地上部分，从而实现土壤的修复，它们可作为重金属土壤修复的先锋植物或耐性植物。富集镉、锌较好的植物有刺儿菜、巴天酸模、鹅绒委陵菜、艾蒿、聚头蓟、黄花蒿、蒲公英、平车前、二裂委陵菜、叶圆车前、节节草，是适宜该区土壤镉、锌污染修复的最佳乡土植物（罗少辉等，2013）。

3.11.5 矿渣的综合利用

对青海某铅锌矿选别尾矿的化学成分、矿物组成和相对含量、粒度及其分布进行测试分析表明，该尾矿的矿物组成主要是石英、方解石、黄铁矿及绿泥石，粒度集中分布在 20～140 目。以该尾矿作骨料，适量水泥作胶结料，石灰作激发剂，分别加入混凝土发泡剂和废弃聚苯泡沫粒作预孔剂，通过浇注、捣打成型、养护等工艺制备了轻质免烧砖。试验研究了不同原料配比和养护条件下制品的容重与抗压强度等性能。当尾矿用量达 70%～80%时，制品干燥容重仅为页岩实心砖的 2/3，抗压强度最高可达到 9.3MPa，适用于建筑物承重和非承重填充砌块，属低能耗环保型墙体材料（冯启明等，2011）。

3.12　高寒沼泽湿地保护与修复技术

3.12.1　轻中度退化高寒沼泽湿地保护技术

3.12.1.1　范围

本技术适于海拔在 2800m 以上的沼泽湿地保护与利用。

3.12.1.2　术语与定义

1. 高寒天然沼泽湿地

高寒天然沼泽湿地是指土壤经常为水饱和，地表长期或暂时积水，生长湿生和沼生植物的天然草地，下层有泥炭累积，或虽无泥炭累积，但有潜育层存在的地段。

2. 退化沼泽湿地

退化沼泽湿地是指因过度放牧以及补充水源的减少，导致沼泽湿地旱化，植被减少，鼠害增加，保水能力降低的湿地。

3.12.1.3　鼠害控制

1. 主要鼠害类型

高寒天然沼泽湿地的主要鼠害为田鼠，退化沼泽湿地的主要鼠害为高原鼢鼠和高原鼠兔。

2. 控制指标

田鼠的有效洞口数控制在每公顷 80 个以下，高原鼠兔的有效洞口数控制在每公顷 8 个以下，高原鼢鼠控制在每公顷 0.4 只以下。

3. 控制方法

田鼠或高原鼠兔或高原鼢鼠密度超过控制指标时，按 DB 63/T 164—2021 的要求防除。防除后按每 20hm^2 均匀布放招鹰架。

3.12.1.4　围封保护

未退化沼泽湿地的放牧利用率控制在 40%～60%；退化沼泽湿地禁牧，采用符合 DB 63/T 437—2003 要求的围栏。

3.12.1.5　施肥

每年牧草返青期按 DB 63/T 662—2007 的要求，每公顷施过磷酸钙 150kg、尿素 150kg、硫酸钾 75kg。

3.12.1.6　利用

未退化沼泽湿地和恢复后的退化湿地可进行放牧利用。

3.12.2　重度退化高寒沼泽湿地修复技术

3.12.2.1　范围

本技术适于海拔 2800m 以上重度退化高寒沼泽湿地修复。

3.12.2.2　术语与定义

重度退化高寒沼泽湿地：高寒沼泽湿地退化后，原生植被盖度低于 5% 的高寒湿地。

3.12.2.3　修复技术

1. 修复方法

采用修筑塄坎的方式修复湿地。当地土源充足时采用土筑塄坎，当地土源不足时宜采用袋筑塄坎。

2. 草皮栽植

整地：将土壤翻耕，耕深 20cm，整平。翻地时施基肥，每公顷施磷酸二铵 75kg、硫酸钾 75kg。

根茎采集：在 6～7 月收集华扁穗草、甘肃苔草、圆囊苔草、小钩苔草的根茎。将根茎假植于潮湿的土壤中备用。

移栽：将采集好的根茎于 7 月中旬前，按株行距 2.5cm×2.5cm、深度 3～4cm 移栽。栽植后，浇水保湿。

3. 修建集水塄坎

1）土筑塄坎

塄坎修筑：用土修建下底 50cm、上底 20cm、高 20cm 的梯形塄坎，夯实。

塄坎布置方向与坡向垂直，长 2～9m，塄坎间距 1～4m。

侧面覆草：将种植好的草皮按厚 5～6cm 铲起，并覆在修建的塄坎侧面上，夯实贴紧。

顶部栽植：在塄坎顶部混播种植，每公顷用种量：华扁穗草 10kg、青藏苔草 10kg、青海草地早熟禾 9kg、青海中华羊茅 8kg、垂穗披碱草 8kg，播种深度小于 2cm，均匀撒播后耙平、覆膜。

2）袋筑塄坎

种子准备：将土分堆，每堆约 1m³，在土壤中拌入青海草地早熟禾 0.076kg、华扁穗草 0.076kg、青藏苔草 0.076kg、青海中华羊茅 0.076kg、垂穗披碱草 0.076kg，拌匀。

装袋：将混合好的种子装入周长 80cm、长 1.5～5m 的圆柱形无纺布袋中。

筑坎：在秋季土壤冻结前修坎。袋坎布置方向与坡向垂直，长 2～9m，塄坎间距 2～4m。摆布好后夯实，袋坎高 20cm，袋与袋紧密连接。

3.13　荒漠化土地治理技术

土地荒漠化是全球广泛关注的重大生态问题，被称为"地球的癌症"。世界上荒漠化土地主要分布在北回归线附近，像美国、墨西哥、沙特阿拉伯等国家。在这一区域，植被条件较差、荒漠化十分严重，全球荒漠化土地面积为 3592 万 km²，占全球陆地面积的 1/4，其中非洲约占 36.6%，亚洲约占 33.4%，北美洲约占 9.5%，南美洲约占 7.5%，大洋洲约占 12.5%，欧洲约占 0.5%。我国是世界上受荒漠化危害最为严重的发展中国家，现有荒漠化土地面积 262.2 万 km²，占我国陆地面积的 27.3%，占我国旱地总面积的 79%（高于全球 69%的平均水平）。按目前的速度发展下去，今后 50 年，我国将净增 3000 万～4000 万 hm² 的荒漠化土地，相当于 10 个海南省的面积。在我国，青海省是沙化最严重的省份之一。目前，全省共有沙化土地面积 1255.8 万 hm²，占全省总面积的 17.5%，沙化土地主要分布在柴达木盆地、共和盆地、青海湖环湖地区、黄河源区和长江源区。

3.13.1　技术分类

荒漠化土地治理原型技术和衍生技术分别见表 3.18、表 3.19。

表 3.18　原型技术

序号	名称	措施类型	应用土地类型	原理
1	"3S"	监测	沙化，荒漠化	物理
2	化学固沙	防治	沙化，荒漠化	化学
3	工程固沙	防治	沙化，荒漠化	物理

续表

序号	名称	措施类型	应用土地类型	原理
4	生物固沙	防治	沙化，荒漠化	生物
5	综合固沙	防治	沙化，荒漠化	化学、物理、生物

注：3S 是地理信息系统（GIS）、遥感（RS）和全球定位系统（GPS）的简称

表 3.19 衍生技术

序号	名称	措施类型	应用土地类型	原理	原技术
1	地理信息系统（GIS）	监测	沙化，荒漠化	物理	"3S"
2	遥感（RS）	监测	沙化，荒漠化	物理	"3S"
3	全球定位系统（GPS）	监测	沙化，荒漠化	物理	"3S"
4	无机类固沙材料	防治	沙化，荒漠化	化学	化学固沙
5	有机类固沙材料	防治	沙化，荒漠化	化学	化学固沙
6	有机-无机复合类固沙材料	防治	沙化，荒漠化	化学	化学固沙
7	铺设沙障	防治	沙化，荒漠化	物理	工程固沙
8	各种材料网膜的技术	防治	沙化，荒漠化	物理	工程固沙
9	沙漠埋设水管	防治	沙化，荒漠化	物理	工程固沙
10	封沙育林育草	防治	沙化，荒漠化	生物	生物固沙
11	飞机播种造林种草固沙	防治	沙化，荒漠化	生物	生物固沙
12	建立风沙区防护林体系	防治	沙化，荒漠化	生物	生物固沙
13	化学-生物	防治	沙化，荒漠化	化学、生物	综合固沙
14	工程-生物	防治	沙化，荒漠化	物理、生物	综合固沙
15	化学-生物-工程	防治	沙化，荒漠化	化学、生物、物理	综合固沙

3.13.2 集成"3S"技术

3.13.2.1 定义

"3S"技术是有机结合的统一体，GPS 主要用于提供实时、精确的位置信息，RS 用于提供多时相、大跨度的对地图像信息，GIS 相当于管理器，将 GPS 和 RS 提供的时空数据信息进行综合管理，作为集成系统的基础平台，并智能化提供地学知识。

3.13.2.2 具体功能

集成"3S"技术，利用遥感图像，对沙漠土地覆盖变化/土地利用变化/植被变化/冰川、湖泊、水系变化信息进行提取和解译，建立生态环境基础数据库。

将某地区各气象站的气象数据分类、标准化、建库；将搜集整理的生态、环境监测数据库的数据分类，建立数据库。

最后利用 GIS 将各种信息有机地结合在一起，建立对各种生态和荒漠化因子的监控系统，包括监测气候、水文、地质等环境条件，监测野生动物的个体和种

群数量，监测荒漠化敏感地区的植被变化等。建立某地区生物与荒漠化之间的动态耦合模型，建立 GIS 评价模型，对该地区的荒漠化程度和趋势进行综合评价，为制定科学的对策提供科学依据。

最终，在某地区基础地理信息系统和生态环境基础数据库的基础上，建立一个开放、可扩展的 GIS 平台，通过生态、环境变化、荒漠化动态建模，为该地区荒漠化监测、治理工作提供有力的工具。

3.13.3　化学固沙

3.13.3.1　定义

化学固沙就是利用化学材料与工艺，对易发生沙害的沙丘或沙质地喷洒或干撒化学黏结材料，在流动沙表面形成覆盖层，或渗入表层沙中，把松散的沙粒黏结起来形成固结层，从而防止风力对沙粒的吹扬和搬运，达到固定流沙、防治沙害的目的。

3.13.3.2　优缺点

化学固沙措施收效快，便于机械化作业，由于成本高、固沙周期较短，未普及推广，只用于风沙危害严重地区开发建设项目的防护，如青藏铁路、青藏公路等。化学固沙只能将沙地就地固定不动，必须和生物固沙有效配置才能达到长期固沙的作用。

3.13.3.3　化学固沙剂分类

1. 无机类固沙材料

1）水泥浆类

水泥浆类用于固沙，仅仅利用了其喷洒在沙面上凝结固化后的覆盖作用。由于沙漠气候较干燥，温度高，水分蒸发迅速，硬化后水泥浆属于脆性材料，没有柔性，只能形成强度很低的固结层，随着恶劣气候和沙丘迁移的影响，固结层发生龟裂、干缩而失去固沙和保水的作用，所以现在几乎不单独使用水泥浆进行固沙。

2）水玻璃类

水玻璃浆液作为价廉、无毒的固沙材料使用的历史已近百年。过去采用的水玻璃浆是由水玻璃和酸性反应剂构成的，在强碱性条件下发生胶凝固结，胶凝时间不能延长、浸透性差、固化反应不完全、固结层强度不高、易为外力所破坏，而且会受到较强的碱性影响，使生成的二氧化硅胶体逐渐溶出，抗水性变差，耐久性降低，并造成环境的二次碱污染。目前，国内外研究者都致力于各种改性水玻璃浆液的研究，主要是添加有机物如乙二醛、碳酸乙烯酯等进行复合以获得适于喷洒施工的液态复合水玻璃浆液固沙材料，以及在水玻璃中添加膨润土然后固化制成多孔沙漠绿化砖。

高矿化度盐水：在塔克拉玛干沙漠腹地，有特殊的自然条件——高矿化度盐水。为了就地取材，降低防沙费用，研究者探索了根据塔克拉玛干沙漠地区的自然条件和地质状况，用盐水胶结风成沙的可能性。

3）石膏类

石膏材料可以促进沙漠植物的生长，显著提高沙漠植物的存活率。其不仅能固定流动的沙漠，而且有一定的可被植物吸收的养分，同时还具有成本较低、强度较高、吸水保水性强、耐久性好、抗冻融性稳定、耐风蚀性和耐候性良好、不污染环境、作用持久、无毒且可使植物迅速生长的特点，有利于提高沙漠固沙植物的存活率。

硅酸钾（PS）：以氟硅酸钙为固化剂，粉状硅酸铝作交联剂可制备 PS 固沙剂。由于 PS 材料成本低廉，操作工艺简便，且对环境无污染，对人体健康无危害，有较强的耐候性和很好的耐紫外线辐射性，是一种有发展前途的固沙材料。

2. 有机类固沙材料

1）合成高分子类

合成高分子类固沙材料是 20 世纪 60 年代以来发展起来的新型化学固沙材料。使用高分子聚合物固定流沙，优点是处理过程和施工简便，可改善劳动条件和缩短工期，其效力较其他化学材料更显著和稳定，因而引起了人们的普遍重视。高分子聚合物高吸水树脂具有固结强度较高、吸水保水性好、固化迅速、弹性和高温稳定性良好等特点，但高分子化学材料会发生热氧老化与光氧老化，发生链裂解和交联反应，这种分子链的裂解和交联使得固结层遭到破坏以致降低治沙效果。然而，高分子聚合物因成本高，生产工艺及原料来源等方面受到限制，未能广泛应用，某些有机高分子的毒性也限制了其使用。

中国科学院兰州化学物理研究所赵水侠等以甲基三乙氧基硅烷为反应物，在盐酸催化下水解缩合，合成无色透明、黏稠的液体有机硅氧烷预聚体，以质量分数为 0.06%的 NaOH-CH$_3$OH 溶液为固化剂，制得一种具有较高强度的固沙材料。

王银梅和谌文武（2007）通过大量的室内试验，研制了 SH 新型高分子化学固沙材料，采用红外光谱、扫描电镜结合电子能谱等现代分析方法，从微观上探讨了 SH 固沙强度形成的机理。SH 在生产使用过程中无环境污染、无毒、无副作用，属高科技绿色产品。此外，SH 因价廉、快速、方便、有效，成为固沙、治沙、绿化荒山的理想产品。

高分子吸水树脂（super absorbent polymer，SAP）又称超强吸水剂，是一种含强亲水性基团，并经过适度交联的功能高分子材料，能在短时间内吸收其自身质量几百倍甚至几千倍的水，并具有良好的保水性能。

杨明坤等（2012）合成了以羧甲基纤维素钠为主接枝丙烯酰胺的环保固沙剂，研究了羧甲基纤维素钠与丙烯酰胺投料比、引发剂浓度、反应时间、反应温度以及初始 pH 对其性能的影响。

郭凯先等（2011）采用日本 JCK 株氏会社研制的高分子固沙材料 W-OH 在青海湖湖东种羊场进行了现场试验，且取得了一定的治沙效果。

杜峰等（2012）以聚醚二元醇、TDI（甲苯二异氰酸酯）、DMPA（二羟甲基丙酸）、TMP（三羟甲基丙烷）、可溶性淀粉为原料合成了内交联型生物可降解水性聚氨酯固沙剂，其不仅具有保水性，还可以生物降解，缓解固沙剂废弃物对环境造成的压力。

LVA、LVP、WBS、STB 四种固沙剂：是理想的优良固沙材料，其固结速度快、固结层强度较高、固沙效果明显。这 4 种固沙剂无毒害，不污染环境、易于机械化作业、操作简单易行，但成本较高。

聚丙烯酰胺（PAM）、聚乙烯醇缩乙醛（PVA）、聚乙酸乙烯酯（PVAC）、水解聚丙烯腈（HPAN）固沙聚合物：这 4 种聚合物都具有固定流沙的作用。其中以 PVA、PVAC 效果较好。它们可单独用于固沙，也可与植物和草方格沙障结合固沙。

LD 系列土工合成材料：新型高分子岩土胶结材料 LD，具有黏度低、凝胶时间易控制、无毒性、遇水可无限稀释的优点，还具有良好的物理、力学性能和很宽的形成条件。

草浆黑液与苯酚、甲醛一起合成固沙剂：这种固沙剂成本低，还可减少中小型草浆厂黑液对环境的污染。这种合成剂的优化配方为：每升黑液中木素含量228.6g、苯酚 70g、甲醛 200mL、烧碱 40g。

植物栲胶高分子固沙浆材：该浆材初始黏度低、渗透能力强、对沙的润湿胶凝性好，在催化剂作用下，可形成强度不同的、稳定的热固性高分子体型凝胶。

杨明坤（2012）通过羧甲基纤维素钠接枝共聚丙烯酰胺制备的一种新型的固沙剂，保水性能优异，固化层经历 7 次水冲蚀后仍能恢复，表现出了最佳的固沙性能。主体羧甲基纤维素钠（CMC）的高分子纤维素长链结构良好的黏结和成膜性能以及丙烯酰胺中强亲水性基团氨基优良的保水和吸水性能，使这种固沙剂具有优异的固沙性能。

2）石油产品类（沥青）

沥青乳液是石油产品类固沙剂的代表，它是当前世界各国在化学固沙领域应用最广泛的材料。沥青是从石油和煤焦油中提炼而成的副产品，其构成组分非常复杂，主要由分子质量大的高分子化合物——胶质和沥青质的混合物组成。

沥青在常温下呈固体或半固体状态，具有较高的凝点和熔点，并具有较大的黏度，这些物理特性使沥青成为一种传统的黏结、防水和防腐材料。

沥青乳液是沥青在乳化剂作用下利用乳化设备制成的，可分为阳离子型、阴离子型和非离子型等几类。

沥青乳液作为土壤改良剂可起到防止水土流失、改善土壤水热状况、增温保墒、减少肥料和农药流失、提高肥效等作用。作为固沙材料，沥青乳液可单独用于固沙，也可与植物和机械沙障结合固沙，与植物结合时对植物无毒害，不影响植被发芽生长，能较持久地固定于地表面。但是，单独应用沥青乳液固沙主要有以下缺陷：①沥青稳定沙土的效率较低，用量大；②沥青本身是憎水性的，大量施用会导致土壤渗水能力下降，水流失增多，不利于植物生长；③中国受沥青原料来源的限制，大面积推广使用的成本太高。将沥青乳液与其他无机物复合，可以改善其性能，并降低成本。

苏联早在 1935 年就开始研究利用沥青乳液固沙，20 世纪 70 年代初，塔什干铁路运输工程学院开展了这方面的研究工作并取得了一定成果。中铁西北科学研究院有限公司（原铁道部科学研究院西北分院）于 1967～1977 年在包头至兰州铁路沿线进行了乳化沥青固沙研究，并于 1982～1992 年进行了大面积喷洒乳化沥青同时配合栽种固沙植物的试验研究。

3）木质素类

木质素类固沙材料是制浆废液经化学改性制备而成的一种新型固沙材料。自 20 世纪 60 年代起，苏联就曾研究木质素磺酸盐在稳定沙土方面的应用。

木质素磺酸盐喷洒在沙土表面后，与表层的沙土颗粒结合，通过静电引力、氢键、络合等化学作用，在沙土颗粒之间起到架桥作用，促进沙土颗粒的聚集，使得表层沙粒彼此紧密结合，形成具有一定强度的致密固结层，从而达到固沙的目的。

Zaslavsky 和 Rozenberg（1981）报道了利用木质素磺酸盐与乙烯基类单体接枝共聚制备土壤改良剂的方法，试验表明该改性产物可用于抵御土壤风蚀。

南京林业大学在宁夏沙化地区开展了木质素固沙与植被恢复相结合的研究，利用木质素固沙材料见效快、可降解、成本低等的优点，实现了化学固沙和生物固沙的有机结合，实践证明该固沙材料具有较高的抗压强度、良好的抗冻融稳定性和抗老化性能（鲁小珍等，2005）。

李建法和宋湛谦（2002）及李建法等（2004）以木质素磺酸盐为原料，通过与丙烯酸、丙烯酰胺单体的接枝及改性，制备了木质素磺酸盐型固沙材料。试验结果表明，该固沙材料形成的固化沙体具有较高的抗压强度及较好的抗冻融、耐老化、抗风蚀、抗水蚀等性能，在乌兰布和沙漠的现场试验中固沙效果明显。

姜疆等（2012）将制浆废液中的木质素磺酸盐经过化学改性制备成生物质固沙材料 BSSM-LS，可达到治理污染、有效利用资源、防风固沙、抑尘等多重效果，但在应用过程中，为避免其对生态环境造成危害，必须关注其环境生物效应。在 BSSM-LS 的应用过程中，可在完成化学固沙、抑尘作用后，接种白腐菌或投加菌剂，加快其腐殖化进程，更好地实现化学和生物作用的结合，达到生态修复的目的。

4）改性废塑料类

改性废塑料类固沙材料是通过物理和化学方法对废塑料进行改性处理而得到的可用于固沙的环保材料。

包亦望等（2001）以废泡沫塑料为主要原料，采用溶解法和裂解法对其进行改性处理，并加入添加剂生成白色黏稠状固沙材料。试验表明此种固沙材料使沙砾黏聚成一层坚硬柔韧的薄层，覆盖于流沙表面，有效防止沙漠迁移和大风扬沙，具有长期稳定性、良好的保水性及提高沙漠中绿色植物存活率的特性。

秦玉芳等（2005）以聚乙烯废塑料为原料，采用反相乳液聚合方法，与亲水性基团丙烯酸（AA）及其盐接枝共聚，合成吸水率为 477.8g/g 的高吸水性树脂。

5）微生物类

微生物类固沙材料是利用沙漠生物结皮人工接种固沙或是从生物结皮中分离出可固沙的细菌，然后将制成的液体菌剂直接用于固沙的新型固沙材料。

生物结皮固沙：生物结皮的胶结机理是藻体选择性地运动到黏土含量较高的微环境中，通过细胞表面高分子多聚糖的物理吸附，与土壤表面的细小颗粒形成错综复杂的网络，同时自由羧基类负电荷基团与基质中金属（Ca、Si、Mn、Cu 等）离子因静电结合而胶结在一起，从而形成有机质层和无机层。

生物结皮广泛分布在世界的干旱半干旱地区，它主要是通过藻类、地衣、苔藓、菌类等同土壤颗粒相互作用，在土壤表面发育形成一层特殊的表面结构，对防风固沙、区域生态环境变化以及物质能量交换都起到了很大作用。

中国对生物结皮的研究开始于 20 世纪 80 年代中后期，2000 年以后沙漠生物结皮研究进入快速发展时期，主要集中在沙漠生物结皮的水文特征及其对固沙植物的影响，生物结皮的胶结机理和微结构特征，生物结皮的生物组成、分布特征及环境特征等。潘惠霞等（2007）从新疆古尔班通古特沙漠生物结皮的下层（沙物质层）分离出寡营养细菌，在适当的环境下培养出了液体菌剂。寡营养细菌具有黏性夹膜或厚果胶质外壁，能分泌大量的黏液，即黏性多糖，通过具有黏性附属物的菌体和黏液可将矿物细粒黏结，形成球状表面团聚体。他们在新疆吐鲁番盆地沙漠植物园的流沙区直接喷洒菌液，形成了约 6mm 的结皮层，并减慢了土壤水分蒸发的速度，起到了很好的防止流沙表面活化的作用。

3. 有机-无机复合类固沙材料

1）定义

有机-无机复合类固沙材料是针对无机固沙材料力学性能差、缺乏保水性等缺陷，通过在无机材料中添加有机组分而形成的一类新型固沙材料。最为常用的有机组分是高吸水性树脂，其特殊的三维空间网络结构使其具有优异的吸水保水性能，与水泥水化产生的 Ca^{2+}、Al^{3+} 作用，使合成后的材料具有更高的抗折强度、黏结强度、抗冲击性和抗疲劳强度。

2）目前的研究

纪蓓和薛彦辉（2009）以粉煤灰为骨架，添加水玻璃、膨润土、聚丙烯酸制备出固沙材料，研究表明其抗水性能、强度、抗老化性、抗冻融稳定性以及抗风蚀性等均比单一的无机或有机固沙材料有很大提高。

中国石油大学与中国石油兰州石油化工有限公司合作开发出一种多功能乳状液膜固沙剂，其主要成分是重油（渣油、沥青）、膨润土、水玻璃，在此基础上加入多种功能添加剂，生产工艺和施工相对比较简单。试验结果表明，此法具有明显的集水、保墒增温、改善土壤结构、促进植物生长、抑制盐渍土表层积盐等作用。

随着中国经济的发展，工业及建筑业废料也逐年增加，对矿渣、粉煤灰、硅粉以及建筑废料的利用也比较广泛，但将这些废弃物直接用于固沙体系的研究报道较为少见。20 世纪 90 年代初刘传义（1992）曾提出设想，以废弃资源粉煤灰为主料设计固沙材料，但至今仍未进入实质性研究。

3）材料类别

乳化沥青、水泥再掺加少量聚丙烯酸钠复合固沙剂：在实验室内对此固沙剂的性能进行了初步研究，结果表明此固沙材料强度高，吸水保水性、耐久性良好。

水玻璃-乙酸乙酯乳液：浆液流动渗透性好，对沙土具浸润亲和性，固沙体强度高，还具有成本低、无毒、单液施喷操作方便，在催化作用下固沙体强度可调、固化时间可控等优点。

新型多功能液膜固沙剂：主要应用于土地沙漠化治理、预防以及防风固沙。该固沙剂是以重油（渣油、沥青）、膨润土、水玻璃等为主要原料，复合多种功能添加剂而研制出的一种乳液。该固沙剂可以用普通喷雾设备喷洒，施工简单，不受地形的影响，且具有以下优点：①该液膜固沙剂具有较好的渗透性和胶结性，能够迅速渗入沙丘表层并黏结沙子颗粒，形成较牢固的结皮层，有效地固结沙丘表面，防止沙丘的流动；②有明显的集水、保墒增温、改善土壤结构、促进植物生长、抑制盐渍土表层积盐等作用，从而有促进植物生长和保持植被稳定的效果；③该液膜固沙剂无毒、可降解，与植物固沙结合使用 3 个月后开始降解成腐殖肥，2 年左右完全降解；④该液膜固沙剂产品质量稳定、使用方便、生产成本低、原料价廉易得。

3.13.3.4　化学固沙材料应具备的特点

（1）沙面固结层有一定强度，耐风蚀性能优良。

（2）有一定韧性。以便在固结层有少许破坏后，不至于引起大面积破坏。

（3）有一定耐水性。保证固结层在降雨或浇水情况下不被水冲蚀。

（4）固结层有较好的渗水、透水性。有利于渗透沙漠中少量的雨水或浇灌水，较好地与植物固沙相结合，也有利于保墒。

（5）较高的浸水后干强度。较高的浸水后干强度体现了良好的长期固沙性能。

（6）较好的保水性。与植物固沙结合时，可长时间储存植物生长所需的水分。

（7）无污染性（即环境协调性）。化学固沙剂应既无毒副作用，又能与环境协调，不污染环境。

（8）一定的耐老化性。保证在严酷的夏季，不至于太快失去固沙性能。

（9）一定的抗冻融稳定性。保证在寒冷的冬季仍具备一定的固沙性能。

（10）与植物生长的适宜性。如能促进植物生长发育，则与生物固沙相结合会更好地发挥作用。

（11）一定的可控自然降解性。便于在植物成活起到固沙作用后，不至于阻碍生物群落的自然发展。

（12）能缓释化肥及相关化学药物。利于植物生长及抑制病、虫、鼠害。

（13）易于喷洒施工，容易渗透沙层。

（14）植生绿化成本较低，以便大面积推广。

3.13.3.5　化学固沙技术预测

化学固沙包含了沙地固结和保水增肥两方面，它和植物固沙相结合可大大提高植物的成活率。化学固沙可机械化施工，简单快速，固沙效果立竿见影。其尤为适宜缺乏工程固沙材料和环境恶劣、降雨稀少、不易使用生物固沙技术的地区。但是它不能作为长久的沙漠化治理技术来用。

常用化学固沙材料包括有机物和无机物两大类，有机治沙材料由于其防护层易于老化，从而丧失弹性、韧性和固沙性能，且绝大多数材料价格昂贵，大面积推广使用较为困难，加之在青藏高原地区等特殊地理环境的沙化治理过程中是禁止使用的，因为有机物在强紫外线照射下，会发生链裂解和交联反应等而裂解成碎片，时效短；分散在草丛中的有机物碎片，很容易被牲口和野生动物误食，导致消化不良而死亡；大部分有机高分子产品由于与环境的相容性差，会对沙漠地区造成二次污染。

无机物尤其是接近自然的石膏及石膏沙子细粉和黏土的胶凝材料，正有待开发研究。研究开发低成本、高性能、适合植被生长、不污染环境、可降解、可大规模实施的新型无机化学固沙材料，同时考虑固沙植生技术的结构设计和固沙材料的大规模喷洒技术，将成为今后重要的研究内容。

在无机废弃物中添加有机材料制成复合固沙材料是具有可行性的。这些无机废弃物具有很大的比表面积，而且在激活剂的作用下均可以和普通沙子（主要成分为 SiO_2）发生反应，生成 C-S-H 凝胶。将有机材料（乳化沥青、酚醛树脂、聚丙烯酰胺、丁苯胶乳等）用于固沙，技术相对成熟，而且有机固沙材料所具有的三维空间网络结构特性解决了无机材料脆性大、浸透性差以及保水性能差的问题。同时，工业和建筑业废料来源充足，与其他固沙材料的原料相比，其成本极低，便于大范围使用。

微生物固沙材料能够适应干旱、营养贫瘠的环境，在中国具有很广阔的应用前景，但目前的研究缺乏实用性，尤其在人工生物结皮恢复技术的研究和微生物固沙技术的沙漠化实地应用方面，需要进行深层次探讨。

3.13.4 工程固沙

3.13.4.1 定义

工程固沙就是根据风沙移动的规律，采用工程技术，阻挡沙丘移动，达到阻沙固沙的目的，应用较为普遍的是建立沙障。

3.13.4.2 优缺点

工程固沙短期作用大，可发挥作用 3～5 年。但其成本高，且与生物、环境相容性差。沙漠的流沙运动及其造成的危害主要由风力作用所致，其形成、发展与风力的大小、方向有直接关系。

3.13.4.3 方法

1. 铺设沙障方式及可用材料

沙障是固沙造林种草最常用的技术措施之一。

方式：平铺式沙障、立式沙障。

材料：柴草秸秆、棉花秆、芨芨草、芦苇、麦草、黏土、卵石、沙砾石、土工编织袋、高分子固沙剂沙障、沥青沙障、生态垫沙障、尼龙网。

2. 利用各种材料网膜的技术（塑料防沙网、草方格）

塑料防沙网：与草方格固沙方式比较，采用塑料防沙网固沙方式具有效果好、施工简单、快速等特点，但其造价远高于草方格固沙方式，因此，塑料防沙网固沙方式主要应用于风沙危害严重的关键区域，可迅速产生固沙效果，并在后期可形成稳定的固沙体系。

草方格的施工要求：①草方格栽植应均匀连续、疏密相间；②草方格栽植区域内的地面应修整平顺再栽植草方格，以确保栽植的外观及防护效果；③栽植的草方格应基本垂直于地面（或坡面），宽度方向应垂直于输水堤轴线（或主风向）；④栽植的草方格根部应踏实，草方格内的沙土不得有虚散现象；⑤栽植的草方格沿轴线方向每隔 30～40m 设置一处 1m 宽的防火隔离带；⑥施工现场严禁携带火种。

3. 沙障铺设效果

风沙口防护体系草方格、黏土、土工布沙障可大幅度提高地表粗糙度（刘军，2013）。

塑料防沙网的设置可以提高植被恢复速度，防护区短期内物种数量、植被盖度迅速增加，其中以平铺式防沙网与立式防沙网相结合的效果较好；立式防沙网能够明显降低风速，最大可降低风速 48.2%，间距 6m 的防沙网降低风速的效果好于间距 10m 的防沙网；立式防沙网具有较好的阻沙效果，可阻拦沉降较大粒径的沙尘，但对土壤水分无明显影响；平铺式防沙网具有较强的抗风蚀作用，固着沙表面效果显著。利用塑料防沙网固沙方式可在植物生存困难区域设置有效的防风固沙系统。

立式沙障通常可显著降低风速，改善小气候环境条件。立式沙障在降低风速、阻碍沙丘移动等方面效果较为明显，具有较强的阻沙作用，可明显阻挡流动沙丘的移动，因此，在公路、铁路、输油管道等重要设施的保护中，建议采用立式防沙网固沙方法。平铺式沙障在增加地表粗糙度、减少风蚀方面效果显著，可明显提高流动沙丘植被的恢复速度，综合作用效果优于草方格固沙（牛存洋等，2013）。

通过在风沙口设置不同材料、不同模式的沙障，监测分析不同类型的沙障在不同风力条件下的固沙效果、保存年限等。结果表明，麦草网格沙障的利用价值最高，表现在积沙能力强、成本低廉、使用寿命长。其成本类同于黏土沙障，棉花秆和芨芨草低立式沙障、土工编织袋沙障、高分子固沙剂沙障、沥青沙障、生态垫沙障、尼龙网沙障积沙能力明显，实用价值较高，但由于造价昂贵，限制了其推广应用。高寒草原、高寒荒漠风沙区地形相对复杂，流动沙丘一般以沙垄、新月形沙丘出现，高度在 3～20m，在沙丘的不同部位应设置不同的沙障组合，以实现沙障整体功能的最大化。同时，根据各沙障的优缺点安排其所处的位置，以充分调动其固沙潜力（马述宏和李积山，2011）。

4. 工程固沙技术预测

因为防护高度和年限有限，而且工程材料比较原始，存在易老化、运输及施工困难，容易被流沙掩埋等缺点。所以工程固沙措施只能作为一种临时性的、辅助性的固沙手段。由传统的工程固沙材料设置的沙障一经设置以后就被动地发挥固沙作用，任凭流沙将其埋压，无法根据风沙危害的状况进行移动或提升。虽然现在已有塑料、尼龙网等新型材料应用于防风固沙，但因成本较高、残留影响环境等问题而无法大面积推广使用。目前，工程固沙措施还处于逐步探索阶段，下阶段应加强观测，进一步探索新的固沙措施、固沙材料以及合理的出露草头高度和防护带宽度，为今后的工程提供基础资料和设计依据。在未来的治沙技术研究中，工程措施应主要考虑沙漠灌水及保水技术。

3.13.5 生物固沙

3.13.5.1 定义

生物固沙是指在沙漠或沙地通过人工种植各种沙生、耐旱、耐寒、抗盐碱植物，保护和恢复天然植被，最终达到防止风沙危害、治理和开发利用荒漠化土地的目的。生物固沙技术是目前沙漠治理中最普遍的技术，具有经济、持久、有效、稳定的特点，但是由于恶劣的自然环境难以提供植物赖以生存的基本要素（水、土、肥），多年来，尽管国家投入大量人力、物力、财力营林造地，但收效仍甚微。

3.13.5.2 主要措施

（1）封沙育林育草，恢复天然植被。
（2）飞机播种造林种草固沙。
（3）建立风沙区防护林体系。

3.13.5.3 主要沙生植物

沙枣、沙柳、花棒、红柳、胡杨等根系特别发达，能够伸入十几米深的地下吸收水分。利用植物固沙具有多重效益，既可以减少沙尘暴的危害，还可以增加当地农牧民的收入，减少温室气体的排放。但由于沙漠的地下水较少，难以保证植物正常生长的需要。

3.13.5.4 目前主要研究

对于退化、沙化的草场以及半固定、半流动的沙丘，都可以采取封沙育草的措施（胡光印和董治保，2011）。植物固沙效果较好，具有耐久性，在改善沙漠生态环境的同时还能提供果实、药材、木材等，提高经济效益（温洋，2013）。狭叶锦鸡儿（*Caragana stenophylla*）地上枝条鲜重、灌丛水平尺度、灌丛高度、沙堆直径、沙堆高度、沙堆坡角和沙堆体积均为：荒漠区＞荒漠草原区＞典型草原区；灌丛固沙效率为：荒漠草原区＞典型草原区＞荒漠区。3个生境中狭叶锦鸡儿灌丛和固定沙堆的水平扩展均快于垂直发育。这些研究结果表明，不同生境下狭叶锦鸡儿灌丛沙堆形态、体积和固沙能力的差异由两个因素决定，其一，不同环境孕育了不同形态和大小的灌丛，进而导致了灌丛沙堆形态、体积和固沙能力的不同；其二，不同环境沙源不同，导致了灌丛沙堆体积和固沙能力的不同，因此，我们推测狭叶锦鸡儿灌丛沙堆发育与环境因素有关（韩磊等，2013）。

3.13.5.5　生物固沙技术示范

1. 肋果沙棘栽培技术

1）范围

本技术适用于肋果沙棘（*Hippophae neurocarpa*）在海拔 4000m 以下，雨量充沛或方便灌溉的地域栽培。

2）种植地选择

海拔 4000m 以下，雨量充沛或方便灌溉的地域。

3）土壤条件

排水良好、质地疏松、富含腐殖质的沙质土壤，土层不低于 30cm。

4）整地和施肥

结冻前整地，清除地面杂草并深耕，耕深 25cm。施肥与翻地相结合，按 NY/T 496—2010 的要求，每公顷施入 300kg 磷酸二铵。

5）种子采集

采集地点：海拔 3000～4000m 的河谷地带。

采集时间：10 月上旬至 10 月下旬。

采集方法：果实成熟时，连枝条一并采集，分离种子，筛选。

6）播种

种子选择：选用籽粒饱满、没有残缺或畸形的无病虫害的种子。种子发芽率大于 96%，净度达大于 95%以上。

播种时间：从 4 月开始。

播种方法：条播。播种深度 3～5cm，行距 10cm，株距 2cm。

播种后管理：播种后遮阴，幼苗出齐后全光培育。苗期除草、松土、浇水。按 NY/T 496—2010 的要求，每公顷施磷酸二铵 37.5～75kg。

7）种植技术

种苗选择：选择生长状况良好、长势旺盛的幼苗，苗高 10～20cm。

种植时间：在 3 月下旬至 4 月上旬或 10 月中旬进行。

种苗移栽：栽植前，按本技术方法 4）进行整地、施肥和浇水。幼苗在阴天随土一同移取后，以行距 30cm、株距 15cm、深度 20cm 进行移栽，压实，浇水。

8）田间管理

移栽后及时除草，以后每年生长季除草 2～3 次，结合除草，按 NY/T 496—2010 的要求，每公顷施磷酸二铵 25kg，及时浇水。

9）病虫害防治

常见病害为枯萎病和腐朽病，其主要症状是沙棘的枝干枯萎腐朽，对沙棘种植区影响非常大。加强管理的同时，应及时清理生病的苗木，有针对性的防治。常见的虫害有沙棘毒蛾和沙棘果蝇等，对沙棘苗木的危害率和致死率都极高。要定期对沙棘苗木进行观察，有病虫害感染时及时处理，可喷洒 200 倍波尔多液或 50%的扑海因试剂液 1000~1200 倍液预防沙棘的病虫害。

10）种子采收

果实成熟时，按 5）的要求采收。

2. 水柏枝栽培技术

1）范围

本技术适用于水柏枝（*Myricaria germanica*）在海拔为 2600~3300m，雨量充沛或方便灌溉的地域栽培。

2）地点选择

栽培地选择：海拔为 2600~3300m，雨量充沛或方便灌溉的地域。

土壤条件：排水良好、质地疏松的沙质土壤，土层不低于 30cm。

3）扦插前整地和施肥

结冻前整地，清除地面杂草并深耕，耕深 25cm。施肥与翻地相结合，按 NY/T 496—2010 的要求，每公顷施入 300kg 磷酸二铵。然后起高垄，垄面宽 5cm，长度依地块而定，一般为 7~10m，垄间宽 25cm。

4）水柏枝枝条采集

采集地点：3000~3300m 的沟谷林缘及河滩地。

采集时间：5~6 月。

采集方法：1~2 年生木质化枝条阴天或清晨采集，长度 0.5~1.2m，细端直径 0.4cm 以上。

5）扦插技术

插条剪制：选择无霉变和破损的枝条。插条的上端剪为平口，下端剪为 45 度的斜口。插条长 15cm，茎粗 0.4cm 以上，至少保留 2~3 个芽。

扦插时间：4 月中旬扦插。

扦插方法：扦插前用生根粉涂抹枝条下端。在垄面上按 5cm 间距打孔，每垄扦插 1 行，孔深 10cm，孔径 10mm，插条后压紧。

6）幼苗移栽

移栽时间：幼苗在生长第 2 年后可移栽。移栽在 4 月下旬进行。

幼苗选择：选择生长状况良好、长势旺盛的幼苗。

移栽方法：栽植前，按本技术方法 3）进行整地、施肥和浇水。幼苗在阴天随土一同移取后，以行距 30cm、株距 30cm、深度 20cm 进行移栽，压实，浇水。

7）田间管理

苗期管理：播种后，每日喷灌 2~4h，遮阴。待幼苗出齐后，全光育苗。

除草：扦插后，适时清除杂草。

浇水：移栽后少次浇水，浇透，在早晚进行。

8）施肥

中耕除草后，按 NY/T 496—2010 的要求，每公顷施尿素 37.5～75kg。

9）越冬管理

幼苗在 12 月进行覆膜。移栽后苗木越冬前灌 1 次透水。

10）病虫害防治

水柏枝主要易发生的病害有：枯叶病、白粉病；虫害主要有蚜虫。枯叶病防治方法为：从发病初期开始喷洒 50%甲基硫菌可湿性粉剂 500 倍液，50%多菌灵可湿性粉剂 600 倍液，50%混杀悬浮剂 500 倍液，隔 7～10 天 1 次，连续防治 2～3 次。白粉病防治方法有：①采取农业防治方法，栽植时密度不宜过大，通风和光照条件要良好；②与其他作物或药材进行间作；③用石硫合剂 1000 倍液喷湿枝干，或 15%粉锈宁 1000 倍液、2%抗霉菌素水剂 200 倍液、10%多抗霉素 1000～1500 倍液喷洒。蚜虫防治方法有：①加强田间管理，除净杂质；②用 40%的乐果乳油 1500 倍液喷洒，7 天 1 次，连续喷洒 3～5 次。

3.13.5.6　生物固沙技术预测

生物固沙措施是防止荒漠化的根本措施。在未来的沙漠化治理中，生物治沙措施值得深入探究。

3.13.6　综合治沙

3.13.6.1　目前的研究

（1）格状式黏土沙障和深栽造林是高原荒漠区植被恢复的首要措施。通过试验探索总结出"大穴-深栽-沙障-围栏"四位一体的治沙造林配套技术，适用于降雨少、风沙大、蒸发量大和温差变化大的荒漠地区。

（2）LZU（Lanzhou University）固沙材料无毒无害，植物生长适宜性良好，对沙坡头风成沙有优良固结性能。采用"化学-生物"固沙综合技术，可缩短固沙时间、提高固沙效率，能够满足现代防沙工程高效、价廉、快速、方便、环保的固沙要求。该技术虽使固沙成本有所增加，但能很好地解决降雨极少年份及实验场地后期管理维护所造成的问题，也适于恶劣沙漠环境中的防风固沙。

（3）在宁夏的沙坡头综合固沙实验中配合使用了高吸水保水材料，但保水材料的作用不明显（降雨极少时，高吸水保水材料对极少量水的保持作用使植物根部难以从材料中获得水分）。此外，表层固沙结层使沙丘内部温度和水分状况改变，以上因素对固沙植物生长的影响有待进一步研究（卫秀成等，2007）。

网格沙障保护有利于人工生物结皮的形成发育，对改善人工生物结皮层的养分含量、颗粒物质含量具有良好的作用，并且在 0.5m×0.5m 网格沙障保护下人工生物结皮层效果最好，其次是 1.0m×1.0m 沙障网格，而 2.0m×2.0m 沙障网格效果最差。人工生物结皮接种在沙丘的部位对人工生物结皮层的养分含量、颗粒物质含量具有不同的影响效果。丘间地和背风平缓沙丘的生物结皮层更有利于颗粒物质的沉积与养分含量的增加。随着人工生物结皮接种后生长发育时间的延长,人工生物结皮层的养分含量、颗粒物质含量明显增加,其固沙效果也随之增强(闫德仁等,2013)。

(4)化学固沙与机械固沙(草方格)相结合试验:固沙剂喷洒在沙障间的方格内,胶结了地表的沙粒,防止了沙粒在沙障间的流动,从而避免了沙子对沙障的掩埋;机械沙障降低了风速,减小了对化学固沙胶结层的风蚀。同时,固沙剂喷洒在沙障及其边缘,减缓了麦秸腐烂的速度,延长了机械固沙的寿命。二者的结合不仅提高了固沙效果,而且延长了其使用年限。

(5)化学固沙与植物固沙相结合试验:水渠边坡和两旁沙丘固定后,虽然因踩踏出现一定破损,但由于沙丘被固定后促进了沙生植物的天然恢复,水渠中未出现积沙。未处理的渠段在风季需要每两天清理一次水渠中的积沙,否则渠道就会堵塞。经固沙后的水渠没有积沙,节省了繁重的清沙劳动。

(6)生物、化学、机械复合固沙试验:试验方案立足于解决上述难题,采用了如下技术路线:降低植被密度,控制其覆盖度在 20%以下,而且采取带状栽植,降低固沙植被的水分消耗;同时在植被带的带间以化学固沙材料固定沙面,兼作集雨坡面;麦秸机械沙障则仅用于植被带栽植前后的临时防护和化学固沙带最外面的边缘加固。这样的配置和设计,相当于植被带实际得到的降雨量增大了 3~4 倍,保证了固沙植被的持续稳定。而沙生植物的防风作用有效地保护了化学固沙结皮层免于破损。三者的有机结合能够保证整个防风固沙体系的持续稳定。

2.5mm 左右的降水已经可以在固沙剂结皮层表面观察到形成的径流。由于植被面积仅仅占 20%,因此获得了 4~5 倍的天然降水。这是保证固沙林持续稳定的最重要的条件;降雨后 7h 测得草方格内的湿沙层厚 1m,而沙丘湿沙层厚度仅 20cm;栽植造林时平均每穴仅仅用初植水 1500mL,成活率达到 98%以上;由于没有围封,常有羊群和野兔进入,留下蹄坑、爪痕。即使在蹄坑出现沙面裸露和大风吹蚀的情况下,裸沙面积并未扩大,试验示范区依然完好,至今未发现任何"沙化斑"或风蚀坑。

(7)化学固沙与植物固沙结合、化学固沙与机械固沙结合以及三者结合的技术体系。试验结果表明,液膜固沙材料具有良好的水释性和稳定性,易于喷洒。稀释后的乳液在沙区自然条件下 40min 内不变性,不影响喷雾;乳液有较好的渗透性和胶结性,能够迅速渗入沙丘表层并黏结沙子颗粒,形成较牢固的结皮层,有效地固结沙丘表面,防止沙丘的流动;液膜固沙材料有明显的集水和保墒作用,从而有促进植物生长和提高植被稳定的效果;化学固沙与机械固沙、植物固沙的有机结合,不仅大大提高了固沙效果,而且解决了干旱地区(年降水 100~200mm)

沙丘在无灌溉的情况下固沙和绿化的问题（黄为民等，2005）。

（8）"化学-生物-工程"综合治沙。综合治沙是在工程改造的基础上，使用化学固沙材料使植物易于固定和成活，再利用植物的作用起到长期防风固沙的效果。综合治沙可以有效地扬长避短，是现代防沙工程中最理想的方法（段立哲等，2013）。

在当今世界生态与环境的诸多问题中，脆弱生态系统的综合整治是焦点之一。深入探析我国干旱半干旱地区生态综合整治的节水、植物防沙治沙、微生物固沙、机械沙障、化学固沙、盐碱化防治等技术，集成并优化了 8 种综合整治模式，包括绿洲水平衡调控模式、绿化防沙模式、生态退耕防沙治沙模式、机械-生物治沙模式、农林复合沙产业模式、水土系统改良模式、自然力恢复模式和自然保护区建设模式。最后，基于人地关系理论、可持续发展理论和生态循环经济理论，构建了区域生态重建互动模式，实施路线包括产业互动、区域互动、敏感点互动、绿色制度互动等 4 个环节。这些均可为防止我国干旱半干旱地区脆弱生态系统进一步退化和生态综合整治实践提供理论基础。

3.13.6.2　节水技术

我国干旱半干旱地区的资源开发和生态治理的成败始终与水资源的利用密切相关，沙漠化、盐渍化、林地草地退化都是由水资源不合理利用造成的。滴灌、喷灌、沟灌、低压管道输水、覆膜灌溉等技术都具有显著的节水功效，如新疆变大水漫灌为水畦灌或沟灌，可节水 20%～50%，喷灌可节水 50%～64%，滴灌可节水 34%～74%。

3.13.6.3　植物防沙治沙技术

根据植物对流动沙丘的不同适应功能，在流沙上恢复或建立植被，以取得最佳治理效果为根本目的。在中国西部高原干旱半干旱地区，草业防沙治沙技术比林业更重要，因为这些地区的潜在地带性植被就是草原，草本植物占有物种数量和分布面积上的优势。实践也证明，我国半干旱地区的草原及四大沙地，草本作用大于木本，木本中又以灌木作用显著（蒋高明，2008；朱震达等，1998）。

3.13.6.4　微生物筛选技术

为了快速恢复植被，研究微生物-植被-土壤演化的自然规律和机理，加速土壤熟化、改良土壤，为植物创造较好的生长条件，以加快干旱半干旱地区生态系统的重建进程。微生物筛选技术有效应用于干旱半干旱地区有以下优势：裸露沙地在风速为 8.42m/s 时就能起沙，而全部覆盖生物结皮的沙地则在任何条件下都不起沙（熊好琴等，2011）。此外，受损的生态系统中人为地引入丛枝菌根真菌接种剂，能够加速被破坏生境植被的恢复（李欢等，2011）。

3.13.6.5 机械沙障技术

干旱半干旱地区的流动沙丘要进行迅速固定，首先要采取稳定沙面或削弱近地面风力的措施，就是用人工材料（通常是麦草、作物秸秆、黏土等）来设置不同形式的沙障，增加地表粗糙度，阻滞或隔离风与沙面接触，从而起到防止风蚀的作用；沙障在短期内可使沙面得到稳定，为植物生长赢取时间。

3.13.6.6 化学固沙技术

已有的研究及大量事实表明，土壤干旱是植被恢复或生态脆弱的核心问题之一，它干扰其他生态因子之间的相互协调。在生理上，它严重干扰了植物正常的生理代谢功能；在生态上，它抑制了生态系统对输入能量的总体利用效率。无论是沥青乳液固沙还是高分子聚合物固沙均是采用化学制剂固定流沙的工程措施，流沙经化学材料处理后，在沙土表面形成具有一定强度的保护层或固结层。

3.13.6.7 盐碱化防治技术

土壤盐碱化是指土壤中含盐量太高（超过 0.3%），而使植物低产或不能生长。其形成有 2 个主要因素：一个是气候干旱和地下水位高（高于临界水位）；另一个是地势低洼，没有排水出路。其对农业或生态的影响主要表现为土壤板结与肥力下降，不利于植物吸收水分，抑制植物生长。无论是通过生物改良、化学改良等方法，还是引洪淤灌、分区轮牧、草场封育等手段，其影响都是如此（许传阳和郝成元，2013）。

3.13.6.8 综合措施预测

工程和化学固沙法只是暂时地固定流沙，在恶劣的沙化、荒漠化气候影响下，过不了多久就会恢复原样，甚至有的化学固沙剂的影响会加速沙化的速度。所以从长远来考虑，生物措施是防止荒漠化的根本措施。工程和化学措施通常作为生物措施的辅助措施，只有这样沙漠化的治理和沙化草地的修复才能有所进步。所以在以后的沙化治理中，综合措施将是重点研究的治沙技术手段。

3.14 其他技术

3.14.1 大黄种植技术

3.14.1.1 选地整地

大黄是喜湿、喜阴凉气候植物，但忌高温。因此，在农田中栽培应选择灌溉管理方便的阴滩地带。注意控制土壤湿度。一般土壤田间持水量保持在 50%左右。大黄种植前每公顷用腐熟农家肥 6 万 kg、过磷酸钙 750～1200kg，均匀施于地表后马上进行深翻整地（图 3.8）。

图 3.8　大黄

3.14.1.2　播种

1. 种子预处理

先将备好的种子暴晒 2～3 天，提高种子温度，增强发芽势，消除依附病虫，减轻病虫危害。然后再用多菌灵以 1∶n 倍水进行拌种处理，堆放 24h，晾干后即可进行播种。每公顷播量为 18～22.5kg。

2. 播种方式

大黄目前的栽培方式有直播和移栽两种。

直播是将处理好的种子在大田里直接播种。直播方式有撒播、条播和穴播。条播和穴播的用种量比撒播较少。直播播深控制在 2cm，之后压实。

移栽是先把种子种在暖棚或苗床里，种苗生长至 5～6 片叶子时在大田里移栽。移栽用无病壮苗，以种苗带土块进行大田移栽，栽后苗头盖 4cm 厚土，株行距确定为 30cm×30cm。

3. 播期

采用直播以 3 月底至 4 月初播种为宜。采用移栽既可在春天进行，也可在秋天进行。春天在 4 月底至 5 月初移栽，秋天在 8 月底至 9 月初移栽。

3.14.1.3　田间管理

大田刚出土的幼苗既怕霜冻又怕干旱，应加强幼苗防护工作。出苗后长到第 6 片叶子时进行第一次人工除草，7 月进行第二次除草，同时做好以 "去病留健，去弱留强" 为原则的培育壮苗工作，8 月底进行第 3 次除草。第二年返青后除草定苗，株行距 30cm×30cm。

大田移栽大黄出苗扎根后根据实际情况进行 2～3 次除草，第二年返青前进行培土。

若出现苗抽薹，要采取先打薹后培土的措施。

大黄生长期土壤田间持水量应保持在 50%左右，不宜过旱、过涝。第二年返青后结合除草、灌溉，每公顷追肥磷酸二铵 150～225kg。第 3～4 年根据具体情况除草及水肥管理。

1. 病虫害防治

大黄常见的病有锈病、炭疽病、根腐病三种。

用波尔多液 1200 倍溶液或代森锰锌 500～600 倍溶液喷雾或浇灌，每隔 7 天喷雾或浇灌一次，连续 3～4 次就能防治。

大黄常见的虫害有：蚜虫、斜纹夜蛾、金龟甲等。

用美国产的乐斯本 1000 倍溶液喷雾，5～7 天喷一次，连续喷 3 次就能防治。也可在播种前结合整地施肥，每公顷用 75 袋乐斯本进行土壤处理。

2. 采收加工

栽后 3～4 年，9～10 月地上部分植株枯萎时采挖，挖出的地下根茎，抖净泥土，用玻璃片或竹片刮去表皮后阴干或烘干储藏（图 3.9）。

图 3.9　两年生大黄

3.14.2　种子包衣技术

3.14.2.1　概念及主要方法

种子包衣是指利用黏着剂或成膜剂，将杀菌剂、杀虫剂、微肥、植物生长调节剂、着色剂或填充剂等非种子材料，包裹在种子外面，以使种子成球形或基本保持原有形状，适于机械匀播，提高抗逆性、抗病性，加快发芽、促进成苗、增加产量、是提高种子质量的一项新技术。

目前种子包衣方法主要分为三类。

丸化种子：这是指利用黏着剂，将杀菌剂、杀虫剂、染料、填充剂等非种子物质黏着在种子外面。通常做成在大小和形状上没有明显差异的球形单粒种子单位。这种包衣方法主要适用于小粒农作物、蔬菜等种子。

包衣种子：这是指利用黏着剂，将微量元素、杀菌剂和杀虫剂等物质黏附在种子外表以改善种子出苗特性，而不明显改变种子形状的包衣方法。这种包衣方法适用于中、大粒种子。

包膜种子：这是指利用成膜剂，将杀菌剂、杀虫剂、微肥、染料等非种子物质包裹在种子外面，形成一层薄膜。经包膜后，基本上像原来种子形状的种子单位，一般适用于大粒和中粒种子。

3.14.2.2　适用范围

本技术适用于离心式、喷雾式种子包衣机。

3.14.2.3　包衣准备工作

种子需经干燥清选，且净度不低于98%，水分不大于13%，温度不低于作业环境温度。

3.14.2.4　种衣剂要求

首先，种衣剂应适合春季、秋季包衣作业。其次，种衣剂必须是取得农药登记证和农药生产许可证的合格产品，且化学农药种衣剂黏度不大于400mPa·s，生物种衣剂黏度不大于200mPa·s。此外，种衣剂需要冷贮稳定性好，在低温条件下贮放，其物理性状无明显变化，不影响药效和包衣质量。在室温条件下成膜时间2～4min，低温条件下成膜时间不超过20min。最后，经包衣后发芽试验，确认种衣剂不降低发芽率之后，方可使用。

3.14.2.5　包衣机要求

包衣机应是符合 JB/T 7730—2011 规定的合格产品；有种衣剂加温装置及防沉淀搅拌功能；检修调试到正常工作状态。

3.14.2.6　作业环境

包衣作业环境条件应符合以下要求：环境温度不低于10℃，相对湿度不大于75%；具有电源、水源及清洗设备；厂房内作业时应通风。

3.14.2.7　操作人员

每台包衣机应配备1～2名经过培训的操作人员和适当数量的辅助人员。

3.14.2.8　操作技术要求

包衣机进料斗应始终充满种子。采用斗式提升机为包衣机进料，应避免间歇进料。包衣作业时，应保持确定的排料量和供药量不变，同步进入雾化混合室。生产率允许误差±10%，供药量允许误差±5%。包衣机输料槽装料量不超过槽高的 3/4，搅拌筒或滚筒装料量不超过筒容量的 2/3。成膜时间不超出规定。包衣后采取烘干处理，化学农药种衣剂热风温度不大于 50℃，生物种衣剂热风温度不大于 35℃。

3.14.2.9　操作步骤和方法

1. 空载运行

按顺序启动各部位电机：启动甩盘电机（或空压机）→拨杆电机→输料槽（搅拌筒）电机或滚筒电机，运行 5～10min，检查各部位有无振动、异常声音及轴承温升等异常现象。

2. 调试

包衣机进料装药液前需进行以下调试。

生产率（排料量）调试（不供药液）：调节进料斗开度或叶轮转数，通过增减排料量，达到额定生产率或设定生产率。

供药量调试（不供种子）：调节药液泵输药量及输液阀或计量泵输药量，通过增减供药量，达到上述生产率应配备的供药量。

注：非水溶液种衣剂，不得用水代替种衣剂调试。

3. 包衣作业

按调试确定的生产率和供药量进行包衣作业。

开机操作顺序：启动药液泵电机或计量泵电机→启动甩盘电机（或空压机）→启动拨杆电机→启动输送槽（搅拌筒）电机或滚筒电机→启动上料提升机→打开进料口或启动排料叶轮，倒入准备好的种子。

每作业 1h，应复查一次生产率和供药量。

停机操作顺序：停止进料→关闭药液泵电机或计量泵电机→关闭甩盘电机（或空压机）→关闭拨杆电机→待包衣种子排空后关闭输送槽（搅拌筒）电机或滚筒电机。

4. 清理

每更换一次种子、种衣剂或包衣作业结束，都要对包衣机进行清洗，清理出机内、管道内的残液和残留种子。

3.14.2.10　安全操作注意事项

（1）包衣机作业时，严禁将手伸进输料槽（搅拌筒）或滚筒内处理故障。
（2）包衣机作业时，严禁打开雾化混合室清理门。
（3）包衣机要保持良好接地，防止触电事故。
（4）作业期间停机或断电，应切断电源，防止突然启动，造成事故。
（5）操作人员必须戴口罩、橡胶手套作业。
（6）清理包衣机留下的残液及种子时要选择安全地点妥善处理，防止人畜中毒及污染饮用水源。

3.14.2.11　包衣种子质量指标检验

1.包衣合格率检验

从平均样品中随机取试样 3 份，每份 200 粒，用放大镜目测观察每粒种子。凡表面膜衣覆盖面积不小于 80%者为合格包衣种子，数出合格包衣种子粒数，按如下公式计算。

$$H=h/200×100 \tag{3.4}$$

式中，H：包衣合格率（%）；h：样品中合格包衣种子粒数（粒）。

2. 种衣牢固度检验

从平均样品中取试样 3 份，每份 20～30g，分别放在清洁、干燥的 125mL 具塞广口瓶中，置于振荡器上。振荡频率为 400r/min，放置高度为 40mm，振荡 1h 后分离出包衣种子称重，按如下公式计算。

$$Lg=G/G_0×100 \tag{3.5}$$

式中，Lg：种衣牢固度（%）；G：振荡后包衣种子重量（g）；G_0：样品重量（g）。

3.14.2.12　贮藏稳定性

包衣种子在规定的贮藏期内，种子发芽率不应低于相同贮藏条件的不包衣种子，种衣剂药效及规定的脱落率应不变。

3.14.3　植生粒技术

植生粒技术是将经过预处理的牧草种子包裹在基质营养层以及保水层表面后制成的丸粒化种子。植生粒技术解决了在高寒草地地区播种困难、破坏性强、丸粒化工艺选料针对性弱等技术问题，能有效降低种子的漂移性，增加种子落地的稳定性，提高播种的准确性和种子发芽率，适于高寒草原和高寒草甸近自然补播恢复。

在基质配方中，从保水性、营养性以及成粒性上考虑，选择草炭土、高吸水性树脂、膨润土等作为牧草种子复合粒基质，并且所用基质价廉、便于收集。种子和基质混合后，采用对辊挤压的方式进行造粒，形成扁球形的复合粒，可有效减缓流动性；在加工工艺上，基质经造粒挤压机的挤压后，物理性状改善，黏度增加；在混合比例上，将多年生禾本科牧草种子（扁穗冰草、垂穗披碱草等）与基质以 1 : 100 的比例混合后，加工成粒重 4g、直径 12mm、含水量 12% 的植生粒，每个植生粒内含种子 8～12 个，以保证种子活性和发芽率。按照试验设计生产一定数量的植生粒，并在当地草原退化较严重的地区进行了植生粒的补播，播种量 2400kg/hm²。补播后定期观测植生粒的出苗情况以及植被恢复情况，确定补播效果。

植生粒补播技术可作为严重退化高寒草地改良的新型技术进行推广。其在极度、重度退化草地上应用效果最佳，该技术实施后，每个植生粒的出苗数量为 5～10 株，补播后相对于补播前，退化草地的盖度增加了 35%，地上生物量增加了 53%，可食牧草比例增加了 44%，多样性指数由 1.87 降低为 1.45。在后期经历干旱、炎热等条件下建植情况良好，能够较好地覆盖地面，达到良好的补播效果。

3.14.4　轻中度退化草甸绿色植物生长调节剂使用技术

3.14.4.1　绿色植物生长调节剂

绿色植物生长调节剂（GGR）是一种复合型、水溶性、非激素、无污染的植物生长调节剂，它能促进植物内源激素、相关酶、内源多胺、酚类化合物的合成及活性的提高，影响植物营养元素的吸收与代谢，调节植物生长发育。其还能对不良环境胁迫作出有利于植物正常生长的积极响应，减轻或避免逆境对植物所造成的伤害。其可常温贮藏，无污染，使用方法简便。

3.14.4.2　适用范围

适用于海拔 3000～5000m、降雨量 350～600mm 的退化高寒草甸。

3.14.4.3　施用目标

喷施 GGR 后，处理样地植被盖度平均提高 15% 以上，植被高度增加 0.5cm 以上，群落地上生物量增加 35% 以上。

3.14.4.4　休牧育草

在 GGR 喷施期间，5～10 月初草场禁牧。冷季牧草利用率小于 70%。安排人工管护，禁止家畜在休牧期进入草地采食。

3.14.4.5　GGR 使用

1. 试剂配制

GGR 为袋装粉剂，每袋净重 1g。配制时（以 1g 为例说明）将 1g GGR 粉剂先用少量自来水充分溶解后，加水稀释到所需浓度，加水量见表 3.20。

表 3.20　GGR 配制方法表

需用浓度（mg/kg）	5	10	15	20	25	30	40	50	100	200	300	500
加入水量（kg）	200	100	67	50	40	33	25	20	10	5	3	2

注：mg/kg 为百万分浓度的表示法，与 ppm 相同

2. 试剂使用

轻度退化高寒草甸，选用 25mg/kg 浓度的 GGR 药液。每公顷喷施药液 375kg。
中度退化高寒草甸，选用 30mg/kg 浓度的 GGR 药液。每公顷喷施药液 375kg。

3.14.4.6　喷施

（1）喷施时间：6 月上旬至 7 月中旬，6 月、7 月各一次；连续喷施 3 年。
（2）喷施方法：叶面喷施。
（3）喷施器械：选用手动或机动喷雾器，在坡度小于 5° 的大面积草地可选用大型自动化喷雾器。
（4）喷施标准：必须现配现用，要求喷雾均匀，叶面雾点分布均匀，不在叶面形成水滴。

3.14.4.7　喷施注意事项

选晴天无风或微风时进行，喷后 24h 如发生自然降水应进行补喷。

3.14.5　轻中度退化草甸氮肥叶面施用技术

3.14.5.1　水溶肥料

水溶肥料是经水溶解或稀释，用于灌溉施肥、叶面施肥、无土栽培、浸种蘸根等用途的液体或固体肥料，一般选用尿素。

3.14.5.2　适用范围

适用于海拔 3000～5000m、降雨量 350～600mm 的退化高寒草甸。

3.14.5.3　恢复目标

喷施叶面氮肥后，处理样地植被盖度平均提高 15% 以上，植被高度增加 0.5cm以上，群落地上生物量增加 30% 以上。

3.14.5.4　休牧育草

5～10 月初草场喷施叶面氮肥期间休牧。冷季牧草利用率小于 70%。禁止家

畜在休牧期进入草地采食。

3.14.5.5　配制方法

（1）轻度退化草甸：每公顷用 7.5kg 尿素配制成 375kg 溶液喷施；折纯氮 3.5kg/hm^2。

（2）中度退化草甸：每公顷用 10kg 尿素配制成 375kg 溶液喷施；折纯氮 4.7kg/hm^2。

3.14.5.6　喷施

（1）喷施时间：6～7月，牧草的旺盛生长期进行叶面喷施。每个月喷施一次，连续喷施 3 年。

（2）喷施方法：叶面喷施。

（3）喷施器械：选用手动或机动喷雾器喷雾，在坡度小于 5° 的大面积草地也可选用大型自动化喷雾器。

3.14.5.7　喷施注意事项

（1）必须现配现用，要求喷雾均匀，雾化程度高。

（2）选晴天无风日进行喷施，喷后 24h 如发生降水应进行补喷。

3.14.6　微孔草种植技术

3.14.6.1　适用范围

适用于海拔 2900～3400m、年降水量 400～600mm 的高寒草地分布区微孔草栽培。

3.14.6.2　栽培技术

1. 品种选择

选用育成品种，育成微孔草品种的主要形状如表 3.21 所示。

表 3.21　育成微孔草品种的主要性状

品种名称 或代号	产量 (kg/hm^2)	落粒率 (%)	株高 (cm)	千粒重 (g)	生育期 (天)	种子品质性状			
						γ-亚麻酸含量（%）	α-亚麻酸含量（%）	不饱和脂肪酸占总油的比例（%）	出油率（%）
宁 07-44-2-2	511.50	6.60	76.0	1.45	100	6.708	16.661	85.276	30.471
广 07-37-2-1	535.50	4.20	59.9	1.21	99	7.325	16.445.	85.410	30.712
宁 07-47-1-3	483.75	30.5	72.5	1.57	100	6.455	16.454	84.481	32.829
北微 1 号	445.65	19.23	65.2	1.20	94	7.642	13.740	84.933	20.577

2. 种子发芽率测定

大田生产使用的种子，必须在播种前进行种子发芽率测定，测定方法是：取 900 粒种子，均分为 3 份，分别放在培养皿中，每个培养皿为一个重复，用自来水浸种 4h，沥干水后分别放入 3 个直径 12cm、垫有两层湿润滤纸的培养皿中，扣好盖，放进恒温培养箱于 20℃下培养，适时往培养皿内滴水以保持湿润，自浸种之日起，至第 7 天结束试验，统计发芽种子数，3 个重复的平均种子发芽率达到 60%以上的方可用于大田播种。

3. 防治鼢鼠危害

有鼢鼠危害的地区需在播种前进行灭鼠工作，方法是：挖开鼠洞口，放置弓箭，鼢鼠出来堵洞时将其射杀，也可在鼠洞附近放置 C 型肉毒素杀鼠剂或其他环保型毒饵进行灭鼠。

4. 施肥、施药、整地

播种前 15 天，施农家肥 15 000kg/hm² （折合每亩 1000kg）、氮磷钾复合肥（含 N 14%、P_2O_5 16%、K_2O 14%）150kg/hm² （折合每亩 10kg）作基肥，将基肥均匀撒施于地表后，施除草剂，喷施 0.6%的氟乐灵水溶液 300kg/hm² （折合每亩 20kg）于地表，边喷药边用圆盘耙或旋耕机耕地，并进行耙耱平整、镇压，待播。

5. 播种

种子选择：生产用种子，须是贮存期不超过 2 年，且经过 4℃、4 天的低温处理，或经历冬季低温储存，发芽率大于 60%的种子。

地块选择：前茬为青稞或燕麦、油菜、马铃薯的地块均适合种植微孔草，但不宜连作。

播种方式及深度：采用机引条播机或畜引条播机播种，行距 30cm，播种深度 1.5～2.5cm，播后耱地覆土、镇压。

播种时间、播种量：5 月 5～20 日为适宜播种期，播种量 5.25～6.75kg/hm² （折合 350～450g/亩），播种前向种子内拌入细沙，拌入量为种子重量的 15 倍，以使播种均匀。

3.14.6.3　田间管理

1. 除草

微孔草 4 叶期、次年返青后 20 天各中耕除草一遍，做到田间无草害。

2. 间苗、匀苗

第一次中耕除草后进行间苗、匀苗，行距 30cm，株距 20cm，首先将过密处的幼苗带土移植到缺苗处,多余的苗挖出可食用,保苗 16.7 万株/hm²(16.7 株/m²)。

3. 禁牧

不论微孔草处在生长期的夏秋季还是处在越冬期的冬春季,都禁止在微孔草种植田内放牧,以保证其植株和块根的正常生长发育。

4. 白粉病防治

开花期后,叶面喷施 0.013%的三唑酮乳油水溶液,喷施量为 450kg/hm²(折合 30kg/亩),防治白粉病。

3.14.6.4　收获

1. 收获期

终花期,微孔草中部果序上的种子变为褐色时为最适收获期。

2. 收获方法

在大面积种植情况下,采用联合收割机收获,收获的种子及时晾晒、清洗干净,定量包装贮存。

3. 人工收获

小面积种植时可采取人工捋果法收获,用手(戴手套)将微孔草上的小坚果捋下来放入口袋内,带回去晾晒干燥后,再行脱粒和种子清选。

3.14.7　高寒牧区紫花苜蓿种植方法

3.14.7.1　背景技术

紫花苜蓿(*Medicago sativa*)隶属豆科苜蓿属,广泛分布于欧洲、亚洲、美洲和非洲,全世界共有 60 多种,我国有 16 种,分布颇广,野生和栽培均有。苜蓿是世界上栽培最早、种植最广的饲草,苜蓿以"牧草之王"著称,不仅产量高,而且草质优良,各种畜禽均喜食。青海省高寒牧区海拔高、冬春季气候干旱、寒冷、多风沙、暖季生长时间短,若按一般播种措施种植豆科牧草,受自然条件的限制,紫花苜蓿在高寒牧区很难种植成功,这些自然条件成为限制紫花苜蓿种植业在高寒牧区发展的一大障碍,严重地制约着紫花苜蓿草地的可持续发展。

由于高寒牧区特殊的地理条件和独特的自然环境,披碱草、老芒麦、早熟禾等禾草作为青海省牧区广泛种植的优良栽培饲草,已成为冬春枯草季的主要饲草来源,但上述多年生禾草作为能量型牧草,蛋白质含量普遍较低,不能满足冷季家畜对蛋白质营养的正常需求。禾豆混播人工草地的建立,可提高其单位面积的牧草产量和蛋白质含量,改善牧草品质和利用率。然而,受自然条件的限制,高寒牧区豆科牧草的引种栽培一般为箭筈豌豆,其作为一年生攀援性草本植物,自身无法直立生长,且需每年种植,使得种植成本显著增加,且无法与多年生禾本科牧草进行禾豆混播建植,达到一次种植多年永续利用的目的。如果在高寒牧区能够成功建植紫花苜蓿,则可以促进饲草量的增加和牧草品质的改善,提高人工草地的可持续利用率。

3.14.7.2　技术方案

1. 选地

选择地势平坦、排水良好、土层深厚的砂壤土或壤土地块,所选地块的 pH 为 6.0～9.0。

2. 整地施肥

整地施肥包括在所选地块依次进行施底肥、翻耕以及耙平耙细的步骤。其中,作为底肥的肥料为农家肥和氮磷复合肥,农家肥的用量为 15 000～30 000kg/hm^2,氮磷复合肥的用量为 90～225kg/hm^2,翻耕深度为 20～30cm。

3. 选种种植

(1)选种:选用秋眠级达到 1～3 级、再生能力强的根蘖型和(或)分枝型苜蓿品种。

(2)种子清洗和晒种处理:将苜蓿种子使用人工清洗或机械清洗,去除污染物残留,清除苜蓿种子中夹杂的杂粒、破粒和瘪粒;播种前选择晴朗的天气,将种子在干燥向阳处晒种 2～3 天,以提高种子的发芽率和存活率。

(3)混种处理:将细沙土与苜蓿种子按照(4～5):1 的比例均匀混合,或者取老苜蓿地的地表土与苜蓿种子按照(2～3):1 的比例均匀混合。

(4)播种:采用播种机开沟播种苜蓿,采用垄作条播的方法,开沟深度为 9～10cm,撒后覆土,覆土厚度为 1～2cm,播种行距为 30～50cm。其中,在播种时加入氮肥、磷肥和钾肥作为种肥。

4. 田间管理

田间管理包括追肥和灌溉的步骤。

在苜蓿分蘖至拔节期,施用钾肥促进苜蓿植株根部贮藏营养物质的积累;所述钾肥为磷酸二氢钾或硫酸钾,施用量为 75～150kg/hm^2,施肥方法采取侧深沟施肥。灌溉要遵循"深灌少浇"的原则,灌水量以土壤含水量达到饱和为准,水分至少要渗入主根 5cm 以下:春季在苜蓿出苗时或返青后至苗高 2～3cm 时进行春灌,秋季在上冻前进行秋灌。

5. 成熟收割

采用刈割的方式，刈割时间应控制在霜冻前的 4～5 周，保证苜蓿在刈割后到植株枯黄期间至少有一个月的生长时间；并且采用高茬收割，留茬高度为 5cm 以上。

优选地，步骤 1 中，对于所选的地块，其种植的前茬作物为禾本科类作物。

优选地，步骤 1 中，针对所选地块的土壤进行酸碱度检测，若 pH 小于 6.0，则使用白云石粉或石灰石调节土壤，使其 pH 提高到 6.0～9.0；若 pH 大于 9.0，则使用硫磺粉调节土壤，使其 pH 降低到 6.0～9.0。

优选地，步骤 1 中，调节所选地块的 pH 为 7.0～8.0。

优选地，步骤 2 中，作底肥的肥料还包括钾肥，钾肥用量为 120～180kg/hm^2。

优选地，步骤 3（2）中，对清洗后的苜蓿种子进行接种根瘤菌处理。

优选地，步骤 3（4）中，播种期选择在 4～7 月，并且应根据土壤墒情和降水状况在避开晚霜冻害的前提下尽量早播。

优选地，步骤 3（4）中，播种期选择在 5 月下旬到 6 月中旬之间。

优选地，步骤 3（4）中，对于所述种肥，氮肥、磷肥和钾肥的比例为 5：1：2。

优选地，步骤 5 中，对播种当年的苜蓿不进行收割，从第二年开始再收割。

优选地，步骤 5 中，对于刈割后的苜蓿植株，待苜蓿植株枯黄后进行耙平埋颈，使得苜蓿根颈掩埋在 3～5cm 厚的土壤中。

3.14.7.3 种植方法

1. 选地

选择地势平坦、排水良好、土层深厚的砂壤土或壤土地块。低洼易涝的土壤不宜种植紫花苜蓿。紫花苜蓿不耐强酸、强碱，喜中性或微碱性土壤，pH 在 6.0～9.0 的土壤都能生长。紫花苜蓿耐盐性较强，可在可溶性盐含量 0.3% 的土壤中生长。土壤 pH 为 6.0 以下时苜蓿根瘤不能形成，pH 为 5.0 以下时苜蓿会因缺钙而不能生长。

在优选的方案中，对于所选的地块，其种植的前茬作物为禾本科类作物。进一步地，针对所选地块的土壤进行酸碱度检测，若 pH 小于 6.0，则使用白云石粉或石灰石调节土壤使其 pH 提高到 6.0～9.0；若 pH 大于 9.0，则使用硫磺粉调节土壤使其 pH 降低到 6.0～9.0。最为优选的是，调节所选地块使其 pH 为 7.0～8.0。

2. 整地施肥

整地施肥包括在所选地块依次进行施底肥、翻耕以及耙平耙细的步骤。

播种前结合整地施用底肥，耕深应在 20～30cm。紫花苜蓿根部着生的根瘤可以固氮，但苗期到根瘤形成前的氮素营养主要靠施肥补充。有机肥是改善土壤结构、提高土壤肥力的极好肥料,对于底肥,每公顷地施腐熟农家肥 1.5 万～3 万 kg,每公顷施氮磷复合肥 90～225kg,施肥后通过适度深翻和整地使土肥混合均匀,有利于根系生长和出苗。种植紫花苜蓿的地块要求土层深厚,有深翻深松基础;要求整地质量高,整平耙细,土壤细碎,保证苗齐苗壮。

在优选的方案中,作底肥的肥料还包括钾肥,钾肥的用量可以选择为 120～180kg/hm²。

3. 选种种植

(1)选种:根据青海省青南牧区土壤肥力和气候条件,选择优质、高产、具有生理休眠,并且秋眠级达到 1～3 级、再生能力强的根蘗型和(或)分枝型苜蓿品种。

(2)种子清洗和晒种处理:将苜蓿使用人工清选或机械清选,去除污染物残留,清除苜蓿种子中夹杂的杂粒、破粒和瘪粒,要求净度和发芽率达到85%以上。播种前选择晴朗的天气,将种子在干燥向阳处晒种 2～3 天,以提高种子的发芽率和存活率。

进一步地,在优选的方案中,还可以选择对清洗后的苜蓿种子进行接种根瘤菌处理。

(3)混种处理:将细沙土与苜蓿种子按照(4～5):1 的比例均匀混合,有利于后续播种时苜蓿种子容易均匀地播入土壤中,或者取老苜蓿地的地表土与苜蓿种子按照(2～3):1 的比例均匀混合,有效地达到接种根瘤的目的。

(4)播种:采用播种机开沟播种苜蓿,采用垄作条播的方法,开沟深度为9～10cm,撒种后覆土,覆土厚度为 1～2cm,播种行距为 30～50cm;其中,在播种时加入氮肥、磷肥和钾肥作为种肥。

其中,根据当地自然条件和紫花苜蓿本身的特点确定播种期。总的原则是应根据土壤墒情和降水状况在避开晚霜冻害的前提下尽量早播。对于青海省高寒牧区,4～7月都可播种苜蓿。高寒地区多采用春播和夏播。在春季墒情好、风沙危害不大的地区多采用春播,在土壤温度上升到紫花苜蓿种子发芽所需的最低温度时开始播种为宜,春播的紫花苜蓿根部发育健全,利于安全越冬。然而,高寒牧区的大部分地区存在冬季酷寒、冬春季节风蚀严重、春季土壤干旱、降霜较迟等气候环境特点,一般采用夏播的方式,但考虑到紫花苜蓿在播种当年生长缓慢,因此夏播宜早不宜晚,以不晚于 6 月播种为宜。最佳播种期应为 5 月下旬至 6 月中旬,使得苜蓿至少由 2.5 个月的生长发育时间,植株入冬前至少有 2 个分枝,根颈膨大,根颈直径大于 0.5cm 为宜。

对于所述种肥,目前生产中采用的苜蓿种子多为无包衣种子,播种当年很少有根瘤形成,播种时适量施氮肥作为种肥,可促进苜蓿根瘤的形成。施磷肥作为种肥,延长苜蓿生长期,促进苜蓿根瘤对氮的固定与吸收,增加苜蓿耐寒性,提高越冬率。磷肥不易移动，需要提前施入，最好在播种前或播种时一次性施足。施钾肥作为种肥，可以抑制杂草入侵，降低病虫害发病率，提高饲草品质。优选地，种肥施用量以氮肥、磷肥和钾肥的比例为 5：1：2 为宜。

4. 田间管理

1）苗期管理

苗期管理对苜蓿建植非常重要，春夏季播种的重点管理是防治杂草，保证土壤墒情。

2）追肥

在苜蓿分枝期，施用钾肥促进苜蓿植株根部贮藏营养物质的积累；所述钾肥为磷酸二氢钾或硫酸钾，施用量为 75～150kg/hm²，施肥方法采取侧深沟施肥。追肥是提高紫花苜蓿越冬率必不可少的因素。在苜蓿分蘖至拔节期，施用钾肥促进苜蓿植株根部贮藏营养物质的积累，特别是提高植株体内钾的含量，提高植株的抗寒性，苜蓿体内的钾含量在一定程度上反映植株抗寒性的强弱。施肥方法可采取侧深沟施肥，使肥料分布于种子侧下方 5cm 左右，磷酸二氢钾或硫酸钾施入量为 75～150kg/hm²。施肥方法也可采用施叶面肥，施氮磷钾复合肥 150～225kg/hm²。

3）灌溉

紫花苜蓿灌溉要遵循"深灌少浇"的原则，灌水量以土壤含水量达到饱和为准，水分至少要渗入主根 5cm 以下。浅层灌溉会影响苜蓿根系深扎，使根系在表层土中横向扩展，造成苜蓿浅根性和须根性，容易受冻害影响。通常对苜蓿进行春季和秋季两个季节的灌水各一次。具体地，春季在苜蓿出苗时或返青后至苗高 2～3cm 时进行春灌，秋季在上冻前进行秋灌，9 月秋灌有利于苜蓿冬眠。

5. 成熟收割

采用刈割的方式，严格按照要求的刈割时间和留茬高度收割。刈割是紫花苜蓿的主要利用方式，也是影响紫花苜蓿安全越冬的重要因素。刈割时，要充分考虑紫花苜蓿的营养再生和根系贮藏养分的积累。刈割时间应控制在霜冻前的 4～5 周，保证苜蓿在刈割后到植株枯黄期间至少有一个月的生长时间；且需高茬收割，留茬高度以 5～6cm 为宜。对于降雪少的地区，留茬高度应在 10cm 以上。坚决杜绝用铁铲齐地铲割。

优选的方案中，对于高寒牧区暖季时间短，苜蓿种植当年幼苗生长矮小，根系发育不健壮，播种当年在秋末不宜刈割，从第二年（次年）开始再收割。

优选地方案中，对于刈割后的苜蓿植株，待苜蓿植株枯黄后进行耙平埋颈，使得苜蓿根颈掩埋在 3～5cm 厚的土壤中。

需要说明的是，在以上所述的栽培方法中，对未特别进行说明的部分，可以参照现有技术进行，如田间管理的步骤还包括灭除杂草等。

第 4 章　高寒草地生态恢复模式及案例

不合理地利用和管理草地生态系统会导致草地的退化。而管理和利用好这些放牧土地，为当地农牧民生产生活提供可利用的家畜和生产资料，维护生态结构和功能，保护生物多样性及恢复退化草地，这在合理管理高寒草地和家畜的情况下是完全可以实现的。将放牧压力调整到一个合理水平，保护好放牧草地，草地生态系统会进入到一个良性循环状态。依据退化草地的不同阶段和不同等级，确定适宜的治理模式，对退化草地的恢复也尤为重要。在实施各项恢复工程后，要制定相应的管理制度和政策，做好恢复草地的管理责任体系建设和动态监测体系建设，实现生态-经济-社会的综合管理，逐步实现制度化、规范化管理。此外，实现家畜生态结构的最佳化也会在根本上降低天然草地的放牧压力，有效地防止草地退化。

4.1　草畜平衡模式

4.1.1　草畜平衡理论

图 4.1 为青海省 1949～2003 年草原实际载畜量（羊单位数量）和理论载畜量的变化趋势，造成草原载畜量过高的原因主要有以下 4 个方面。

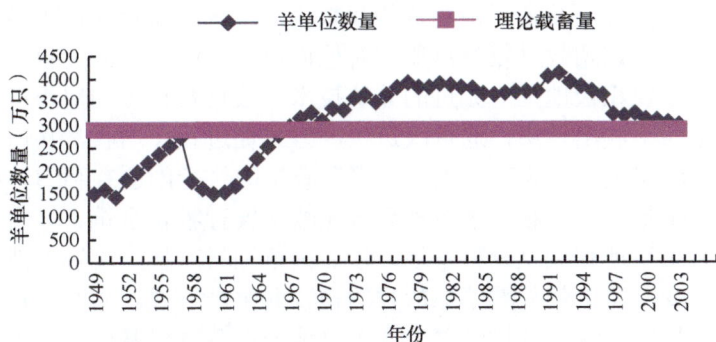

图 4.1　青海省 1949～2003 年羊单位数量和理论载畜量的变化

一是人口的增加无形中成为牲畜数量持续增加的一个主导因素。

二是因草场实行承包经营后，个人的生产自主权强了，政府用行政手段来管理畜牧业的力度就有所减弱。

三是增收渠道狭窄，从根本上没有摆脱依靠草原的形势，在日益增长的物质生活需求中，对草原的索取量逐年加大。

四是牧民群众的头数畜牧业的意识仍然很强。

草畜平衡理论简单地讲就是保持草地内牧草与采食家畜的动态平衡（图4.2）。其概念内涵为：在单位面积草地上，根据一年中牧草的供应量，经常性地调整放牧家畜头数，以在草地牧草产量与家畜数量之间达到相对平衡。

家畜需要 饲草供给

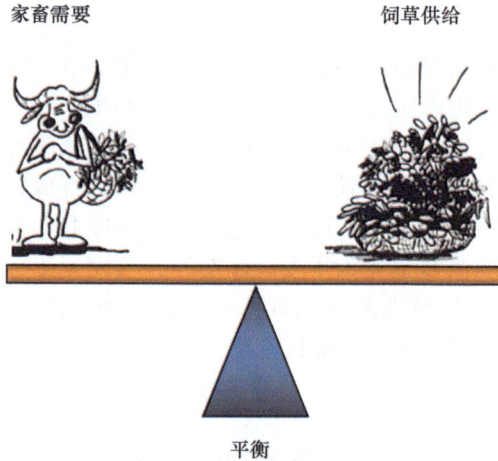

平衡
图4.2 草畜平衡理论示意图

要想有效实现草畜平衡，就要从以下几个方面入手。

一是积极完善和落实草原家庭承包政策，对已承包到户的草原，要坚持承包关系长期稳定；对尚未承包和未承包到户的草原要尽快承包到户。通过不断完善草原家庭承包管理，进一步调动广大牧民保护和建设草原的积极性。

二是要对牧民开展草畜平衡的宣传和教育，改变牧民片面追求牲畜数量和以畜为财的观念，认识超载过牧对草原、对他们自身可能产生的危害，甚至危及他们生存的后果。要积极地推广先进的养殖技术，改良畜种，加快畜群的周转，提高牲畜繁殖成活率和出栏率，通过改进生产方式促进牧民增收，从而变牧民被动以草定畜为主动自觉以草定畜，为草畜平衡政策的执行创造有利的环境。

三是大力推行草原禁牧、休牧和划区轮牧，实行牲畜舍饲、半舍饲圈养，积极建设高产人工草地和饲草饲料基地，增加饲草饲料产量，缓解天然草原的放牧压力，逐步转变完全依赖天然草原放牧的畜牧业生产方式。同时，积极对牧民开展草原围栏、划区轮牧、舍饲圈养、人工草地和饲草饲料基地建设等方面的技术培训，提高牧民实行以草定畜的技术水平。

4.1.2 放牧制度调整

放牧制度是草原在用于放牧时的基本利用体系，其中规定了家畜对放牧场利用的时间和空间上的通盘安排。每一种放牧制度包括一系列的技术措施。

划区轮牧是有计划地放牧。首先把草原分成若干季节牧场，再在每一季节牧场内分成若干轮牧分区，按照一定次序逐区采食，轮回利用的一种放牧制度。

划区轮牧的优越性主要表现为：减少牧草浪费，节约草原资源；可以改进植被成分，提高牧草的产量和品质；可以增加畜产品；有利于加强放牧场的管理；可以防止家畜寄生蠕虫病的传播。

4.1.3 确定草地合理载畜量

草地合理载畜量是指在一定的草地面积和一定的利用时间内，在适度放牧（或割草）利用并维持草地可持续生产的条件下，满足承养家畜正常生长、繁殖和生产畜产品的需要，所能承养的家畜头数和时间。现存（实际）载畜量是指一定面积的草地，在一定的利用时间段内，实际承养的标准家畜头数。

根据以上两个概念，放牧强度的判断依据如下（图 4.3）。

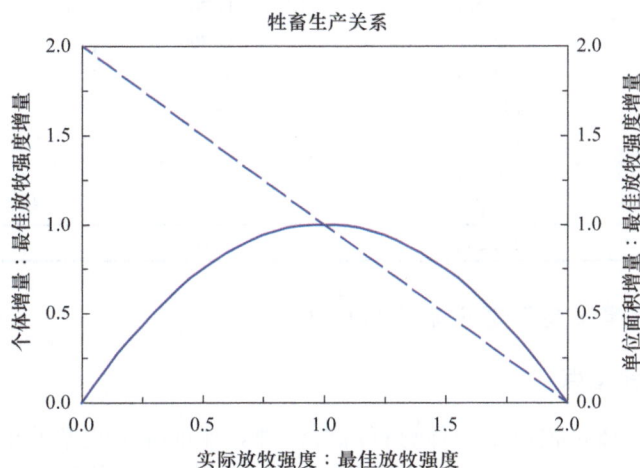

图 4.3 牲畜生产关系图
实线表示实际载畜量，虚线表示合理载畜量

草地放牧超载：实际载畜量＞合理载畜量。
草地放牧合理：实际载畜量＝（≈）合理载畜量。
草地放牧潜载：实际载畜量＜合理载畜量。

4.2 退化草地恢复模式

4.2.1 "黑土型"退化草地治理工程

4.2.1.1 "黑土型"退化草地治理情况

自 2003 年开始，青海省就逐步开始治理"黑土型"退化草地，随着三江源、青海湖、祁连山等重大生态治理工程的启动实施，开展了大规模的"黑土滩"治理，加快了重度退化草地治理进程，基本遏制了草地退化趋势，明显改善了草地生态环境。项目采取了先试点、后推进的办法，分别在久治、达日、泽库、玉树、称多 5 县开展了试验示范，通过试验示范总结了一套"黑土滩"综合治理的技术路线、草种搭配组合等成功的技术及管护利用措施，并通过两年的建设效果观测后，开始在全省推广实施。到 2016 年底，累计治理"黑土滩"53.57 万 hm²，其中，三江源地区 43.94 万 hm²，青海湖流域 9.06 万 hm²，祁连山地区 0.57 万 hm²，详见表 4.1。

表 4.1　生态保护与建设工程任务　　　　　　　　　　　（单位：hm²）

年份	三江源地区	青海湖流域	祁连山地区
2005	1 733		
2007	8 000		
2008	3 333		
2009	4 793	11 700	
2010	32 207	11 700	
2011	42 000	44 100	
2012	133 333	23 100	
2013	122 787		
2015	78 093		2 667
2016	13 127		3 000
合计	439 406	90 600	5 667

4.2.1.2　"黑土型"退化草地治理技术

1. 技术创新重点

组合控鼠与播种牧草于一体进行综合治理。保证播种牧草的出苗率和群落密度，形成有竞争性的禾本科建群种优势群落结构。建植后的管理应特别注意控制放牧利用，建设和管护一起抓，保证达到作业设计效果。严格贯彻相关标准 DB 63/T 390—2018。

2. 技术模式

通过野外调查和相关技术的集成，将"黑土型"退化草地治理技术总结为"分区-分类-分级-分段"技术模式，进一步细化为以下 3 种模式：①人工草地改建模式，适用于坡度小于 7°的重度退化草地。②半人工草地补播模式，适合于坡度小于 7°的轻、中度"黑土滩"退化草地及坡度为 7°～25°的中度和重度"黑土滩"退化草地。③封育自然恢复模式，适于坡度为 7°～25°的轻度"黑土滩"退化草地和坡度大于 25°的所有类型的"黑土滩"退化草地。

3. 草种选择

牧草种子选择同德短芒披碱草（或垂穗披碱草）、老芒麦、青海中华羊茅、青海冷地早熟禾、青海草地早熟禾、星星草为主要品种。种子质量要求达到国家规定的三级标准以上，全部采用断芒、精选、定量包装，并有种子质量检测部门出具的种子质量检验报告的种子。

4. 播种技术

免耕播种建设半人工草地的工序为：免耕播种机进行播种+施追肥。全耕翻建设人工草地的工序为：耕翻+耙平+条播大粒种子及施底肥+覆土+条播小粒种子+耱地镇压+施追肥。陡坡地建设人工草地的工序为：开沟+人工撒播+施底肥+覆土镇压+覆盖无纺布+施追肥。适宜播种期为 5～6 月。混播播种量 390kg/hm^2（实际用种量），其中同德短芒披碱草（垂穗披碱草）30kg/hm^2、青海中华羊茅 4.5kg/hm^2、青海冷地早熟禾 4.5kg/hm^2。青海草地早熟禾单播时播种量 15kg/hm^2。播种深度，大粒牧草种子 2～3cm、小粒种子 0.5～1cm，保证合理覆土深度。施肥，底肥选用磷酸二铵或有机肥，磷酸二铵施入量 150kg/hm^2，有机肥施入量 750kg/hm^2。采用分层施肥，播种机条播。

5. 草地管理

草地建植后予以围栏保护和封育，并制定详细的管护利用措施。多年生草地建植后，继续控制鼠害。在牧草生长期间要禁止放牧，第三年及以后在冬季可放牧或刈割利用。治理面积利用 GPS 航迹定位上图，并根据作业区植被高度、盖度和产草量进行成效评价。

4.2.1.3　"黑土型"退化草地治理成效

经 2010～2016 年监测，"黑土滩"治理工程区年天然草地平均高度 5.93～15.79cm，建设第二年达到最高值 15.79cm；天然草地平均盖度 35.00%～75.33%，前 4 年逐年增高，达到 65.88%，第 5 年降低之后又逐渐升高，呈波动上升的趋势；天然草地平均产草量为 1007.80～4134.01kg/hm^2，建设第二年的产量达到最高值 4134.01kg/hm^2，呈波动下降的趋势。

经"黑土滩"治理工程 7 年的跟踪监测与对照监测表明：工程区平均牧草高度 9.10cm，比工程区外（对照区）（4.68cm）提高了 94.44%；工程区平均植被盖度 55.80%，比工程区外（42.14%）提高了 32.42%；工程区平均产量 1981.47kg/hm^2，比工程区外（1291.26kg/hm^2）提高了 53.45%，详见表 4.2 及图 4.4～图 4.9。

表 4.2　2010～2016 年"黑土滩"治理区内外草群特征统计表

年份	工程区			对照区		
	高度（cm）	盖度（%）	产量（kg/hm^2）	高度（cm）	盖度（%）	产量（kg/hm^2）
2010	10.18	35.00	1786.05	7.12	22.60	1284.36
2011	15.79	49.25	4134.01	4.28	21.00	1011.11
2012	5.93	62.88	1565.30	3.25	49.63	1670.50

年份	工程区			对照区		
	高度（cm）	盖度（%）	产量（kg/hm²）	高度（cm）	盖度（%）	产量（kg/hm²）
2013	7.26	65.25	1985.40	3.10	41.33	1289.63
2014	6.36	48.70	1578.38	5.08	44.43	1479.83
2015	11.38	54.17	1813.33	7.25	46.00	1261.70
2016	6.82	75.33	1007.80	2.70	70.00	1041.65
平均	9.10	55.80	1981.47	4.68	42.14	1291.26

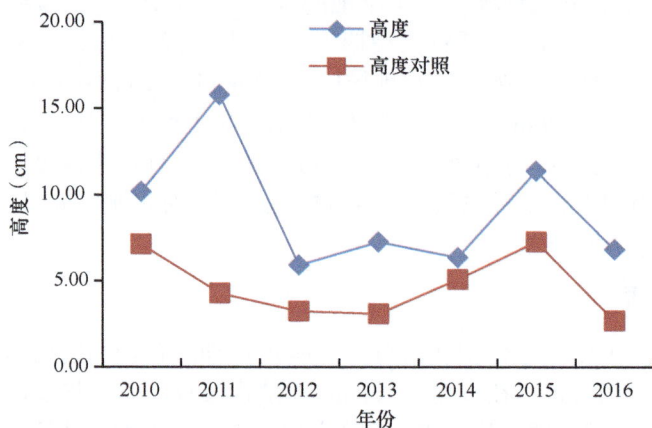

图 4.4　2010～2016 年"黑土滩"治理区内外草群高度变化图

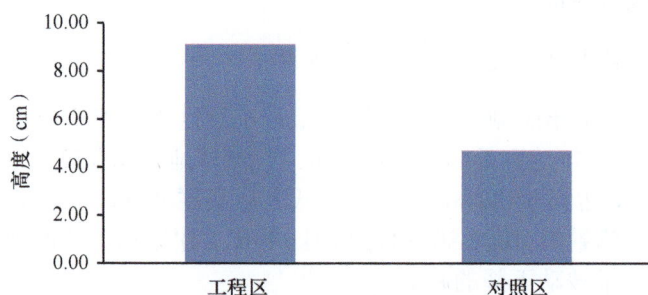

图 4.5　"黑土滩"治理区内外草群平均高度对照图

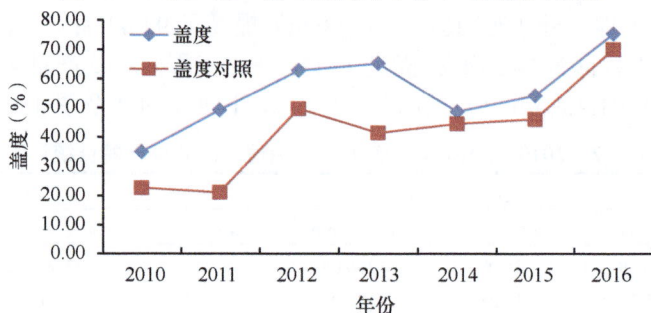

图 4.6　2010～2016 年"黑土滩"治理区内外草群盖度变化图

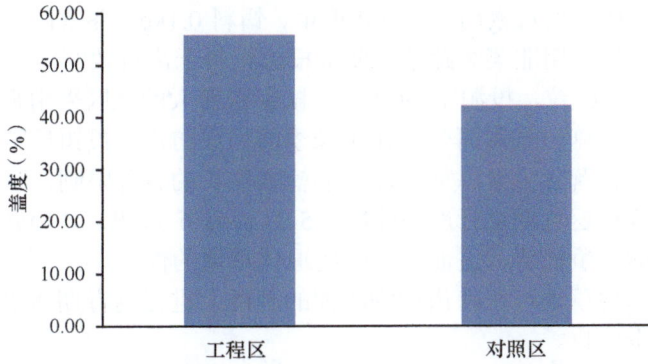

图 4.7 "黑土滩"治理区内外草群平均盖度对照图

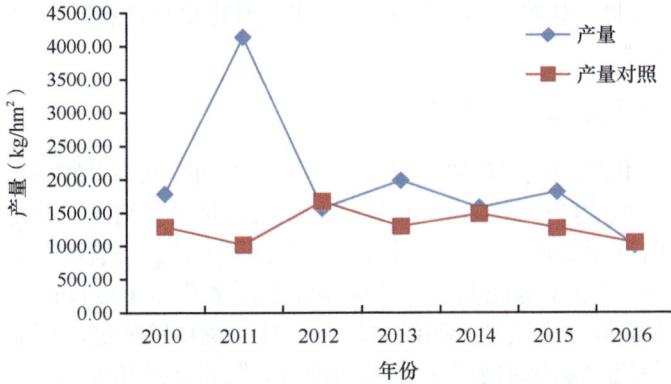

图 4.8 2010～2016 年"黑土滩"治理区内外草地产量变化图

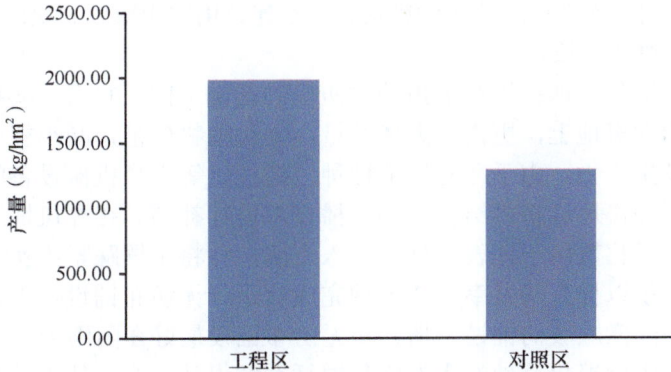

图 4.9 "黑土滩"治理区内外草群平均产草量对照图

4.2.2 三江源生态保护工程

4.2.2.1 轻度退化草地治理技术

缓坡轻度退化草地：①首先进行啮齿动物防控（防控面积＞150%）。防控采用洞口投饵法，D 型肉毒素用量 1.5mL/hm^2、饵料 0.1kg，冬季防控饵料用燕麦或青稞，夏季防控饵料用韭菜等蔬菜。要求投放饵料于离有效洞口 7~10cm 处，每洞投放毒饵 15~20 粒，投洞率 90%。在鼠害密度大的地区采用带状施饵，每隔 10~20m 均匀地撒施一条毒饵带。在生长季前完成防治。投饵后第 8 天调查防治效果。②其次进行营养元素添加，以缓解植物生长的养分限制。③最后实施放牧管控，尤其在牧草返青期进行严格休牧（5 月初至 6 月初），提升禾本科、莎草科类优良牧草的竞争优势，进而促进轻度退化草地的恢复。

陡坡轻度退化草地：在啮齿动物防控的基础上进行返青期休牧（5 月初至 6 月初）或生长季休牧。

通过相关技术的集成实施，植被覆盖度达 78%，地上生物量增加 11.5%。通过鼠害控制、追肥和禁牧等技术措施的实施，退化草场植被覆盖度提高，地上生物量有所增加。

4.2.2.2 中度退化草地治理技术

缓坡中度退化草地：①首要恢复措施是进行大面积啮齿动物防控。冬春季分别持续投放饵料，巩固防控效果，防止反弹。②其次是进行封育，给足牧草休养生息的时间，封育时间至少两年。③在返青期添加营养元素，缓解牧草生长的养分限制（主要是缓解植物生长的氮限制），建议添加中剂量营养（5g N/m^2）。④无纺布铺设，通过保水保墒提升土壤种子萌发率以及保持土壤环境稳定，从而促进草地恢复。无纺布铺设时注意"顺风顺水"：顺风向铺设，防止无纺布被大风刮起而浪费，顺水流铺设，防止无纺布被雨水冲刷而堆积从而达不到铺设效果。另外，在固定无纺布时，尽量采用一次性筷子等无污染材料，不建议用覆土或者石块固定，覆压面积较大，不利于牧草生长。

陡坡中度退化草地：①在啮齿动物防控的基础上围栏封育。②播种，特别是在中度退化的裸斑地上，更需加大播种量，促进植物建植，减小裸斑地面积，提升植被盖度及生产力。由于在陡坡地播种，拖拉机等大型机械设备的操作难度较大，因此采用秃斑地旋耕机结合免耕补播技术进行补播。在秃斑地适度加大撒播量，之后用耙子将散落于地表的种子耙入土壤，并将土壤踩紧压实，增大种子和土壤的接触面积以提升萌发率。③播种完成后进行无纺布铺设，无纺布铺设方法同缓坡地，需注意顺坡向铺设。播种和无纺布铺设最好在阴雨天气下完成。

三江源区中度退化草地的生态修复遵循系统设计原则，依据地形条件，采用分类分级的治理技术修复其受损生态系统。中度退化草地采用建立半人工草地的综合修复技术，其中坡地采用机耕法进行草地修复，陡坡地采用人工方法。半人工草地建植后全面实施季节性轮牧管理和利用措施。治理后人工草地鲜草产量 7905~10 860kg/hm²，平均鲜草产量 9375kg/hm²；盖度 60%~92%，平均盖度 76%。针对坡度较缓且适宜机械作业的中度退化草地，采用免耕补播的模式治理，在尽量少破坏原生草皮的同时，补播优良牧草，修复草地生态-生产功能。

4.2.2.3　重度退化草地治理技术

适合不同坡度重度退化草地恢复的牧草品种组合技术模式为以下几种。①陡坡地植被恢复草种组合最适模式：青海扁茎早熟禾 14kg/hm² + 垂穗披碱草 28kg/hm² + 同德老芒麦 48kg/hm² + 冶草 14kg/hm²；②缓坡地植被恢复草种组合最适模式：青海扁茎早熟禾 14kg/hm² + 垂穗披碱草 48kg/hm² + 同德老芒麦 28kg/hm² + 冶草 14kg/hm²；③滩地植被恢复草种组合最适模式：青海扁茎早熟禾 14kg/hm² + 垂穗披碱草 48kg/hm² + 同德老芒麦 28kg/hm² + 冶草 14kg/hm²。

三江源区高寒重度退化草地的生态修复遵循系统设计原则，依据地形条件和土壤状况，采用分类分级的治理技术修复其受损生态系统。针对土壤条件较好、坡度较缓的重度退化草地，采用人工草地改建的模式治理，快速修复其生态-生产功能，并依据草地区域布局和利用目标，分类建植刈用型、放牧型和刈牧兼用型人工草地，精准治理。治理后人工草地鲜草产量 6195～15 765kg/hm²，平均鲜草产量 11 475kg/hm²；盖度 60%～100%，平均盖度 81.33%。针对坡度较缓且适宜机械作业的重度退化草地，采用免耕补播的模式治理，在尽量少破坏原生草皮的同时，补播优良牧草，修复草地生态-生产功能。半人工草地鲜草产量 2760～12 960kg/hm²，平均鲜草产量 9795kg/hm²；盖度 65%～92%，平均盖度 68.33%。

针对坡度较大、大中型机械无法开展作业的重度退化草地，采用人工结合微小型机械补播的模式治理，治理后生态功能修复，草地保持水土能力大幅提高。在坡地治理中，选用青海草地早熟禾与同德短芒披碱草作为主要治理草种，适宜的混播比例是 2 : 8、3 : 7、7 : 3、6 : 4 这 4 个比例，行距选择 20～40cm 为好，磷酸二铵添加量以 120～180kg/hm² 为佳，尿素添加量不超过 163kg/hm²，同时，覆盖无纺布保护效果好。

4.2.2.4　三江源区不同退化程度草地生态恢复技术模式

综合分析上述不同修复技术（啮齿动物防控、放牧控制、养分添加、补播和无纺布覆盖等）对不同坡度、不同退化类型草地治理修复的作用，总结了三江源区不同退化程度草地生态恢复技术模式（表 4.3）。

4.2.3　人工草地建设工程

4.2.3.1　区域选择

按照草原生态保护补助奖励政策落实和青海省饲草产业发展实施意见的要求，坚持集中连片建设，实现全封育，发挥项目整体效益。选择背风向阳、地形较平坦、坡度在 25° 以下、土层厚度 30cm 以上、土壤有机质含量 3% 以上、土壤全氮含量 ≥0.3%、含盐量不超过 0.3%、≥0℃ 年积温 1500℃ 以上、年降水量 350mm

表 4.3 三江源区不同退化程度草地生态恢复技术模式

退化程度	恢复技术模式	措施	草种	播种量	播种深度	施肥量	管护与利用
轻度退化	自然修复：围栏封育，不同坡度草地围栏设计不同，陡坡地（>25°）围栏和高于缓坡地（7°~25°）滩地（0°~7°）	围栏封育+返青期休牧（5月初至6月初）围栏+鼠害防治+追肥	—	—	—	氮肥——尿素112.5kg/hm²	由牧户协助管护围栏设施。结合草原生态补奖机制采用休牧制度，实行季节性休牧
中度退化	半人工草地补播：滩地（0°~7°）和缓坡地（7°~25°）用机耕法；陡坡地（>25°）用人工方法	围栏封育+灭鼠+重耙+撒播+施肥+轻耙+镇压	同德短芒披碱草、青海草地早熟禾混播（最适播种期在5月中旬至6月中旬）	同德短芒披碱草37.5kg/hm²，青海草地早熟禾37.5kg/hm²	大粒牧草种子披碱草种植深度在2~3cm，小粒牧草种子青海草地早熟禾深度在0.5~1cm，必须保证大小粒牧草种子的合理覆土深度	播种时磷酸二铵120kg/hm²	半人工草地建植后第1~2年的返青期绝对禁牧。在利用期根据牧草地实际生长状况确定合理载畜量和利用时间，同时进行科学施肥和灭除毒草
重度退化	人工草地改建：滩地（0°~7°）和缓坡地（7°~25°）采用机耕法，起伏特别大的免耕补播；陡坡地（>25°）采用人工方法	围栏封育+灭鼠+深翻+耙平+机播+镇压	同德短芒披碱草、青海草地早熟禾、青海中华羊茅、青海冷地早熟禾混播（最适播种期在5月中旬至6月中旬）	短芒披碱草30kg/hm²，青海草地早熟禾30kg/hm²，青海中华羊茅7.5kg/hm²，青海冷地早熟禾7.5kg/hm²	大粒牧草种子披碱草种植深度在2~3cm，小粒牧草青海草地早熟禾、青海中华羊茅深度在0.5~1cm，必须保证大小粒牧草种子的合理覆土深度	播种时磷酸二铵135kg/hm²	人工草地建植后第1~2年的返青期绝对禁牧。在利用期根据牧草地实际生长状况确定合理载畜量和利用时间，同时进行科学施肥和灭除杂草

以上、作物生长期 90 天以上的撂荒地、弃耕地、严重退化的草地等适宜多年生牧草种植的地块。

4.2.3.2　草种选择

根据各地自然气候特点，可选择老芒麦、无芒雀麦、同德短芒披碱草、青海中华羊茅等多年生禾本科牧草品种，进行单播或混播。

4.2.3.3　种子质量

种子质量要求达到国家规定的三级标准以上。全部采用断芒、精选、定量包装的牧草种子（要求具有种子质量检测部门出具的种子质量检验报告）；种子质量执行 GB 6142—2008《禾本科草种子质量分级》标准。

4.2.3.4　建植技术

采取"地面处理→重耙（耕翻）→机械播种（施肥）→轻耙覆土→镇压→围栏封育→合理利用"的技术路线实施。以 5 月上中旬至 6 月中下旬雨季来临之前为适宜播种期。常用播种量为每公顷 37.5kg。根据各项目区实际情况适当加大播种量，设计中播种量确定为每公顷 37.5～60kg。耕翻深度为 20～25cm，用圆盘交叉耙耙碎土块，整平地面，清除杂草；播种方法采取机械条播；轻耙覆土，覆土深度为 1～3cm，播种完成后进行镇压。施肥时选用的底肥为磷酸二铵或有机肥，磷酸二铵施入量为 150kg/hm^2，有机肥施入量为 750kg/hm^2。有机畜牧业地区必须选用有机肥。

4.2.3.5　田间管理

建植当年禁牧。第二年以后牧草生长期禁止放牧，在牧草抽穗至开花期刈割利用。刈割后的草地可在冬季放牧利用。建植后一定要采取围栏封育措施加以保护，同时要实行科学管理和合理利用，以利于植物生长和植被更新。草地建植后要与管护员签订管护协议，并制定详细的管护利用措施，并落到实处。

4.2.3.6　青海省退牧还草工程成效

技术集成配套建设成就如下。

经 13 年项目建设，技术集成模式在青海省退牧还草工程中进一步得到发展和应用。2003～2015 年各项建设任务及效益分析详见表 4.4～表 4.6。

表 4.4　青海省退牧还草工程实施情况统计表

年份	围栏（万 hm^2）	补播（万 hm^2）	人工草地（万 hm^2）	"黑土滩"试点（万 hm^2）	舍饲棚圈（万户）
2003	106.67				
2004	158.71				

年份	围栏（万 hm²）	补播（万 hm²）	人工草地（万 hm²）	"黑土滩"试点（万 hm²）	舍饲棚圈（万户）
2005	94.40	28.00			
2006	172.29	39.00			
2007	67.33	20.17			
2008	70.00	21.00			
2009	71.33	21.33			
2010	86.00	34.67			
2011	61.00	18.33			1.00
2012	60.00	18.00	0.13		1.00
2013	61.67	18.47	0.30		1.30
2014	68.33	23.53			1.26
2015	45.07	7.37	0.70	1.33	2.28
合计	1122.80	249.87	1.13	1.33	6.84

表 4.5　2003~2015 年退牧还草工程建设任务汇总表

	围栏（万 hm²）				补播（万 hm²）	人工草地（万 hm²）	舍饲棚圈（万户）	"黑土滩"治理（万 hm²）	禁牧、休牧合计（万 hm²）
	小计	禁牧	休牧	轮牧					
玉树州	483.35	405.34	78.01	0.00	108.97	0.15	2.12	0.00	483.35
玉树市	65.73	48.73	17.00	0.00	18.80	0.08	0.46	0.00	65.73
称多县	71.46	57.79	13.67	0.00	12.79	0.00	0.43	0.00	71.46
杂多县	104.73	84.73	20.00	0.00	16.91	0.00	0.26	0.00	104.73
治多县	82.30	79.30	3.00	0.00	22.20	0.00	0.20	0.00	82.30
襄谦县	63.81	48.14	15.67	0.00	17.80	0.07	0.53	0.00	63.81
曲麻莱县	95.32	86.65	8.67	0.00	20.47	0.00	0.24	0.00	95.32
果洛州	339.25	278.80	60.45	0.00	74.98	0.18	1.24	0.00	339.25
玛沁县	54.29	39.96	14.33	0.00	14.80	0.11	0.36	0.00	54.29
玛多县	93.21	93.08	0.13	0.00	6.27	0.00	0.14	0.00	93.21
甘德县	53.92	39.92	14.00	0.00	16.80	0.00	0.14	0.00	53.92
达日县	60.46	39.13	21.33	0.00	15.51	0.00	0.19	0.00	60.46
班玛县	32.64	22.31	10.33	0.00	6.93	0.07	0.34	0.00	32.64
久治县	44.73	44.40	0.33	0.00	14.67	0.00	0.07	0.00	44.73
黄南州	102.54	51.54	51.00	0.00	30.05	0.19	0.80	0.00	102.54
同仁市	5.00	0.00	5.00	0.00	1.00	0.00	0.15	0.00	5.00
尖扎县	5.00	0.00	5.00	0.00	0.67	0.06	0.15	0.00	5.00
泽库县	44.20	23.87	20.33	0.00	17.26	0.13	0.30	0.00	44.20
河南县	48.34	27.67	20.67	0.00	11.12	0.00	0.20	0.00	48.34
海南州	106.79	46.13	55.33	5.33	27.32	0.26	1.92	0.13	101.46
共和县	31.59	17.26	10.00	4.33	8.68	0.09	0.42	0.13	27.26
贵南县	16.40	5.40	10.00	1.00	1.50	0.13	0.45	0.00	15.40
同德县	30.40	17.07	13.33	0.00	8.81	0.00	0.59	0.00	30.40

续表

	围栏（万 hm²）				补播（万 hm²）	人工草地（万 hm²）	舍饲棚圈（万户）	"黑土滩"治理（万 hm²）	禁牧、休牧合计（万 hm²）
	小计	禁牧	休牧	轮牧					
兴海县	23.07	6.40	16.67	0.00	6.60	0.03	0.27	0.00	23.07
贵德县	5.33	0.00	5.33	0.00	1.73	0.01	0.19	0.00	5.33
海北州	25.67	7.34	11.33	7.00	2.26	0.00	0.34	0.40	18.67
刚察县	9.21	3.87	2.67	2.67	1.21	0.00	0.05	0.00	6.54
海晏县	7.53	3.20	3.33	1.00	0.97	0.00	0.04	0.00	6.53
祁连县	6.33	0.00	4.33	2.00	0.00	0.00	0.15	0.40	4.33
门源县	2.60	0.27	1.00	1.33	0.08	0.00	0.10	0.00	1.27
海西州	59.40	35.73	18.00	5.67	5.60	0.27	0.41	0.80	53.73
天峻县	12.93	6.93	6.00	0.00	4.26	0.00	0.12	0.20	12.93
乌兰县	6.00	0.00	4.00	2.00	0.67	0.07	0.08	0.20	4.00
都兰县	6.00	0.00	4.00	2.00	0.67	0.07	0.07	0.20	4.00
德令哈市	5.00	0.00	3.33	1.67	0.00	0.13	0.07	0.20	3.33
格尔木市	29.47	28.80	0.67	0.00	0.00	0.00	0.07	0.00	29.47
国营农牧场	5.80	1.87	3.93	0.00	0.69	0.08	0.01	0.00	5.80
合计	1122.80	826.75	278.05	18.00	249.87	1.13	6.84	1.33	1104.80

表 4.6　各项技术措施的效益分析

技术措施	投入（万元）	效益（万元）	效益/投入（%）	占总效益比重（%）
围栏	258 955.00	141 520.37	54.65	43.52
补播	50 566.00	121 857.00	240.99	37.48
人工草地	4 160.00	5 238.00	125.91	1.61
"黑土滩"治理	3 000.00	2 054.79	68.49	0.63
舍饲棚圈	22 650.00	54 480.00	240.53	16.76
合计	339 331.00	325 150.20	95.82	100.00

注：效益/投入仅计算 2015 年；占总效益比重为各项技术措施的效益占总效益的百分数

表 4.6 说明，如果只测算项目终期年效益，在各项技术措施中，资金投入最多的主要建设项目是围栏，收益比重最大的也是围栏。而回报最优、收益率最大的则是补播和舍饲棚圈。围栏建设、补播改良和舍饲棚圈三项措施的集成构成了退牧还草工程的投资主体与效益主体。

4.2.3.7　技术集成模式示范及效益评价

模式示范：围栏+补播+棚圈+搬迁+减畜技术集成模式。

实施范围：主要适用于中度退化区域。2003～2009 年，项目布局在三江源一期规划实施的 16 县 1 乡，涉及 11.56 万户 55.88 万人。

实施规模：围栏禁牧 483.33 万 hm²，搬迁禁牧 147.60 万 hm²，移民禁牧 109.73 万 hm²，补播 129.53 万 hm²，舍饲棚圈配套建设 5 万户，搬迁移民 3744 户、16 803

人，核减牲畜 459 万只羊单位。

实施效果：该模式的推广应用，一是工程区草地生态环境逐年向良性方向演变，经对不同草场类型、不同地区工程内外盖度、产草量的测定分析，草地植被盖度变化明显，草地生产能力总体呈上升趋势。二是草畜矛盾得到有效缓解。2003～2009年工程区牲畜存栏为 1279 万只羊单位，工程区理论载畜量为 640 万只羊单位，超载 639 万只羊单位，超载率为 99.84%，通过退牧还草工程完成减畜 459 万只羊单位，项目区超载率为 28.13%，下降了 72 个百分点，有效减轻了天然草原的压力。

效果评价：分析其变化，除气象条件的影响外，主要是由于工程区实行围栏封育禁牧已有几年，辅以补播改良措施，在水热条件一致的前提下，退牧还草地区因草地的腐草多于工程区外，土地肥力提高，土壤通透性较好，生产力恢复强度高于非项目区，同时，工程区实施移民搬迁，推行草畜平衡，实行减畜制度，减轻了草地的放牧强度，提高了天然草原的承载力。建成的技术集成和推广示范模式，使退化草地的生态功能和生产力显著提高，尤其在三江源地区这项措施十分有效。

4.3　恢复草地的适应性管理和持续利用模式

4.3.1　恢复草地管理政策和制度

对恢复草地的管理应坚持政府引导、群众自愿的原则以及谁受益、谁管护的原则。草地管理过程中实行管理项目法人责任制、报账制、招标制、监理制和检查验收制。为了有效提升恢复草地管理效果，应从加强制度建设入手，严格执行恢复草地管理流程，及时转发国家五部委、农业农村部有关草地管理文件的同时，根据实际情况制订各类管理制度，并提供给项目区各级领导和项目管理人员，使草地管理人员有据可依、有章可循，逐步实现制度化、规范化管理（图 4.10）。

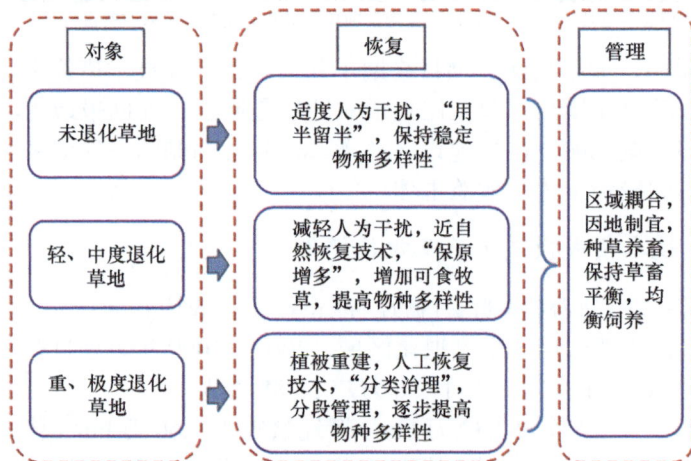

图 4.10　恢复草地管理流程

4.3.2　恢复草地管理责任体系建设

在省、州、县三级成立恢复草地管理工作领导小组并下设办公室，省级领导小组内设财务监督指导小组、搬迁禁牧建设指导小组、后续生产生活指导小组、科技支撑指导小组和宣传报道指导小组，统抓共管、分工协作。省级领导小组内的各成员单位相互协作、紧密配合、形成合力，把草地管理与生态移民、扶贫开发、科技支撑结合起来，树立全省一盘棋的观念，协调各部门多渠道研究政策，注重综合效益，统筹解决恢复草地区域生态保护与建设问题。在责任落实上，首先，将草地管理目标纳入各级政府年度目标考核之中，州、县一把手为第一责任人，省、州、县层层签订目标责任书，一级抓一级，层层抓落实；其次，各级党委、政府和相关部门都把这项工作作为本地区、本部门的"一号任务"来实施，各级党委、政府、人大、政协分别实行县、乡、村、户分级划片包干责任制，做到每一户牧民有人管、有人问；同时，定期组成工作组巡回检查指导恢复草地管理工作，及时解决管理过程中发现的新情况、新问题，从组织领导和责任落实上保障恢复草地管理工作的有序、有效实施。

4.3.3　生态-经济-社会系统综合管理

青藏高原草地畜牧业生态系统具有鲜明的独特性，青藏高原恢复草地管理工作的实施是一个庞大的系统工作，实施过程涉及国家一系列农业、农村现行政策，需要合理对接来自不同渠道的生态环境建设项目，需要吻合国家和青海省建设生态文明的战略目标。因此，工作的组织实施需要从工作设计、实施过程检查和效益评估、恢复技术集成、草地管理规范化等多个层次进行系统优化，按照系统工程的理念推进草地管理工作。

4.3.3.1　基本思路

进一步完善草原家庭承包责任制，把草场生产经营、保护和建设的责任落实到户，按照生态优先、兼顾生计、因地制宜、分类指导的方针，对项目区中度以上退化草原实施围栏封育、禁牧、休牧，并配套相应的补播等退化草原改良措施，加快草原生态恢复；退牧还草与生态移民工程结合起来，把一部分牧民从草场上迁移出来，减轻草场压力；推行休牧与轮牧相结合、放牧与舍饲相结合的方式，加大人工饲草基地建设，优化畜草产业结构，恢复草原植被；把生态保护与促进农牧民脱贫致富奔小康结合起来，转变项目区经济发展方式和群众的生产生活方式，从根本上扭转生态环境恶性循环的局面。

4.3.3.2　目标和任务

按照国家退牧还草工程实行的"目标、任务、资金、责任"四到省的要求，根据青海牧区实际情况，因地制宜、分类指导、合理配套，发挥投资的整体效益。全面完成退牧还草工程禁牧任务，力争实现"三个转变"：一是从分散定居向村镇化聚居转变；二是从自然草地畜牧业向舍饲、半舍饲高效畜牧业转变；三是从解决牧民群众温饱问题向建设小康社会转变。优化生产结构和经营模式，从根本上减轻天然草场压力，确保退牧还草工程建设取得实效，实现草原畜牧业的可持续发展。

4.3.3.3 技术路线

对围栏建设、草地补播改良、棚圈建设、人工草地建设和黑土滩治理等项目建设内容优化组合，进行技术集成配套，发挥综合优势，缓解草畜矛盾，实现遏制草地退化趋势、提高草地生产力的目标。通过封育禁牧、季节性休牧、减人减畜，结合草原生态补奖政策的落实，在草地建设的基础上实现草畜平衡，并建立长效监测评估体系。发展饲草产业和舍饲养殖，促进畜牧业生产方式转变。发展二三产业，拓展就业渠道，延伸产业链，实现生产发展和生态保护的协调统一，促进牧区绿色经济可持续发展（图4.11）。进一步实现生态系统各层级的供需平衡，增强系统功能发挥的可持续性，促进生态友好型经济社会发展，促进项目区五大文明建设同步推进，生态-经济-社会协调发展，社会繁荣稳定。从国家顶层设计到牧区众多基层单位分解建设任务空间轴，通过不同层次的管理人员、技术人员和基层群众的多层次联动，实施全系统综合管理，促进全高寒草地区域社会、政治、经济、生态、精神文明同步建设，发挥系统管理的最大效益。

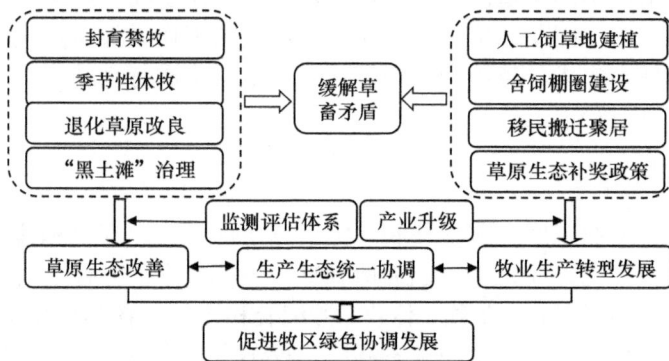

图4.11 技术路线图

4.3.4 草地动态监测、监管体系建设

2003年退牧还草项目启动后，工程跟踪草地监测同步跟进，随着建设内容不断增加、范围逐年扩大，到2015年在青海6州30县退牧还草项目区域，依据不同草地类型和均匀布点原则，布设国家级草地固定监测样点30个，常规监测点和工程跟踪样点984个（表4.7）。根据《青海省草地资源调查技术规程》（DB 63/T 209—1994），每个样地做结构样方1个、产量样方4个、频度样方10个，样本数可以满足监测和统计需要。监测结果评估主要以草地生产力、工程治理效益对

比、植被群落变化等内容为主。草地质量指标的长期监测可以为工程效益和植被演替趋势评估提供科学依据，并提升项目管理效果。此外，项目区不定期举办国家级草地固定监测点监测技术培训班 2 次，培训人员 156 人次，举办省级草地监测培训班 12 次，培训人员 500 人次。草地监测技术人员水平的提高和草地监测体系的完善为草地科学管理打下了基础。

表 4.7　2015 年退牧还草工程草地监测站点数量及类型分布

	小计	温性草原类	温性荒漠草原类	温性草甸草原类	温性荒漠类	低地草甸类	山地草甸类	高寒草甸草原类	高寒草原类	高寒草甸类	高寒荒漠类
玉树州	223						1	7	14	201	
果洛州	227						9	8	26	184	
海南州	167	85	5	5	5	1	5	3	12	46	
黄南州	124	19			1		6	3	9	86	
海北州	121	12					15	9	10	75	
海西州	152	10	6		31	14		12	26	48	4
青海省	1014	126	11	6	37	15	36	42	97	640	4

在项目监管过程中，应不断完善监理程序，严格遵守工程监理制度，对监理机构实行动态管理，对监理人员实行资格审查、进行实时监控，使监理工作实现全区域覆盖、全过程覆盖，才能保证工程建设的效果，进而带动青海省草地生态监理工作的发展。

青海省于 2012 年开始按照"每 5 万亩设置 1 名生态管护员"的原则，在全省共聘用草原生态管护员 9489 名。2014 年，青海省政府制定了《关于三江源国家生态保护综合试验区生态管护员公益岗位设置及管理意见》（青政〔2014〕76 号），将三江源地区每 5 万亩草原设置 1 名管护员调整为每 3 万亩设置 1 名管护员，新增 4405 个岗位。目前，各地严格按照"推荐、培训、聘用、公示、持证、上岗"的管护员聘用程序，13 894 名管护员持证上岗。管护队伍实施属地管理、网格管理，管护员的职责履行与绩效工资挂钩，建立了绩效管理新模式，在强化禁牧区巡查、核定草畜平衡区放牧牲畜数量、保护草地围栏设施、发现和制止草原违法行为等方面发挥了重要作用，保证生态保护工程建设成效巩固。

4.4　生态畜牧业发展模式

4.4.1　青海生态畜牧业建设探索

4.4.1.1　生态畜牧业发展原则

青海省生态畜牧业发展遵循"三个不动摇"原则：一是在牧区推行的家庭联

产承包责任制绝不动摇；二是牲畜作价归户的个人所有权和草场归牧户使用的使用权绝不动摇；三是国家扶持"三牧"工作的一系列方针政策绝不动摇。

4.4.1.2 生态畜牧业发展历程

青海省生态畜牧业的发展阶段主要分为三步。

第一步，探索推进（2011～2012 年）。

在试点的基础上（2008～2010 年），以提高牧民的组织化程度，搭建生态畜牧业建设组织平台为主要内容，在牧区 6 个州 30 个县 883 个纯牧业行政村，以村为单位组建生态畜牧业合作经济组织，探索适合自身实际的发展模式。

第二步，提高完善（2013～2015 年）。

以大力开展生态畜牧业合作社能力建设为核心内容，推进草场规范合理流转、牲畜高效合理生产经营。

第三步，巩固提升（2016～2020 年）。

在牧区逐步建立起以合作社为主体的畜牧业生产模式，使畜牧业产业结构不断得到调整和优化，科技水平明显提高，富余劳动力转移就业能力不断增强，在牧区全面建立起草原生态畜牧业生产体系。

4.4.2 青海草地生态畜牧业发展模式

4.4.2.1 牧区-农牧交错区-农区耦合模式

系统耦合是指两个或两个以上的具有耦合潜力的系统，在人为调控下，通过能流、物流和信息流在系统中的输入与输出，形成新的、高一级的结构功能体，即耦合系统。它的一般功能是完善生态系统结构、释放生产潜力及放大系统的生态与经济效益。

牧区-农牧交错区-农区耦合模式（图 4.12）主要包括三个方面，一是不同生产

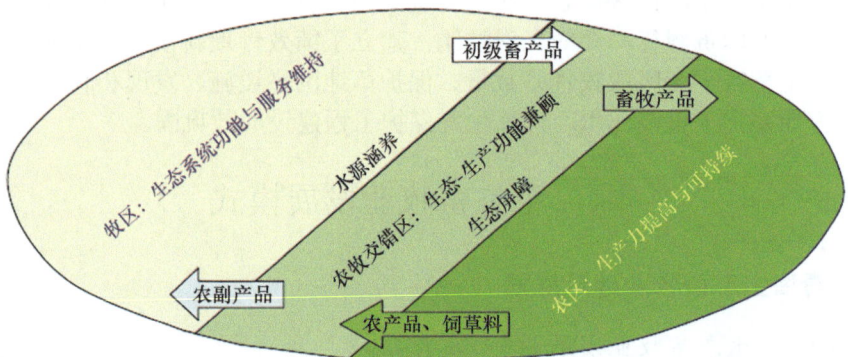

图 4.12 高寒草地牧区-农牧交错区-农区耦合畜牧业生态-生产功能示意图

层之间的系统耦合；二是不同地区-生态系统之间的系统耦合；三是不同专业之间的系统耦合。这三者的市场-生产流程新建构，组成了新时代草地生态畜牧业的主要特征（图 4.13）。

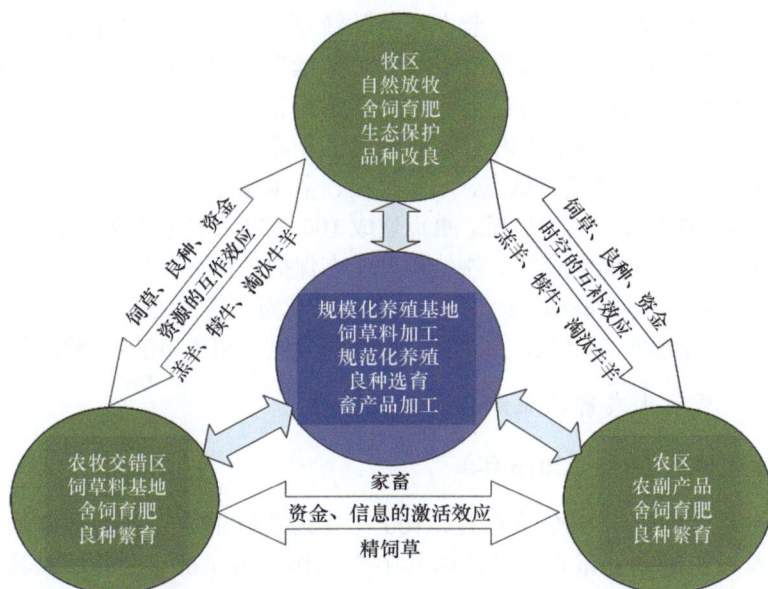

图 4.13　高寒草地牧区-农牧交错区-农区耦合畜牧业生产模式生产流程

4.4.2.2　"两段式"草地畜牧业生产模式

夏秋季节进行放牧繁育，秋冬季将羔羊和淘汰母羊等进行舍饲育肥，不仅可以提高出栏率，加快饲养周期，增加牧户经济收入，而且可以减轻冬春季节草地放牧压力，维持草地可持续能力（图 4.14）。

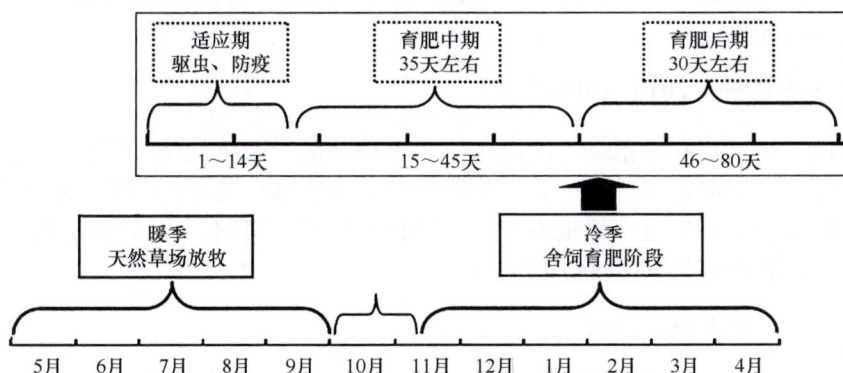

图 4.14　"两段式"草地畜牧业生产模式示意图

4.4.3 青海草地生态畜牧业试验区建设

以"三区"建设为引领，坚持生态保护第一，以改革创新为驱动，以探索草地生态畜牧业发展机制为核心，以生态畜牧业合作社为载体和突破口，以生产要素整合、发展政策匹配为手段，全力推进传统草地畜牧业转型升级，实现牧业增效、牧民增收的目标，为全国草地畜牧业可持续发展提供样板和借鉴。利用 6 年时间，青海创出了一条地域特色鲜明、利于示范推广、政策体系配套、扶持方式科学、管理机制灵活的草地生态畜牧业发展的新路子。

利用 6 年时间，按照先行试点、示范推广、全面提升"三步走"战略，在青海省牧区 6 州通过集中建设和政策匹配，重点建成 100 个以上生态畜牧业股份合作制合作社，典型引领发展。以此为载体，围绕草原生态保护、新型经营主体培育、草地生态畜牧业集约化经营、草畜联动、多元化服务和产业化发展等 6 方面展开机制创新探索，推进全省草地畜牧业转型升级，并形成供全国可复制、可借鉴的发展经验。

4.4.3.1 草地生态畜牧业试验区建设历程

1. 试点创新（2015～2016 年）

由各州遴选确定的 9 个试点县、100 个生态畜牧业合作社为基础组成试点单元，围绕 6 项机制创新重点任务，以其中 2 项作为重点试点内容，以其他任务为辅，任务细化，立体布局，落实责任主体，以凝练既往经验和摸索新路子两种途径，整合现有的涉农资金，集中探索创新任务，形成建设经验。

2. 示范推广（2017～2018 年）

根据各地提供的经验，综合布局第二阶段的示范推广工作，各州优选推广区域稳步推进，围绕促进生态、生产、生活"三生"共赢，组织化、社会化、集体化、专业化"四化"一体目标展开建设，并对示范推广的经验进行进一步凝练、纠偏、巩固和熟化。

3. 全面提升（2019～2020 年）

全面总结试点和示范推广阶段工作，查缺补漏、凝练经验、优化模式，进一步扩大经验应用面，提升第一、二阶段已经试点和推广的地区与试点单元的建设质量，形成一整套推进草地生态畜牧业建设的体制、机制、办法和模式，为全国草地生态畜牧业可持续发展提供借鉴。

4.4.3.2 重点模式凝练

1. 生态畜牧业生产经营模式

各地因地制宜、综合施策、试点创新，在实践中探索出了以合作社为基本组织形式，适宜不同情况的多种生态畜牧业生产经营模式，概括起来有以下 4 种：
股份制、联户制、代牧制、大户制。

股份制是农牧民自己通过土地和草场的规范流转、牲畜整合、生产设施入股组
建起来的具有一定规模的农牧业生产经营主体（企业），使社员成为企业的主人。
应该说这是中国特色农业现代化道路的一种导向性模式。这种模式体现了现代企业
法人治理结构的规模经营，具有集约化、专业化、组织化和社会化的典型特征，是
最适合青海高原实际、最受群众欢迎和认可的新型经营主体，表现出极强的生命力。

联户制是一种双层合作、二级核算体制。首先是多户联合，他们凭借地域条
件和人脉优势自愿合作，形成一个生产单元，生产经营互助合作，收入分配在单
元内进行，彼此间具备较好的人际诚信基础。一个合作社可以有若干个联户形成
的生产单元。合作社主要承担服务职能。

代牧制合作社为入社成员提供和创造代牧条件，制订并规范代牧办法，为临
时或长期外出务工、经商的农牧户安排其他社员有偿为其代牧牲畜。合作社既起
代牧中介作用，也为从事农牧业生产经营的农牧户提供产前、产中、产后服务。

大户制合作社由若干大户组成，每个大户就是一个家庭农牧场或生产单位。
合作社仅为各个大户提供生产资料采购、产品销售及生产管理过程中的作物病虫
害、动物疫病防控服务等。

2. 配股模式

配股模式是在州级产业化建设初期结合果洛州情和普遍存在的实际问题，大
胆创新，提出了"政府扶持，群众入股，相互配股，整合资源，集中规模养殖，
企业化管理，产业化发展"的具有果洛特色的生态农牧业发展模式。"配股模式"
即将政府的资金主要用来购置生产畜，形成的资产以股份形式固化给社员；同时，
社员按一定比例（最少1∶1，视牧民积极性而定）以草场牲畜或其他生产资料进
行折价配股，所形成的股份全部记入社员账户内，作为社员分红的依据。这种配
股的模式是以国家扶持形成的股份为"核心"，称为"种子股"，社员入股的为
"配股"，收益权全部归社员所有，合作社实行集中规模经营、企业化管理，促
使牧民收益能够大幅度提高，从而激发社员入社入股的积极性；同时，由于"种
子股"的"核心"作用，从而保证了合作社运转的"重心"，不致轻易解散，更
加具有稳定性。此外，该模式还提高了群众入社的积极性，利用配股促进了各类
资源的整合，在特定阶段具有重要的现实意义。

3. "岗龙做法"模式

岗龙村合作社按照"整合资源化股份、划区轮牧、以草定畜、按类分群、分
工分业、多种经营"的发展理念，积极转变生产经营方式和发展模式，主要做法
为：合作社要求全村加入合作社，入社率达100%，实现全员入社、全员入股。全

力推进股份合作制改革，规模化经营，生产要素的优化配置，实现资源变资产；草地和牲畜折股入社，实现资金变股金、牧户变股民的有效转变；草地科学规划、合理利用，划区轮牧，牲畜分群饲养，实现草畜联动；畜疫防治实现了群防统治，实现高效养殖；社员分工分业，用工按劳取酬，产品统一销售，实现市场对接，收益按股分红，扶持贫困户，及时脱贫，稳固收入；二、三产业融合发展，生态奖补资金统一用于发展生产，推进经营转型升级。劳动力分工分流成效明显、增收明显，群众认识逐步提高、思想观念得到转变，生态保护成效显著。岗龙乡岗龙村在该模式的实际运行当中，做到了"四个结合"，形成了"六个统一"。

四个结合：一是做到了与三江源生态保护与建设相结合；二是做到了与退牧还草工程相结合；三是做到了与草原生态补偿机制相结合；四是做到了与精准扶贫、产业扶贫相结合。

六个统一：一是生态统一保护建设；二是资源统一整合开发；三是畜产品统一加工销售；四是畜疫统一进行防治；五是合作社的盈余统一分红；六是形成了利益共享、风险共担的统一经营机制。

4. 异地配给模式

在社区定居点周边建立连片圈窝种草基地（图4.15），在周边农业区种植一年生高产人工草地，收获后拉运到社区于冬春季利用，经测定，圈窝种草平均产量为9360kg/hm^2，增产108%；异地种植饲草平均产量为11 175kg/hm^2（图4.16）。

图4.15　连片圈窝种草

图 4.16　异地种草

　　本模式适合藏北、青南、川西北，多为高山草地，无人工草地，仅有少量圈窝种草，牧户居住相对集中，而且已形成合作社组织，可实现人员、草场统一管理的社区。

5. 河南尕庆高质增效模式

　　选择社区牧户定居点周边冬春草场定向培育割草场（图 4.17），辅以精细化圈窝种草（图 4.18），来实现社区牧户牲畜的饲草供给。经测定，定向培育天然草地平均干草产量达 3240kg/hm²，圈窝种草平均干草产量达 12 690kg/hm²。本模式适合环湖、甘南地区天然草场条件较好、以生产高品质有机畜产品为目标的社区。

图 4.17　定向培育割草场

图 4.18　精细化圈窝种草

第5章　高寒草地监测评估技术

开展草地资源与生态监测是维护国家生态安全的重要基础，加强草原监督管理是实施草地保护建设工程的基本保证。对高寒草地进行环境监测及退化监测工作，对草地资源调查和健康评价以及生态效益评估，有利于实现现代化草地管理。及时了解草地植被状况、生态状况、利用状况和草地保护建设工程效益状况，实时发布监测信息，有利于草地建设和草原监理工作的有效开展。同时，将草地动态监测、生态安全评估与遥感技术结合，有利于建立并完善草地类型光谱库，准确估测草地的健康情况、生物量。

在高寒草地恢复效果及健康评价方面，研究主要聚焦于草地维持正常的生态系统功能状态的能力，包括草地生态系统中各种生物和环境要素的相互影响及作用程度。在草地评价过程中，生态效益评价也是极为重要的部分。此外，部分学者从大范围上根据不同的评价目的进行评价指标的选择，但由于选择的方法不同，评价指标的组成也不同，如草地生态系统健康评价的综合指数（CVOR）模型主要是对草地健康状态进行评价，而压力-状态-响应（PSR）模型则考虑到草地健康决策等问题。

5.1　高寒草地环境监测

5.1.1　草地生态监测

5.1.1.1　草地植被样地设置

草地监测样地按长期监测标准样地设计，样地一经确定，不再轻易变更。样地的大小至少要满足有效监测 10 年，每年 7～9 月植被生长盛期监测 1 期，固定样地设置的面积不小于 10km²，同时监测点面积不小于 40m×30m。样方设置采用固定和随机两种方法。

5.1.1.2　监测内容

监测内容主要包括草地面积、草地类型、草地动态变化、草地群落结构、草地载畜量、草地鼠虫害、草地生态保护与建设工程跟踪监测。

5.1.1.3　监测方法

草地样方面积为 1m×1m，灌丛草地样方面积为 2m×5m，至少重复 6 次。监测采用现场调查法、现场描述法、资料收集监测法。监测过程参照《青海省草地资源调查技术规程》（DB 63/T 209—1994）和《草地害鼠预测预报技术规程》（DB 63/T 331—1999）。

5.1.2 草地鼠虫害监测

针对啮齿动物，在草地植被监测点选定 3 块 0.25hm^2 的固定样地，可采用堵洞盗洞法、夹日法进行调查。对于有害昆虫，根据昆虫的种类、生理形态和危害习性，分别采用直接观察法的样方法和间接法中的扫网法，同时结合其他监测工作进行损失调查。监测过程参照《草地害鼠预测预报技术规程》（DB 63/T 331—1999）。

5.2 高寒草地退化监测技术

对退化草地生态监测内容及测定指标的设定依据农业农村部《草原退化监测技术导则》，主要有内业资料准备、监测样地设置、监测时间及周期、遥感判读和地面调查等内容。

5.2.1 前期准备

5.2.1.1 收集资料

主要收集监测区域的地形图、遥感影像图、植被类型图、土地利用现状图、行政界线图等图件，监测区域的气象数据、社会经济数据、畜牧业生产数据，草原退化统计资料、研究文献及草原保护建设资料。

5.2.1.2 物资准备

主要准备 GPS（或野外信息数据采集终端）、数码相机、计算器、采样工具、交通工具、必备的物资装备以及各种记载表格。

5.2.2 监测方法

根据收集的地形图、遥感影像数据、植被类型图等资料，组织人员在室内对监测区域预设监测固定样地。样地面积应≥100hm^2，每个样地按照退化等级设置 3～5 个样方。

5.2.2.1 样地设置原则

样地应远离居民点，设置在道路 1000m 以外的无人、畜、经济活动干扰地段。样地要依据退化状况分别设置，以反映出退化梯度变化趋势。

样地要选在具有该类型分布的典型环境和植被特征的地方，所选地区植被群落发育完整，类型特征明显，能够代表周围区域主要的草地植被和类型。

样地选择时应主要考虑草地群落中优势种、建群种在种类与数量上占主导，优势度明显。植被变化趋势与发生规律相对稳定。

样地要考虑垂直变化。山地要根据垂直带谱上的草地类型分布的不同，样地应设置在每一垂直分布带的中部，并且坡度、坡向和坡位应相对一致。

在草地类型隐域性分布的地段，样地应选在该地段中环境条件相对均匀一致的地区。草地植被呈斑块状分布时，则应增加样地数量，减小样地面积。

对于利用方式不同及利用强度不一致的草原，应考虑分别设置样地，如割草场、放牧场、季节性放牧场、休牧草场、禁牧草场、不同培育措施的草场、不同利用强度的草场等，力求全面反映草原植被在利用状况上的差异。

5.2.2.2　预设样地密度

样地设置密度应根据调查区域草地的自然、交通条件来确定，设置密度规定见表 5.1。

表 **5.1**　草地资源外业调查区域精度

	农区	半农半牧区	纯牧区
底图比例尺	1：5 万	1：10 万	1：10 万
调查路线间隔（km）	5～10	10～20	>20
样地密度（样地个数/1 幅图）	7～8	15～20	15～20

5.2.2.3　监测时间及监测周期

青海高寒草地退化监测周期为 5 年，草原退化敏感区、严重区的监测周期可根据需要适当缩短。监测时间为 2 次/年，一次是植被生长盛期，一次为枯草期。

5.2.2.4　遥感判读

青海草地退化监测的遥感判读方法依据《草原退化监测技术导则》中第 6 条进行。

5.2.2.5　外业调查

外业调查内容主要包括样方设置、样地基本特征记载、植被群落结构调查、地上生物量、裸地面积及土壤理化性质调查等。

1. 样方设置

样地确定以后，随机布置样方。调查样方一般分三种：描述样方、测产样方和频度样方。

（1）描述样方：用于描述、记载草地自然条件，测定草地植被覆盖度与牧草高度等生物学特性和草地利用状况。

描述样方的数量：植被较均匀一致的草地，每个样地设 1 个描述样方。植被不均匀的草地，每个样地设 1～3 个描述样方。

描述样方的面积：高寒草甸、草原、荒漠 2～4m^2；在禁牧的退化草地上设置样方，应使用 4m^2 的大样方。

（2）测产样方：用于测量草地牧草的生物学产量。测产样方面积的大小，根据草地类型、草地植物生长均匀性、草地覆盖度等因素确定。具体样方面积及数量见表 5.2。

表 5.2　测产样方面积、数量

草地类型	植被特征	测产样方面积（m^2）	数量
高寒草甸	均匀一致	0.25～0.5	1～2
高寒沼泽化草甸	均匀一致	0.25～0.5	1～2
高寒草原	较均匀	1.0～2.0	2
高寒草原	不够均匀	2	2
高寒荒漠	不均匀	10	2
退化草地（草本）	不均匀	1	3～4

（3）频度样方：某种植物在草地群落中出现的次数。以百分数表示，样方数量通常设 10 个。

2. 样地基本特征记载

观测记载样地的地理位置、调查时间、调查人、地形特征、土壤特征、地表特征、草原类型、植被外貌、利用方式、利用状况等，样地自然环境条件的记载见附录中退化草地描述样方调查登记表。

3. 草地植被结构特征及产量测定

（1）草地群落植物种类调查。

（2）草地群落结构与外貌描述：测定内容包括层片与成层结构、物候期、生活力、生活型等。

（3）草地群落数量特征描述：测定内容包括盖度、高度、株丛数、产草量以及根据上述数据计算优势度。

5.2.3　监测成果

高寒退化草地监测成果包括监测报告及监测数据统计资料。监测报告是对区域高寒退化草地监测工作的分析及总结，包括监测区域草地退化程度的分级、分布面积、不同退化等级草地的生产力状况及退化趋势预测等。监测数据统计资料包括监测样地基本情况统计及监测数据汇总。

5.3　遥 感 评 价

5.3.1　遥感监测基础

5.3.1.1　工作底图

工作底图的选择以 1∶100 000 地形图和 1∶100 000 数字高程模型（DEM）[或数字栅格图（DRG）]数据为主，根据监测需求也可选用大比例尺地形图和 DEM（或 DRG）数据。

5.3.1.2　遥感信息源

遥感影像选取的分辨率为：低分辨率（＞50m）、中分辨率（10～50m）、高分辨率（＜10m 以下），针对特定需求优化遥感数据的选择，重点区域可选取多信息源融合后的影像，影像时相的选择以 7～9 月为最佳，单景影像中云层覆盖应少于 5%。

5.3.2　影像处理

5.3.2.1　影像合成与融合处理

对于中分辨率遥感数据，采用标准假彩色合成，合成的影像地面分辨率为30m。根据实际需求，可采用其他高分辨率卫星影像数据，提高影像的空间分辨率，以保证监测的精度要求。

5.3.2.2　影像几何纠正

影像几何纠正时采用1980西安坐标系；高程系统采用1985国家高程基准；1∶100 000～1∶1 000 000 比例尺地形图采用高斯-克吕格投影，如研究区域大，则采用阿尔伯斯双标准纬线割圆锥投影。判读提取目标地物的最小单元：一般规定变化的面状地类应大于4×4 个像元（120m×120m），线状地物图斑短边宽度最小为2 个像元，长边最小为 6 个像元；屏幕解译线划描迹精度为 2 个像元，并且保持圆润。

5.3.2.3　文件命名

以景为单位采样后影像命名采用卫星影像经度方向上的位置（PATH）+卫星

影像纬度方向上的位置（ROW）+接收年+接收月+接收日+波段号，如 PATH 号为 136，ROW 号为 56，影像接收时间为 2010 年 7 月 1 日，则采样后影像命名为：1365620100701432.img。

5.3.2.4 影像镶嵌

影像镶嵌时，地物连接应光滑，色彩过渡自然，不应出现明显的模糊。镶嵌时应注意选择现势性好的影像区域，尽量避开有云、雾等遮盖的区域，使明显面状地物完整地出自一景影像，且景与景之间接边的最大误差控制在 1 个像元。

5.3.3 其他高分辨率遥感影像处理

项目区没有现成的可以用来纠正这些数据的地图资料时，可利用 GPS 设备到实地采集、导线测量或购买三角网的控制点等方法获取控制点坐标。

5.3.4 遥感监测内容

5.3.4.1 土地利用/覆被监测

在进行三江源区土地利用/覆被监测中，土地分类采用中分辨率遥感数据的土地利用/覆被分类系统设计原则。一级分为 6 类，主要根据土地的自然生态和利用属性；二级分为 23 个类型，主要根据三江源区土地经营特点、利用方式和覆盖特征，如表 5.3 所示。

表 5.3　青海省三江源区遥感监测土地利用/覆被分类表

序号	一级分类	二级分类
1	耕地	旱地
2	林地	有林地、灌木林地、疏林地、其他林地
3	草地	高覆盖度草地、中覆盖度草地、低覆盖度草地
4	水域	河渠、湖泊、水库坑塘、永久性冰川雪地、滩地
5	人工用地	城镇用地、农村居民用地、工矿建设用地
6	未利用土地	沙地、戈壁、盐碱地、沼泽地、裸土地、裸岩石砾地、其他

5.3.4.2 土壤侵蚀监测

三江源区土壤侵蚀数据采集以中分辨率数据作为主要信息源，采用人机交互的数字作业方式进行土壤侵蚀类型和土壤侵蚀强度的专题信息提取，参照《土壤侵蚀分类分级标准》（SL 190—2007）确定土壤侵蚀分级。土壤侵蚀分类按全国土壤分类系统执行，见表 5.4。

表 5.4　三江源区土壤侵蚀分类系统

一级类型	强度等级（二级类型）
1　水力侵蚀	11 微度、12 轻度、13 中度、14 强烈、15 极强烈、16 剧烈
2　风力侵蚀	21 微度、22 轻度、23 中度、24 强烈、25 极强烈、26 剧烈
3　冻融侵蚀	31 微度、32 轻度、33 中度、34 强烈
4　重力侵蚀	不分级
5　工程侵蚀	不分级

对难以获取足够的侵蚀模数的地区，特拟定土壤侵蚀强度分级的指标，见表 5.5、表 5.6。

表 5.5　三江源区遥感监测水力侵蚀强度分级指标

地类		5°~8°	8°~15°	15°~25°	25°~35°	>35°
非耕地的林草覆盖度（%）	60~75	轻度				
	45~60					强烈
	30~45		中度		强烈	极强烈
	<30			强烈	极强烈	剧烈
坡耕地		轻度	中度			

表 5.6　三江源区遥感监测风力侵蚀强度分级指标

级别	床面形态（地表形态）	植被覆盖度（非流沙面积）（%）
1　微度	固定沙丘、沙地和滩地	>70
2　轻度	固定沙丘、半固定沙丘、沙地	50~70
3　中度	半固定沙丘、沙地	30~50
4　强烈	半固定沙丘、流动沙丘、沙地	10~30

5.3.4.3　植被生长监测

1. 监测方法

设立有代表性植被的定位监测点，监测生长期植被的地上生物量、高度、覆盖度等指标；通过中、高分辨率遥感数据，优先进行植被指数合成，比较与地面定位监测点同步的植被指数，分析植被生长期与植被指数及地上生物量的函数关系，建立植被地上生物量的卫星遥感监测模型，确定地上植被生物量分级标准；制作植被长势信息图。

2. 监测时间

每年 7～9 月为植被各项监测指标的地面监测时段；1～12 月为遥感监测植被生长信息的时段。

3. 监测提交的数据格式及精度要求

产草量单位为 kg/hm^2，数据有效位数不超过 4 位，精度为 1kg，如 4367kg/hm^2、5.462×10^{5}kg/hm^2、15kg/hm^2。

5.3.4.4　湖泊水域面积动态监测

选取中分辨率的遥感数据用于动态监测湖泊水域面积随不同季节和年份之间的动态变化。

1. 动态监测方法

水体对太阳光的吸收、反射和透射是随着波长而变化的，总的来说是以吸收为主，吸收大于反射和透射。卫星传感器根据不同地物及云在不同波长范围的光谱特性，反映水体、植被、云以及城镇用地等信息。水体对近红外波段的吸收能力较强，在 1.4μm 和 1.9μm 附近的吸收率接近 100%。利用遥感影像的光谱增强技术，突出图像中地表部分的反差，使水体、陆地得到清楚、直观的显示，实现对湖泊水域面积的动态监测。

2. 动态监测提交的数据格式和精度要求

湖泊水域面积以"km^2"为单位，精确到 0.01km^2，湖泊长度、宽度、岸线长度以"m"为单位，精确到 100m。

5.3.4.5　沙化土地面积动态监测

选取中分辨率遥感数据用于沙化土地面积在不同季节和年度之间的动态变化监测。

1. 动态监测方法

沙质地物在波长 0.5～2.4μm 波段上可产生 30%～50%的高反射率，并在卫星影像上表现出非常明亮的或浅、极浅的色调信息，与其他地物如植被、水体、基岩山地、农作物等形成明显的对比，构成沙化土地独特的光谱特征和图像解译标志库。利用这种特定的光谱信息和解译标志，对不同区域、不同时间的沙化土地类型的现状、分布规律、演变趋势等进行解译、研究和监测。

2. 动态监测提交的数据格式及精度要求

沙化土地面积以"km^2"单位，精确到 0.01km^2。沙化土地长度、宽度、边缘线长度以"m"为单位，精确到 500m。

5.4　高寒退化草地恢复效果评价技术和标准

5.4.1　草地生态恢复工程的效益评价

目前，草地生态恢复工程的效益评价主要包括生态效益、经济效益和社会效益三方面，在评价方法上，有定量和定性评价。其评价体系与其他生态恢复工程如退耕还林、荒漠化治理、流域治理等工程大体上是一致的。定量评价中比较常见的是生态系统服务价值评价法，即应用现代经济学分析方法中的市场价值法、替代市场价值法和假想市场法，估算各类生态系统服务功能价值，并以这一指标作为对生态工程生态效益的定量评价（韩颖，2006）。定性评价涉及范围广、覆盖面大，评价方法也多种多样。其中比较常见的是根据研究要求选取与其相关的评价指标并建立评价指标体系，采用层次分析法、主成分分析法、指数评价法、综合分析法等多种方法来评价生态工程的效益。

王静等（2008）以甘肃省玛曲县和瓜州县为例，从草地生态系统服务价值变化角度探讨了退牧还草工程的生态效益。李新文等（2014）利用层次分析法选取分析经济效益、生态效益和社会效益的各项指标，建立综合指数评价模型来分析甘南藏族自治州天然草原恢复与建设项目的综合效益。于文斌（2016）在对民勤县荒漠化治理的效益分析中，将定量评价与定性评价相结合，量化经济效益，建立了多层次法评价模型。郑翠苓（2011）对西藏南木林县退耕还林工程进行效益分析，确立了生态效益、经济效益和社会效益评价指标体系，并通过影子工程法计算出生态效益的总价值为 8469.26 万元。太玉鑫等（2016）在对内蒙古草原建设主体工程区进行实地调查的基础上，采用对比分析、描述性统计和规范性分析相结合的方法，对项目的经济效益、社会效益、生态效益进行了分析。

无论是定性评价还是定量评价，都具有一定的局限性。在定性评价中，围绕评价标准的选取和指标体系的建立，研究者的主观认识会直接影响到评价指标的选取和指标权重的赋值，而且也无法保证指标体系的科学性与全面性（韩颖，2006）。针对同一研究，不同的研究者所建立的评价指标体系可能是完全不同的，所以也会使得同一评价对象出现不同的评价结果，无法确保客观性。而在定量评价中，对生态价值的鉴别、量化和货币化比较困难，不同的对象有不同的标准，在实际操作的过程中也会遇到一定的困难（陈秀铜和李璐，2001）。因此，对草地生态恢复工程的效益评价，可以采用定量评价与定性评价相结合的方式，经济社会效益采用农牧民收益等具体的指标分析，生态效益通过生态学野外定点试验、室内实验室分析，获取植被与土壤指标来评价研究区水源涵养、植被功能和土壤养分提升等变化情况。

5.4.1.1 经济效益评价

经济效益用投入产出比模型来计算（Jiang and Zhang，2010；Baral and Bakshi，2010；陶佩君，2010）。投入产出比，是经济学中常用的计算经济效益的方法，也称投入产出率，英文缩写为 ROI，是指经营期内，总投资与工业产出总增值的比率。其值越小，表明经济效果越好。"投入产出比"中的"投入"是指研究全部静态投资额；"产出"是指研究全部运行寿命期内各年增加值的总和。投入产出比计算公式为

$$R = \frac{K}{\text{IN}} = \frac{1}{N} \quad\quad\quad (5.1)$$

$$N = \frac{\text{IN}}{K} \quad\quad\quad (5.2)$$

式中，R 为投入产出比，K 为投资总额，IN 为研究寿命期内各年增加值的总和，N 为投入 1 个单位的经济量时获得的产出量，N 值越大，表示研究经济性越高。

在本研究投资总额 K 为草地建植和人工调控（主要为围栏费用、牧草种子费用、肥料费用、鼠虫害防治费用等）的成本，产出 IN 为生态恢复期内生产的牧草总量的经济值（根据饲草产品在生态恢复期内的市场价值核算）。投资总额 K 根据数据调查得出，产出 IN 根据地上植被生物量换算得出。按照不同退化程度下不同的坡度等级分别算出不同生态恢复技术在单位面积（hm²）上的投入产出比。

5.4.1.2 生态效益评价

1）土壤养分提升

土壤养分提升主要运用土壤质量综合指数模型（Schoenholtz et al.，2000；Schindelbeck et al.，2008；余泓，2017）来评价。该评价方法主要利用多指标评价体系将受到多种因素限制的评价目标由定性评价转为定量评价。土壤养分涉及土壤碳、氮、磷、钾等多个因素。由于各因素的性质不同，通常具有不同的量纲和数量级。当各指标间的水平相差很大时，如果直接用原始指标值进行分析，就会突出数值较高的指标在综合分析中的作用，相对削弱数值水平较低指标的作用。因此，为了保证结果的可靠性，需要对原始指标数据进行标准化处理。

土壤质量指数（soil quality index，SQI）的计算步骤为：确定模型所需的土壤指标，根据评价指标的特性选择数据标准化方法，计算标准化值，确定各指标权重，标准化土壤指标值与各指标权重加乘得到 SQI 值。

根据青海省高寒草甸土壤特征及研究区状况，在本研究中评价土壤养分提升

主要选用土壤有机碳、土壤全氮、土壤全磷、土壤全钾、土壤速效氮、土壤速效磷 6 个指标，计算 0～10cm 下不同退化程度和不同坡度等级下未恢复区、恢复区前一年与当年土壤质量指数来反映土壤养分提升效益。

首先运用归一化公式将 6 个土壤指标数据进行标准化，应用公式为

$$Y_i = \frac{X_i - \min\{X_i\}}{\max\{Y_i\} - \min\{Y_i\}} \quad (1 \leqslant i \leqslant n) \tag{5.3}$$

式中，Y_i 为各土壤指标的标准化值，X_i 为土壤指标值，n 表示横向比较的元素值，i 表示所选指标。

在不同退化程度和不同坡度等级下，土壤各个指标对土壤质量指数的重要性与贡献度不同，故通过标准差系数法来计算不同退化程度和不同坡度下各个土壤指标的权重值。应用公式计算标准差系数 V_j，然后归一化得到权重 W_j，最后计算土壤质量指数 SQI，SQI 越大，土壤质量越高。

$$V_j = \frac{\sqrt{\frac{1}{n}\sum_{i=1}^{n}(X_{ij} - \overline{x_j})^2}}{\overline{x_j}} \tag{5.4}$$

$$W_j = \frac{V_j}{\sum_{j=1}^{m}V_j} \tag{5.5}$$

$$\mathrm{SQI} = \sum_{i=1}^{m}(Y_j \times W_j) \tag{5.6}$$

式中，X_{ij} 表示土壤养分指标原始值，$\overline{x_j}$ 表示第 j 项指标的平均数，n 表示样点数量，m 表示指标的个数。

2）植被群落特征变化

植被群落特征变化主要采用对比评价法，比较在滩地（0°～7°）、缓坡地（7°～25°）和陡坡地（>25°）实施生态恢复技术，地上植被生物量和植被覆盖度在恢复当年比上一年的变化量。

5.4.1.3　社会效益评价

社会效益评价主要通过牧民生计和社会稳定两个方面分析。牧民生计是指在生态恢复项目实施期间，政府对征用草场牧民发放的补贴，以及雇用周边牧民为研究实施的部分劳动力，按照研究实施期间通用临时工劳务费标准提供工资收入，此方法在一定程度上提高了周边牧民的生计。社会稳定是指该生态恢复研究实施期间，当地周边牧民对该研究的认可度，以研究实施区周边牧民对该生态恢复研究实施的满意程度（刘宇，2003）设定认可度标准，探究生态恢复研究实施为当地社会稳定所带来的积极影响。社会效益评价主要在研究后期进行，主要采用问询方式（李松柏，2011），社会效益评价的汇总表如表 5.7 所示。

表 5.7　研究区周边情况调查表

项目名称					
项目实施地					
项目起止时间					
周边牧民户数			周边牧民总数		
项目征用草场牧民户数			项目征用草场牧民总数		
项目征用草场牧民生态补偿[1]（元）			周边牧民雇用为临时工人人数		
当地临时工人工资[元/（人·d）]			周边牧民雇用为临时工人劳务费[2]（元）		
项目认可度[3]	极度认可	认可	一般认可	一般不认可	不认可
牧民数					

注：[1] 生态补偿措施是指因生态恢复研究实施过程中对征用草场牧民的补贴。

[2] 了解生态恢复研究实施地周边的牧民情况，确定总牧民户数，根据个人意愿将其雇用为生态恢复研究实施期间的临时工人，按照当地通用临时工劳务费标准发放工资。

[3] 生态恢复研究的认可度标准以 1～5 来表示，分别为 1 分（不满意）、2 分（比较不满意）、3 分（比较满意）、4 分（满意）、5 分（很满意）。在对牧民和政府部门的调查结果中，确定 3 分及以上的结果占总结果数的 80%～100%，表示对研究的极度认可；3 分及以上的结果占总结果数的 60%～80%，表示对研究的认可；3 分及以上的结果占总结果数的 40%～60%，表示对研究的一般认可；3 分及以上结果占总结果数的 20%～40%，表示对研究的一般不认可；3 分及以上结果占总结果数的 20%以下，表示对研究的不认可。

对征用草场牧民、周边牧民等以询问的方式进行研究认可度调查。鉴于生态恢复研究的实施与所占草场及周边牧民的关系密切，关系到他们的生产生活，所以在进行调查时以所占草场及周边牧民总数的 50%为抽样比例

5.4.2　土壤侵蚀模型在区域适应性评价中的应用

在以往的研究中，对于涉及生态恢复技术之类的退耕还林、退牧还草、荒漠化治理等，其区域适应性评价主要集中在这些恢复工程在大尺度下由土地利用变化引起的生态、地理变化，利用 RS 和 GIS 等技术，结合土地利用类型、植被覆盖度动态变化、净初级生产力等指标来反映其区域尺度下的适应性。例如，汪芳甜等（2015）基于归一化植被指数（NDVI）时间序列及土地利用数据，对武川县的土地利用及植被覆盖度变化进行了研究，用于监测退耕还林工程的成效及区域适应性。赵欢欢（2014）利用 RS 和 GIS 技术对丰宁县 2000 年、2005 年和 2010年三个时期的土地沙化进行研究，探究沙化措施在该地的成效。胡先培等（2018）利用 RUSLE 模型分析盘州市的土壤侵蚀动态变化，定量分析该区域土壤侵蚀，为其治理工作和土地利用决策提供理论依据。由此看来，目前对生态恢复技术的区域适应性评价研究比较成熟，可以通过多种方式、多种指标来进行评价。

土壤侵蚀模型作为区域适应性评价的方法之一，其主要作用集中在有效预报水土流失、指导水土保持工作等。在区域尺度上进行的生态恢复工程项目，其目的之一也是探究植被恢复在减少水土流失和土壤侵蚀中的作用。据估算，我国因土壤侵蚀造成的经济损失每年在 100 亿元以上。

土壤侵蚀模型最早的研究开始于 19 世纪，1877 年德国土壤学家 Ewald Wolly

开始定量化研究土壤侵蚀，主要围绕影响水土流失的单个因子展开，如坡度、植被覆盖度、坡长等。在对不同因子的算术排列组合进行回归分析的基础上，Wischmeier 和 Smith（1965）在 30 年间观测了 10 000 多个径流小区的观测资料统计分析，提出了著名的通用土壤流失方程（universal soil loss equation，USLE）。该方程借助数理统计方法，将降雨侵蚀力因子、土壤可蚀性因子、坡长坡度因子、植被覆盖管理因子和水土保持措施因子连乘来定量地确定土壤流失量。1997 年，美国农业部土壤保护局开始了 USLE 的修正工作，建立了修订通用土壤流失方程（revised universal soil loss equation，RUSLE）（Renard，1997）。该方程也成为定量计算土壤侵蚀强度最常用的模型。RUSLE 的公式为

$$A = R \times K \times LS \times C \times P \tag{5.7}$$

式中，A 为年平均土壤流失量，单位 $t/(hm^2 \cdot a)$；R 为降雨侵蚀力因子，单位 $MJ \cdot mm/(hm^2 \cdot h \cdot a)$；$K$ 为土壤可蚀性因子，单位 $t \cdot hm^2 \cdot h/(hm^2 \cdot MJ \cdot mm)$；$L$ 为坡长因子，无量纲；S 为坡度因子，无量纲；C 为植被覆盖管理因子，无量纲；P 为水土保持措施因子，无量纲。

5.4.2.1　降雨侵蚀力因子（R 因子）

降雨侵蚀力因子（R 因子）是指降雨导致土壤侵蚀发生的潜在能力（崔雪梅，2012），是降雨物理性质的函数，也是土壤流失方程中第一个重要因子。降雨对土壤侵蚀的影响很大，降雨强度和降雨量对土壤侵蚀有着直接影响，降雨强度和降雨量越大，对土壤的运移作用越大，降雨侵蚀力越强（林斌，2011）。因此，有必要对降雨侵蚀力因子进行准确的估算，以期在土壤侵蚀方程中发挥其作用。

在 RUSLE 模型中 R 因子是一项动力指标，该指标客观地评价了由降雨引起的土壤分离和搬运的效果。它能反映不同气候和降雨因子在相同条件下对土壤侵蚀的潜在影响。目前，R 因子算法主要分为经典算法和简便算法。由 Wischmeier 和 Smith 提出的经典算法又叫 EI30 法，利用 23 年的降雨资料研究出单次降雨的总动能和该次最大 30min 雨强的乘积与土壤侵蚀量间有很强的相关性（Yu，1998）。尽管 EI30 是一个单一的物理量，但其获取较为简便，在 USLE 和 RUSLE 中，Wischmeier 利用 EI30 来获取降雨侵蚀力指标。但是在得到雨强这一物理量时，最多可需 20 年的降雨资料，这无疑增加了研究的困难。针对这一问题，专家学者将对 EI30 的研究改进为简便算法。Arnoldus 等在 1980 年提出了近似降雨量模型，建立了 R 因子与年降水量和月降水量之间的回归方程。Renard 和 Freimund 在 1994 年分析了美国 155 个站点的数据，得出了 R 因子与降水量之间的回归方程，回归方程模型为

$$\begin{cases} R = 0.048\,3P_a^{1.61} & P_a < 850\text{mm} \\ R = 587.8 - 1.249P_a + 0.004\,105P_a^2 & P_a \geqslant 850\text{mm} \end{cases} \tag{5.8}$$

式中，R 因子单位为 $MJ \cdot mm/(hm^2 \cdot h \cdot a)$；$P_a$ 代表年降水量（mm）。根据公式计

算出研究区 R 值，以常数形式代入到 RUSLE 方程中计算。

5.4.2.2 土壤可蚀性因子（K 因子）

土壤可蚀性因子是土壤侵蚀定性和定量评价的重要指标之一，在一定程度上决定流域土壤流失量的大小（成举荣，2018）。K 因子是一项评价土壤被降雨侵蚀力分离、冲蚀和搬运难易程度的指标，其主要影响因素为土壤质地、土壤结构、土壤稳定性和有机质含量等。土壤可蚀性因子 K 因子大小与土壤侵蚀强度成反比，K 因子越小，土壤侵蚀强度越高。RUSLE 模型中的 K 因子是指在标准小区（坡长 22.12m，坡度 9%）下，单位降雨侵蚀力引起的土壤流失率，单位是 t·hm^2·h/(hm^2·MJ·mm)。土壤可蚀性因子估算的准确性可以直接影响土壤流失量的预报精度。目前，关于 K 因子的计算方法有标准小区法、人工模拟降雨试验法、公式计算法和诺谟图法（李巍，2014）。研究一般采用 1990 年 Williams 等在侵蚀-生产力评价模型（erosion-productivity impact calculator，EPIC）中发展而来的计算方法，模型所需变量较少，只需要测定土壤有机碳及颗粒组分。该模型公式为

$$K = \left\{0.2 + 0.3\exp\left[-0.0256\text{SAN}\left(1 - \frac{\text{SIL}}{100}\right)\right]\right\} \times \left(\frac{\text{SIL}}{\text{CLA} + \text{SIL}}\right)^{0.3} \times \left[1.0 - \frac{0.25C}{C + \exp(3.72 - 2.95C)}\right] \times \left[1.0 - \frac{0.75\text{SN1}}{\text{SN1} + \exp(-5.51 + 22.9\text{SN1})}\right] \tag{5.9}$$

式中，SAN 为砂粒含量；SIL 为粉砂含量；CLA 为黏粒含量；C 为有机碳含量；SN1 为 $1 - \frac{\text{SIL}}{100}$。

土壤类型数据主要来源于中国土壤类型空间分布数据，采用传统的"土壤发生分类"系统。将下载到的 grid 格式的栅格数据，利用研究区域矢量图基于 ArcGIS10.2 平台通过掩膜提取得到研究区土壤类型图，从而可以得到研究区主要土壤类型及土壤代码。在此基础上收集土壤普查成果的剖面及理化分析资料后，通过 EPIC 公式计算得到每种土壤类型的 K 因子，再根据研究区土壤类型的图斑空间位置来赋予上述求得值，最后应用 GIS 空间数据功能，在 ArcGIS10.2 软件里生成土壤可蚀性栅格数据图（林斌，2011）。

为方便在 ArcGIS10.2 软件中进行各因子值栅格运算，可以统一各因子栅格像元大小为 30m×30m。由 EPIC 公式得到的研究区域土壤类型 K 因子为美制单位 ton·acre·h·100^{-1}·acre·ft^{-1}·tonf^{-1}·in^{-1}，不能直接参与土壤侵蚀方程计算，需转换成国际制单位 t·hm^2/(hm^2·MJ·mm)，换算关系为 K 国际单位=K 美制单位×0.1317（简金世等，2011）。

5.4.2.3 坡长坡度因子（LS 因子）

坡长坡度是影响土壤侵蚀及水土保持建设的主要参数之一，通常情况下土壤

流失量与坡长坡度成正比关系（成举荣，2018）。坡长坡度因子又称地形因子，是土壤侵蚀中地貌分析和径流可视化的最基本因子，其影响地表土壤的形成和发育以及不同植被的分布，制约地表物质和能量的存储（翟秀娟，2018）。区别于传统的地形坡度，S 是指同一环境条件下，任意坡度内的单位面积土壤流失量与标准小区坡度下单位面积土壤流失量之比，L 表示任意高程与坡面的垂直高度 h 和水平方向的距离比。

基于 ArcGIS10.2，以研究区 10m 分辨率数字高程模型（DEM）数据提取坡度和坡长因子。坡度 S 和坡长 L 因子的提取依据对 Wischmeier 和 Smith 的经验公式改良的算法（赵普，2019）。

$$\begin{cases} S = 10.8\sin\theta + 0.03 & \theta < 5° \\ S = 16.8\sin\theta - 0.5 & 5° \leqslant \theta < 10° \\ S = 21.91\sin\theta - 0.96 & \theta \geqslant 10° \end{cases} \tag{5.10}$$

$$L = \left(\frac{\lambda}{22.13}\right)^m \tag{5.11}$$

$$m = \frac{n}{n+1} \tag{5.12}$$

$$n = (\sin\theta / 0.0896) / \left[30(\sin\theta)^{0.8} + 0.56\right] \tag{5.13}$$

式中，S、L 分别为坡度、坡长因子，θ 为所求坡度，λ 为 DEM 获取的坡长值，m、n 分别为坡长因子指数、细沟侵蚀和面蚀的比值。

5.4.2.4　植被覆盖管理因子（C 因子）

植被覆盖管理因子是指其他条件相同下特定地表覆盖和管理措施下的土壤流失量与荒芜标准小区的土壤流失量之比，综合反映一个地区植被覆盖与土地利用变化对土壤侵蚀的影响，是无量纲单位，其值在 0～1，数值越大表明该地区土壤流失越严重。C 因子是 RUSLE 模型众多因子中敏感性、易变性最强的一个因子，因其反应机理复杂，影响因素众多，其他因子都对其有重要影响（翟秀娟，2018）。目前国内关于 C 因子的确定，主要有利用小区降雨侵蚀资料估算 C 因子值、植被覆盖度估算 C 因子值及遥感数据估算 C 因子值。

随着遥感技术的快速发展，利用遥感图像提取植被覆盖度的应用越来越广泛，特别是在大面积植被覆盖度监测中的应用。植被覆盖度通常采用植被指数来计算。植被指数是由不同波段和非线性通过传感器获取组合而成的，能直观反映植物长势和分布特征。研究发现，在地物反射光谱曲线上，90%以上的植被信息都包含在红色波段和近红外波段中，利用这些波段组合来研究植被特征效果明显（李巍，2014）。植被指数就是利用红色波段和近红外波段的组合关系计算的。常见的植被指数主要有归一化植被指数（NDVI）、垂直植被指数（PVI）、比值植被指数（RVI）、土壤调节植被指数（SAVI）等。其中较常用的是归一化植被指数（NDVI）。而基于遥感影像提取植被指数进而反演植被覆盖度的方法主要有经验回归模型法、混合像元分解法和基于算法优化的混合模型法等（成举荣，2018）。

利用研究区 Landset8 的 30m 遥感影像 Level2 级数据，结合归一化植被指数和像元二分模型来估算植被覆盖度，进而估算 C 因子值。

NDVI 指数计算公式如下。

$$\text{NDVI} = \frac{\text{NIR} - R}{\text{NIR} + R} \tag{5.14}$$

式中，NDVI 为归一化植被指数，R 为红外波段，NIR 为近红外波段。在 Landset8 影像中，R 和 NIR 分别代表第 4 波段和第 5 波段。

像元二分模型公式如下。

$$\text{FVC} = \frac{\text{NDVI} - \text{NDVI}_{\min}}{\text{NDVI}_{\max} + \text{NDVI}_{\min}} \tag{5.15}$$

式中，FVC 为植被覆盖度，NDVI 为归一化植被指数。根据 NDVI 累计分布概率图，$\text{NDVI}_{\min}$ 和 $\text{NDVI}_{\max}$ 分别为累计分布概率为 5% 和 95% 的 NDVI 值。

在植被覆盖度的基础上，利用蔡崇法于 2000 年提出的植被覆盖因子估算经验模型，可以计算出区域植被覆盖管理因子 C 因子值。

$$\begin{cases} C = 1 & \text{FVC} = 0 \\ C = 0.6508 - 0.3436 \lg \text{FVC} & 0 < \text{FVC} \leqslant 78.3\% \\ C = 0 & \text{FVC} > 78.3\% \end{cases} \tag{5.16}$$

在 ENVI5.3 中利用遥感影像提取归一化植被指数，用像元二分模型计算植被覆盖度，将结果导入到 ArcGIS10.2 中，用栅格计算器调用条件函数 C 因子模型计算 C 因子值。

5.4.2.5 水土保持措施因子（P 因子）

水土保持措施因子（P 因子）是反映水土保持工程措施对水土流失影响的定量指标，是指采取某种工程措施时的水土流失量与相同条件下不采取工程措施时的水土流失量之比（Wischmeier and Smith，1978）。P 因子也是一个无量纲数据，其值为 0～1，数值越大，表明基本无水土保持措施，即对地区水土流失影响越大。目前，在土壤侵蚀研究中还未有一套普遍通用的 P 因子求解方法，蔡崇法等（2000）提出，大部分的 P 因子值主要是通过对某一地区的研究成果的实证查询或以往的文献参考，对不同的土地利用类型进行赋值。

查阅相关文献并结合研究区水土保持状况，确定研究区各土地利用类型的 P 因子值。因此，首先需要对研究区遥感影像进行解译来获得土地利用现状分布图，这一过程利用研究区 Landset8 的 30m 遥感影像在 ENVI5.3 中完成。

从研究区土地利用现状分布图得出研究区土地利用类型。查阅文献资料后将几种土地利用类型赋值。在 ArcGIS10.2 中，将对 P 因子值赋值添加到土地利用类型矢量图中各土地类型的属性表中，转为像元大小为 30m×30m 的 P 因子栅格图。

5.5　高寒草地生态系统健康评价

高寒草地生态系统是我国重要的战略资源储备要地和生态安全屏障，也是维持高寒畜牧业可持续发展、率先实现碳中和的核心区域。由于高寒草地生态系统生长周期短和土壤贫瘠的特点，其对全球环境变化极为敏感。人类长期以来对草地资源不合理的利用，使其普遍存在超载过牧、滥开滥垦等现象，草地退化、草地沙化、草地盐碱化现象日益加剧，直接影响到其所处地区的社会发展和生态安全。

因此，我国学者在草地生态健康方面做了大量工作，任继周（2014）定义了草地健康的含义，并提出了草地健康的三阈划分标准，作为评价草地健康与功能的尺度。侯扶江和徐磊（2009）认为评价生态系统健康的方法经历了单因子罗列法、单因子复合法、功能评价法和界面过程法 4 个阶段（叶鑫等，2011）。由于草地生态系统评价兼有自然和社会的属性，传统的单因子评价法虽然易于评价但不能完整反映系统健康状况，多因子综合评价虽然更趋于合理但过于复杂，且受人为因素的影响大。为此，阐明高寒草地生态系统健康状况的调节机制，不仅对理解生态系统的维持至关重要，而且对维持为人类提供生态安全和服务的生态系统管理的可持续性也至关重要。

当前，高寒草地生态系统健康评价主要包括 8 个步骤。第一，确定评价的区域。区域可根据植物的特征、地表环境等条件选择，在此基础上根据研究目的和方法进行划分。被划分为一类的草地应具有植被特征上的相似性和管理特征上的一致性。参考区域的选择要具有一定的代表性，不能是禁牧区，也不能是干扰过频的地区。它应该足够大且管理较好，以便能准确地评价所有的指标。第二，建立合适的草地生态系统评价体系。目前常用的生态系统评价体系包括指示物种法、指标体系综合评价法等。第三，筛选合适的评价指标。评价指标的选取针对不同的评价对象和研究目的，即使在同一类型的生态系统中也可能存在着显著差异。第四，确定合适的指标权重。权重确定应该多利用数学方法，如利用层次分析法构造两两比较判断矩阵，经归一化处理后，确定各个评价指标的权重。一种有效的权重应该是指标在决策或评价中相对重要程度的一种主观评价和客观反映的综合度量。例如，利用层次分析法确定权系数，然后通过信息熵赋权法对确定的权系数进行修正，实现主观评价和客观反映的综合度量。第五，获得基础数据和信息。丰富的数据和信息资源可以提升评价的质量与精度。评价指标的数值及信息来自野外生态调查、室内分析、社会调查及经济核算等方法。第六，利用适宜的草地生态系统评价方法。由于生态系统健康评价本身存在一定的主观因素，因此通过多种方法的尝试和比较分析有助于减少人为因素的干扰，以得出真实的结果。同时，指标体系建立的关键在于评价方法的选择，好的评价方法不仅可以弥补指标选取时的弊端，而且关系到评价指标体系的准确性和合理性。第七，划分合适的评价标准。在生态系统健康评价中，参考状态可以是同质的一系列生态系统中的平均状态，也可以是同质的一系列生态系统中个别健康生态系统的状态。评价标准划分方法主要包括历史资料法、参照对比法、借鉴国家标准与相关研究成果法、公众参与法和专家评判法。但以上方法各有优劣，适用于不同类型的指标对象。第八，拓展模型的时空及综合评价。在草地生态系统健康评价中，数据源是至关重要的因素。利用 GIS 可将野外数据和遥感数据整合，可同时拥有二者的优点。目前，该技术已成功用于评价包括城市、湿地、稻田和草地等多种生态系统的健康状况，为有关部门采取相应政策措施以确保生态系统健康可持续发展提供重要的科学依据。下面介绍了 3 种常见的草地生态系统健康评价方法。

5.5.1 VOR 综合指数评价

VOR 综合指数计算公式为

$$\mathrm{VOR} = W_V \cdot V + W_O \cdot W_R \cdot R \tag{5.17}$$

$$V = B_x / B_{\mathrm{ck}} \tag{5.18}$$

式中，活力（V）用草地的地上生物量进行相关测算，B_x 为监测点内样方草地群落的地上生物量；B_{ck} 为对照样地地上生物量的平均值。R 为恢复力。W_V、W_O、W_R 分别为活力、组织力、恢复力的权重。组织力（O）用草地群落的物种频度、高度以及生物量进行计算。

$$O = O_x / O_{\mathrm{ck}} \tag{5.19}$$

$$O_x = \sum \left[(F_i + B_i + H_i) / 3 \right] \tag{5.20}$$

$$B_i = b_i / b \tag{5.21}$$

式中，O_x 为监测点内样方草地群落的组织度，O_{ck} 为对照样地组织度的平均值。$F_i = f_i / f$，表示相对频度，f_i 为监测点样地内草地物种 i 的频度，f 为监测点样地内草地物种频度测量总数；B_i 为草地的相对地上生物量，b_i 为样方内草地物种 i 的地上生物量，b 为草地样方内的总地上生物量。

$$H_i = h_i / h_{i\max} \tag{5.22}$$

式中，H_i 表示相对高度，h_i 为样方内草地物种 i 的平均高度，$h_{i\max}$ 为 h_i 中的最大值。恢复力（R）的计算公式如下。

$$R = S_x / S_{\mathrm{ck}} \tag{5.23}$$

$$S_x = \left[\sum_{i=1}^{n} L_i \cdot I_i \cdot V \right] P \tag{5.24}$$

式中，L_i 为草地物种 i 的寿命；I_i 为物种 i 的相对生物量；P 为物种数量；S_x 为监测点内样方草地群落的恢复度，S_{ck} 为对照样地恢复度的平均值。各指标对照样地选择各个监测点周围未受人为干扰、生长状况良好的天然群落。

$$W_V = W_O = W_R = 1/3 \tag{5.25}$$

$$W_V + W_O + W_R = 1 \tag{5.26}$$

计算 VOR 综合指数时，各个单项指数 V、O、$R \in [0,1]$，值大于 1 时均取值为 1。结合国内对生态系统健康等级的划分方法，采用四分法将生态系统健康指数划分为 4 个不同等级来评价草地生态系统的健康状况（表 5.8）。

表 5.8　草地生态系统健康指数及健康等级

健康指数	1.00～0.75	0.75～0.50	0.50～0.25	0.25～0.00
健康等级	健康	不健康	警戒	崩溃

5.5.2　COVR 综合指数评价

COVR 综合指数计算模型为

$$\text{CVOR} = C \times \text{VOR} \tag{5.27}$$

COVR $\in [0,1]$，如 CVOR >1，则取 1。计算 VOR 和 CVOR 综合指数时，各单项指数 C、V、O、$R \in [0,1]$，其值大于 1 时均取值为 1。

5.5.3　PSR 模型评价

压力-状态-响应（PSR）模型是在 20 世纪 90 年代由经济合作与发展组织（OECD）和联合国环境规划署（UNEP）提出的，经济合作与发展组织（OECD）采用 PSR 模型用于环境报告，并对 PSR 模型用于环境评价进行了适用性、有效性的验证评价。基于 PSR 模型的生态系统健康评价主要应用于湿地生态系统、河口生态系统、河流流域生态系统及湖泊流域生态系统的健康评价研究中。随着生态系统健康评价研究的发展，PSR 模型的评价对象不断扩增。

$$P = W_1 C_1 + W_2 C_2 + W_3 C_3 + \cdots + W_8 C_8 + W_9 C_9 \tag{5.28}$$

$$S = W_{10} C_{10} + W_{11} C_{11} + W_{12} C_{12} + \cdots + W_{14} C_{14} \tag{5.29}$$

$$R = W_{15} C_{15} + W_{16} C_{16} + W_{17} C_{17} \tag{5.30}$$

式中，P 代表压力层综合值，S 代表状态层综合值，R 代表响应层综合值，$C_1, \cdots, C_{17}$ 代表评价指标值，$W_1, \cdots, W_{17}$ 代表各指标值所对应的权重。权重反映各单项指标的重要性，同时避免或减轻由数据背景的不确定性、自然的空间不均匀性或时间的波动性造成的结果误差。评价指标权重的确定主要以层次分析法（analytic hierarchy process，AHP）为指导，运用 PSR 模型，将各要素层分为 3 个层次：目标层、准则层和指标层，并构造各层的判断矩阵。

基于 PSR 模型的高寒草地牧区草地生态系统健康指数（HI）的计算公式为

$$HI = \sqrt[3]{(1-P) \times S \times R} \tag{5.31}$$

根据评价指标选取应遵循的主导性、系统性、可操作性、可比性和层次性原则，以 PSR 模型概念为框架，结合高寒牧区的实际情况并考虑到社会经济发展因素，确定了从压力、状态、响应 3 个方面筛选出的 14 项指标（图 5.1）。

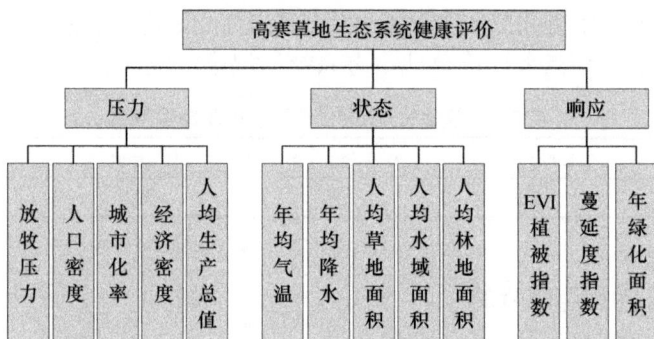

图 5.1　高寒草地生态系统健康评价 PSR 指标体系

第6章　退化草地及沙化草地恢复技术文献计量分析

过去几十年，世界各地的政府机构、高等院校、科研院所、企业、社会组织、土地所有者等利益相关者开展了大量有关退化草地及沙化草地恢复的研究和实践工作，草地恢复科学和实践取得了巨大的进步，但现有的恢复工作目前仍未能将草原的生物多样性以及其他生态系统属性恢复到原来的状态。因此，迫切需要对已有的退化草地及沙化草地恢复研究和实践进行总结，从成功的草地恢复工作中学习经验，并在此基础上找出未来退化草地恢复研究的主要方向，制定合理的退化草地恢复计划，进而为全球变化背景下的新的草地恢复研究和实践提供参考依据（高丽和丁勇，2022）。文献计量学是一种评价研究成果的新方法，可以呈现某一研究领域的研究动态，为该领域的研究提供参考（Asghar et al.，2017）。分析计量指标，可以为研究人员提供文献的质量和数量特征，有助于发现某一领域的研究热点（Guo et al.，2018）。因此，对退化草地和沙化草地恢复技术文献进行计量分析，有利于系统分析论文分布规律以及该领域研究的发展和演变，并对该领域的研究热点进行归纳和梳理，旨在为从事退化草地恢复工作的学者提供一个宏观概括和热点概览，进一步筛选和预测恢复治理的关键技术。

6.1　退化草地恢复技术文献计量分析

2023 年 10 月在 Web of Science（WOS）文献数据库，检索到关于草地退化的文章 35 574 篇，检索式为：主题=（"Steppe degradation" or "Grassland degradation" or "Degradation steppe" or "Grassland restoration" or "Area in restoration" and "Tibetan Plateau"），时间跨度从 1900 年到 2023 年。在中国知网（CNKI）检索到关于青藏高原草地退化的文章 1506 篇，检索式为：主题=（青海+西藏+青藏高原）*（草地退化+草原退化+植被退化+草地恢复+草原恢复+植被恢复），时间跨度从 1984 年到 2023 年。在 CNKI 检索到关于草地退化的文章 18 394 篇，检索式为：主题=草地退化+草原退化+植被退化+草地恢复+草原恢复+植被恢复，时间跨度从 1978 年到 2023 年。

相关检索和分析结果如下。

6.1.1　草地退化研究文献概况

国际上草地退化研究始于 1900 年，自 2001 年开始进入稳步增长的发展阶段（图

6.1）。CNKI 中关于草地退化的研究始于 1984 年，从 2007 年至今始终保持平稳水平（图 6.2）。而 CNKI 中关于青藏高原草地退化研究相关论文的发表量自 2003 年至 2022 年整体一直呈上升趋势，截至 2023 年 10 月，2022 年发表量最高（图 6.3）。

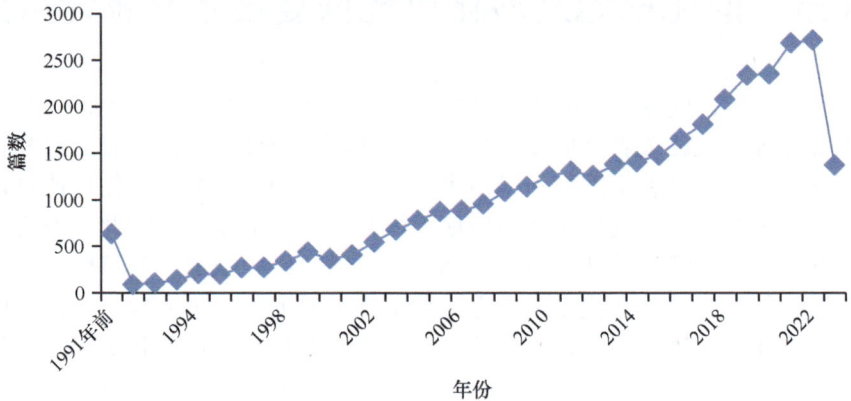

图 6.1 WOS 中草地退化研究相关论文年度分布情况

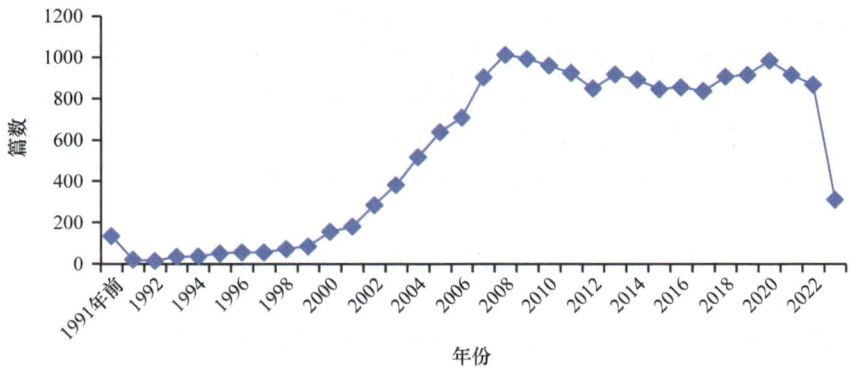

图 6.2 CNKI 中草地退化研究相关论文年度分布情况

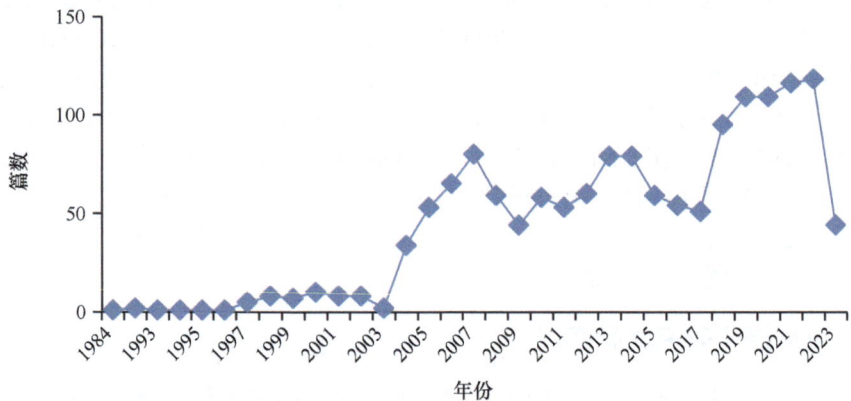

图 6.3 CNKI 中青藏高原草地退化研究相关论文年度分布情况

6.1.2　国际研究力量分布

6.1.2.1　主要国家和地区

根据 WOS 数据库，在草地退化领域研究较多的国家有中国、美国、英国、德国、澳大利亚、巴西、加拿大、荷兰等（表 6.1）。由此说明此方面的研究不仅和国家的科研实力有关，而且和该国家草地生态环境密切相关。这些国家大多在相关国际期刊有草地退化、恢复治理技术等方面的报道和交流。

表 6.1　研究发文量大的国家

序号	国家/地区	文章篇数	序号	国家/地区	文章篇数
1	中国	14 273	12	新西兰	685
2	美国	8 176	13	瑞士	670
3	英国	4 236	14	俄罗斯	635
4	德国	2 302	15	阿根廷	588
5	澳大利亚	1 698	16	日本	553
6	巴西	1 424	17	比利时	511
7	加拿大	1 252	18	瑞典	489
8	荷兰	1 105	19	捷克	419
9	法国	1 016	20	波兰	370
10	西班牙	953	21	墨西哥	335
11	南非	767	22	印度	334

WOS 中主要国家的发文量情况见图 6.4。由图 6.4 可见，2009 年之后主要国

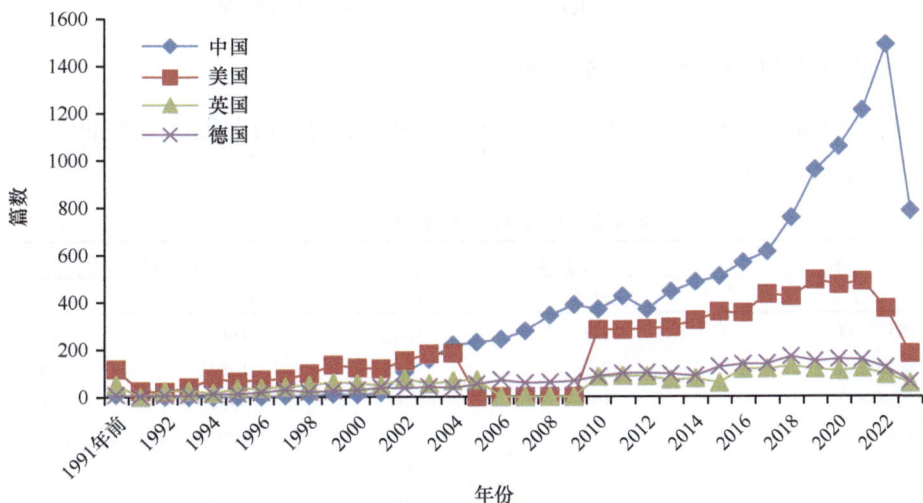

图 6.4　主要国家的发文量情况

家的发文量均呈现增长趋势，尤其以美国和中国增长较快。中国的文章关注于草地退化导致的生态环境破坏、生态功能衰退等方面的研究报道，应用性明显。而美国的文章更关注于草地的退化演替与其稳定性维持互作机制等方面的研究，理论性突出。

6.1.2.2 中国草地退化分布

通过对 CNKI 文献解读及关键词分析，草地退化问题在中国主要分布于北方牧区，问题最严重的省份为以下 6 个（以 CNKI 中退化草地研究的论文涉及该省份的篇数为依据）（图 6.5）。其他省份也有少量文献报道。实际上这 6 个省份的草地退化程度和面积亦很明显（赵新全，2011）。而中国退化草地研究的核心力量主要集中在中国农业科学院、中国的其他多所农业院校和各省市的草原部门等单位。

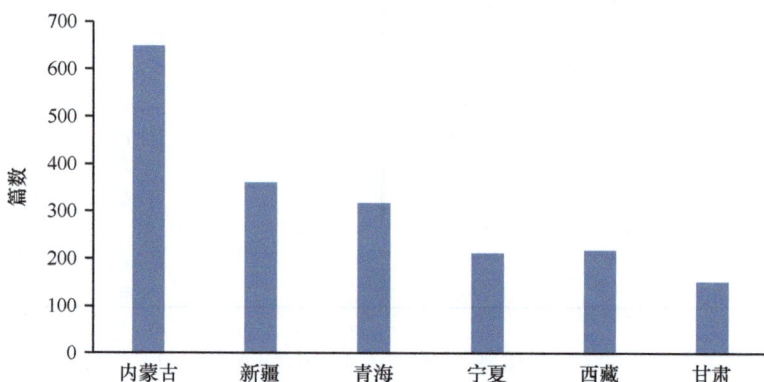

图 6.5 CNKI 中相关省份的草地退化研究情况

6.1.3 退化草地治理相关技术分析

对文献解读及关键词分析（表 6.2），结果发现现阶段对退化草地的治理技术及方法主要有以下几方面。

表 6.2 草地退化治理相关技术数据

相关技术	论文数量（篇）		首次报道年份	
	CNKI	WOS	CNKI	WOS
围栏封育	931	326	1981	1994
鼠害控制	215	23	1982	2000
灭毒杂草	183	1	1981	2006
松耙	75	8	1997	2004
补播	1228	244	1966	1997
施肥	783	304	1965	1996
减轻牧压	3	1	2000	2020
建人工、半人工草地	462	271	1985	1932

（1）围栏封育，CNKI 中涉及草地退化及围栏封育的文献共有 931 篇，首次报道时间为 1981 年。WOS 中涉及草地退化及围栏封育的文献共有 326 篇，首次出现时间为 1994 年。

（2）鼠害控制，CNKI 中涉及草地退化及鼠害控制的文献共有 215 篇，首次报道时间为 1982 年。WOS 中涉及草地退化及鼠害控制的文献共有 23 篇，首次出现时间为 2000 年。

（3）灭毒杂草，CNKI 中涉及草地退化及灭毒杂草的文献共有 183 篇，首次报道时间为 1981 年。WOS 中涉及草地退化及灭毒杂草的文献共有 1 篇，首次出现时间为 2006 年。

（4）松耙，CNKI 中涉及草地退化及松耙的文献共有 75 篇，首次报道时间为 1997 年。WOS 中涉及草地退化及松耙的文献共有 8 篇，首次出现时间为 2004 年。

（5）补播，CNKI 中涉及草地退化及补播的文献共有 1228 篇，首次报道时间为 1966 年。WOS 中涉及草地退化及补播的文献共有 244 篇，首次出现时间为 1997 年。

（6）施肥，CNKI 中涉及草地退化及施肥的文献共有 783 篇，首次报道时间为 1965 年。WOS 中涉及草地退化及施肥的文献共有 304 篇，首次出现时间为 1996 年。

（7）减轻牧压，CNKI 中涉及草地退化及减轻牧压的文献共有 3 篇，首次报道时间为 2000 年。WOS 中涉及草地退化及减轻牧压的文献共有 1 篇，首次出现时间为 2020 年。

（8）建人工、半人工草地，CNKI 中涉及草地退化及建人工、半人工草地的文献共有 462 篇，首次报道时间为 1985 年。WOS 中关于草地退化及建人工、半人工草地的文献较少，仅 271 篇，首次报道时间为 1932 年。

总体来看，草地退化的治理主要是政府行为，由政府投入，这在中国特别明显。草地退化治理及其衍生技术产业化的程度不高，主要反映在专利文献很少。而治理草地退化是一项系统工程，在实际工作当中，基本没有使用一项单项技术来治理退化草地的，无论是内蒙古典型草原还是青藏高原退化高寒草地的治理，都是若干项技术的综合运用，比如鼠害严重导致的草地退化，会使用到鼠害控制、围栏封育、补播等技术措施加以综合治理（赵新全和周华坤，2005）。

6.1.4 退化草地治理关键技术的筛选和预测

通过分析退化草地的概念和类型（李博，1997），评价退化草地治理的不同源性技术的应用适宜性，分析限制退化草地治理过程中的关键技术及其限制因素，对未来退化草地治理技术的发展进行预测。基于此原则，归纳出的以下技术在未来 10～20 年的退化草地治理工作中有一定的发展前景，特别是在青藏高原高寒草地和北方退化草地中，显得很有必要。

6.1.4.1 新型草种的选育驯化技术

退化草地的治理，特别是退化严重的草地，往往需要建立人工草地。新型草种，如根茎型、分蘖型草种，耐旱的中旱生牧草，耐寒豆科牧草的驯化选育及其关键技术的研发，在退化草地治理中显得急需而又十分重要。

6.1.4.2 高效、无残留鼠药的研究

鼠害的防控技术在退化草地治理中历来十分重要，高效、无残留鼠药如生物毒素的研发显得十分必要，无论是在其衍生产业发展还是技术研发方面，都显得十分必要。青海生物药品厂有限公司、兰州生物制品研究所有限责任公司等企业在这方面已经走在国内鼠药研发方面的前列，不同剂型的生物毒素均已经上市，市场前景广阔。

6.1.4.3 配方施肥技术的发展

草地退化不仅是草的退化，也是土的退化，要重视草-土界面过程的研究，在此基础上，强化研究施肥方案，精细化配方施肥，如铵态氮肥、硝态氮肥和有机肥等的适配技术研发，不仅见效快，而且节约成本。配方施肥技术的研发是退化草地治理，特别是改善土壤肥力状况的发展方向。

6.1.4.4 适宜放牧技术的优化

草地生态系统是一个放牧偏途顶极群落，其最重要的功能是放牧利用。众多研究表明，放牧是草地退化的主要原因，所以适宜放牧技术的筛选、研发和优化是今后退化草地恢复治理并维持的关键。需要借鉴澳大利亚、新西兰和日本等畜牧业发达国家的经验，对适宜放牧技术仍然需要加大攻关的力度。

6.2 沙化草地恢复技术文献计量分析

2023 年 10 月在 WOS 文献数据库，检索到关于沙漠化的国际科研文章 18 677 篇，检索式为：主题=Desertification，时间跨度为 1900 年至 2023 年。在 CNKI 中检索到关于沙漠化的中文文章 13 066 篇，检索式为：主题=沙漠化+荒漠化，时间跨度为 1958 年至 2023 年。

相关检索和分析结果如下。

6.2.1 沙漠化研究文献概况

国际上沙漠化的研究始于 1900 年，自 2002 年后论文数量持续增长（图 6.6）。CNKI 中关于沙漠化的研究始于 1958 年，自 2000 后进入稳定期，近年略有波动（图 6.7）。

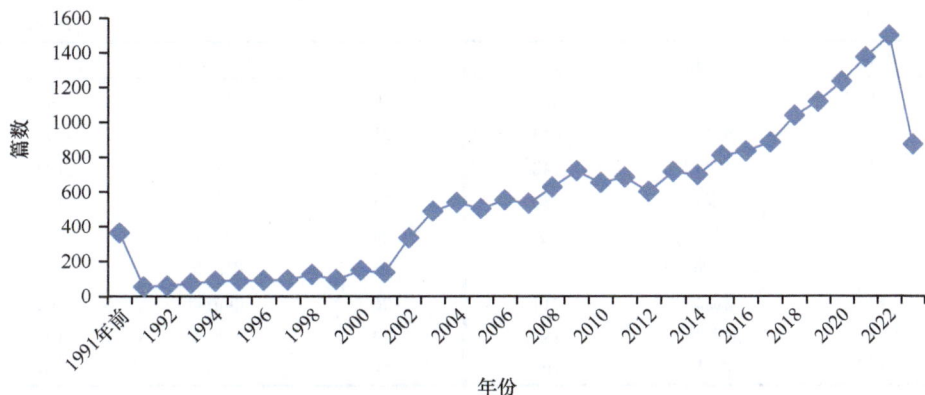

图 6.6　WOS 中沙漠化研究相关论文年度分布情况

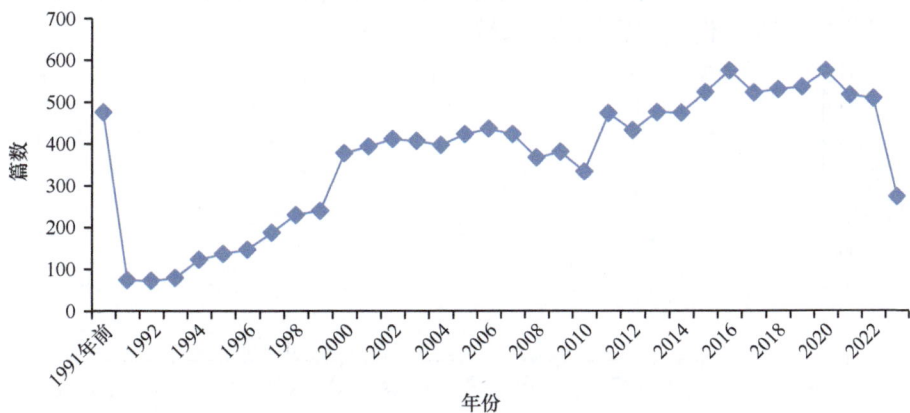

图 6.7　CNKI 中沙漠化研究相关论文年度分布情况

6.2.2　国际研究力量分布

根据 WOS 数据库，对沙漠化研究较多的国家有中国、美国、英国、意大利、西班牙、德国、法国、澳大利亚等（表 6.3）。由此说明此方面的研究不仅和国家的科研实力有关，而且和国家生态环境好坏的关系也很大。

表 6.3　沙漠化研究发文量大的国家

序号	国家/地区	文章篇数	序号	国家/地区	文章篇数
1	中国	11092	6	德国	499
2	美国	1781	7	法国	341
3	英国	716	8	澳大利亚	298
4	意大利	621	9	日本	290
5	西班牙	557	10	巴西	275

序号	国家/地区	文章篇数	序号	国家/地区	文章篇数
11	荷兰	259	20	比利时	148
12	印度	253	21	希腊	130
13	以色列	242	22	瑞士	127
14	阿根廷	230	23	瑞典	124
15	加拿大	226	24	韩国	123
16	伊朗	224	25	墨西哥	113
17	葡萄牙	214	26	摩洛哥	102
18	俄罗斯	189	27	突尼斯	102
19	南非	188	28	埃及	101

WOS 中主要国家的年度发文量情况见图 6.8。由图 6.8 中可见，1991 年后各个国家发文量趋于平稳，但中国增长较多。

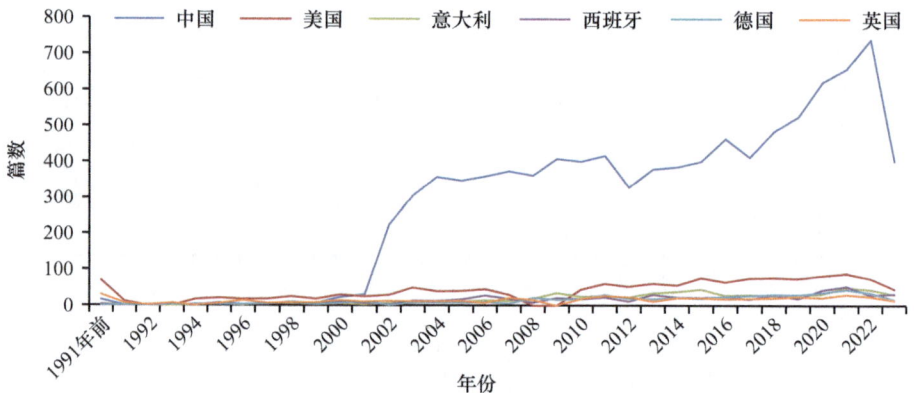

图 6.8　WOS 中主要国家的发文量情况

通过对 CNKI 文献解读及关键词分析，沙漠化问题在中国绝大多数省份或多或少都存在，问题最严重的省份为以下 10 个（以 CNKI 中沙漠化论文涉及该省份的篇数为依据）（图 6.9）。

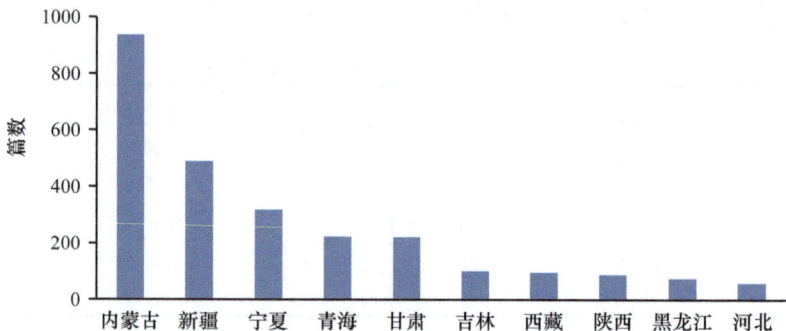

图 6.9　CNKI 沙漠化研究相关省份情况

　　此外，辽宁、山西、云南等省份的沙漠化问题也比较严重，与涉及三省论文数量较多相对应。中国沙漠化研究的核心力量主要集中在中国科学院寒区旱区环境与工程研究所、北京师范大学、国家林业和草原局、中国林业科学研究院等单位和部门。

6.2.3　沙漠化土地治理相关技术分析

　　通过对文献解读及关键词分析（表 6.4），结果发现现阶段对沙漠化的治理技术及方法主要有以下几方面。

表 6.4　沙漠化治理相关技术数据

相关技术		论文数量（篇）		首次报道年份	
		CNKI	WOS	CNKI	WOS
固沙	沙障	851	229	1958	1954
	固沙剂	208	71	1979	1905
	汲水	41	31	1982	1999
水	输水	—	—	—	—
	节水灌溉	7828	1665	1978	1990
	保水剂	55	958	1993	1994
土壤改良	施肥	1330	203	1954	1994
	古土壤	18	8	1987	2001
种植防护林		43	32	1980	1994
栽培沙生植物		66	41	1991	1948
建立人工植被		215	9	1984	2002

6.2.3.1　固沙

　　1）建立沙障（草方格沙障、黏土沙障、篱笆沙障、立式沙障、平铺沙障等方式）

　　CNKI 中涉及沙障治理沙漠化的文献共有 851 篇，首次报道时间为 1958 年。WOS 中涉及沙障治理沙漠化的文献共有 229 篇，首次报道时间为 1954 年。

　　2）化学固沙主要为使用黏合剂、喷洒化学固沙剂

　　CNKI 中涉及使用固沙剂治理沙漠化的文献共有 208 篇，首次报道时间为 1979 年。WOS 中涉及使用固沙剂治理沙漠化的文献共有 71 篇，首次报道时间为 1905 年。

　　固沙剂是一项非常适合应用于治理沙漠化土地的固沙技术，相比沙障固沙，其具有省时、省力、效率较高的优势。但 CNKI 中这方面的文献很少，WOS 中甚至更少。如果在检索时去掉沙漠化，单独检索固沙剂，相关文献有很多。其原因

为目前固沙剂的成本较高，所以较少应用在治理沙漠化土地当中。随着固沙剂技术的进一步成熟，固沙剂成本逐渐下降，其必然在治理沙漠化的工作中发挥越来越重要的作用。

6.2.3.2　解决水的问题

1）汲水技术（地下井、坎儿井两种衍生技术）

CNKI 中涉及汲水治理沙漠化的文献共有 41 篇，首次报道时间为 1982 年。WOS 中涉及汲水治理沙漠化的文献共有 31 篇，首次报道时间为 1999 年。

2）输水技术（渠道和管道输水技术）

主题检索时未检索到相关记录，只是某些文献中提到利用输水技术提高治理沙漠化土地中种植的沙生植物的成活率。两种技术相比，渠道输水的特点是成本较低但水的损失率较高，而管道输水则相反，水的损失率较低但成本较高。无专利技术可以检索到。

3）节水灌溉技术（喷灌、微灌、小畦灌、滴灌）

CNKI 中涉及节水灌溉技术治理沙漠化的文献共有 7828 篇，首次报道时间为 1978 年。WOS 中涉及节水灌溉技术治理沙漠化的文献共有 1665 篇，首次报道时间为 1990 年。

与传统的喷灌、微灌等技术相比，新型的滴灌技术具有节水效率更高，但成本较高等特点，在实际治理过程中应根据具体情况，采用相应的技术。

4）保水剂

CNKI 中涉及使用保水剂治理沙漠化的文献共有 55 篇，首次报道时间为 1993 年。WOS 中未检索到相关记录。

同固沙剂一样，保水剂也是一项非常适合应用于治理沙漠化土地的技术，同样 CNKI 中这方面的文献很少，WOS 中没有。在检索时去掉沙漠化，单独检索保水剂，相关文献有很多，但大部分是用于高效农业等方面。其原因为保水剂的成本较高，所以较少应用在治理沙漠化土地当中。随着保水剂技术的进一步成熟，保水剂成本逐渐下降，其必然也会成为治理沙漠化的重要技术手段。

6.2.3.3　土壤改良技术

1）施肥

CNKI 中涉及施肥的文献共有 1330 篇，首次报道时间为 1954 年。WOS 中涉及施肥的文献共有 203 篇，首次报道时间为 1994 年。

2）利用古土壤

CNKI 中涉及利用古土壤治理沙漠化的文献共有 18 篇，首次报道时间为 1987 年。WOS 中涉及利用古土壤治理沙漠化的文献共有 8 篇，首次报道时间为 2001 年。

6.2.3.4　种植防护林

CNKI 中涉及防护林治理沙漠化的文献共有 43 篇，首次报道为 1980 年。WOS 中涉及防护林治理沙漠化的文献共有 32 篇，首次出现为 1994 年。目前，防护林的种植逐渐由纯粹的生态防护林向生态经济防护林过渡，其主要原因是为了提高农牧民收入，随着农牧民收入的提高，可以在一定程度上减少人为因素对环境的破坏，减缓土地沙漠化的发展过程。

6.2.3.5　栽培沙生植物

CNKI 中涉及栽培沙生植物治理沙漠化的文献共有 66 篇，首次报道为 1991 年。WOS 中涉及栽培沙生植物治理沙漠化的文献共有 41 篇，首次出现为 1948 年。

6.2.3.6　建立人工植被

CNKI 中涉及建立人工植被治理沙漠化的文献共有 215 篇，首次报道为 1984 年。WOS 中涉及建立人工植被治理沙漠化的文献共有 9 篇，首次出现为 2002 年。

6.2.3.7　牧区

主要使用围栏封育、减轻牧压等手段，以利于恢复退化天然植被，遏制沙漠化发展态势。在草地沙化形势严重的区域，如具备一定的水源条件，亦可采用建立人工、半人工植被的方式加以恢复沙化草地，关键是选用合适草种并有适宜的栽培和管护技术。

综合来看，土地沙漠化的治理主要是政府行为，产业化的程度不高，反映在专利文献相对比较少。而治理土地沙漠化是一项系统工程，在实际工作当中，基本没有使用一项单项技术来治理沙漠化的土地的，都是若干项技术的综合运用，比如先使用沙障固沙，再种植沙生植物，在种植植物的过程中，根据当地具体情况，运用相关的节水技术、土壤改良技术，最后达到遏制沙漠化的态势，治理沙漠化土地。

6.2.4　沙漠化土地治理关键技术的筛选和预测

通过分析土地沙漠化的概念和类型，评价不同源性技术的应用适宜性，分析限制关键技术应用和拓展的因素，对未来技术的发展进行预测。基于此原则，归纳出的以下技术在未来 10～20 年的沙漠化防治工作中有一定的发展前景。

6.2.4.1　新型、高效保水剂的研发

前文提到，保水剂主要用于高效农业等方面，受制于成本因素以及保水剂在实际使用当中存在的各种问题，包括保水剂对土壤和植物作用的时间效应问题，

长期施用保水剂对作物、土壤、环境的影响及其降解性、持效性问题，保水剂与肥料等农业化学品的耦合问题，保水剂对不同类型土壤改良的机理问题，保水剂在植物根土界面的水分变化与植物效应的关系问题等。在沙漠化治理中较少用到保水剂技术，而是加强低成本和抗离子性研究。针对使用丙烯酸等化工原料成本高的问题，开发抗离子交联的保水剂有机分子单体，研究抗水解、抗光老化、微生物降解缓慢的保水材料添加剂，改进保水剂合成生产工艺，生产长效、适用于沙漠化治理的新型保水剂成为目前急需解决的问题。

6.2.4.2 成本低廉、无环境污染，适用于沙漠化治理的新型固沙剂的研发

目前，固沙剂由于成本相对较高，不宜推广，随着化学、物理技术的发展和革新，很可能会出现一些新型的固沙剂，它们将被用于沙漠化治理的早期阶段，以促进生物结皮的初步建立。以色列、日本等国家在这方面已经有较好的进展。

6.2.4.3 沙生植物新品种的选育

生态治沙、生物固沙是今后沙漠化治理的发展趋势。随着分子生物学、环境胁迫生理学的发展，沙生植物的选育技术日渐成熟，越来越多的耐旱、耐寒和耐盐碱的沙生植物品种，包括牧草、林木等，选育驯化出来应用于沙漠化防治中。该技术属于沙漠化防治的关键技术，发展前景极广。

参 考 文 献

巴合提亚尔·达吾提, 肖宏伟, 再聂力, 等. 2017. 新疆昌吉州天然草地毒害植物分布及管控对策. 草食家畜, 2: 55-59.

包亦望, 苏盛彪, 陈友治. 2001. 利用白色污染废料研制开发固沙胶结材料治理沙漠化. 中国建材, (9): 55.

边疆晖, 曹伊凡, 杜寅, 等. 2011. 艾美耳混合球虫对高原鼠兔致死毒力的初步研究. 兽类学报, (3): 299-305.

蔡崇法, 丁树文, 史志华, 等. 2000. 应用 USLE 模型与地理信息系统 IDRISI 预测小流域土壤侵蚀量的研究. 水土保持学报, (2): 19-24.

曹丹丹, 赵宝玉, 路浩. 2014. 甘肃天祝天然草地毒草灾害调查. 动物医学进展, 35(10): 56-60.

常涛, 张中华, 马丽, 等. 2022. 青藏高原退化草地恢复措施评价. 青海环境, 32(2): 63-66, 75.

陈东平, 王酉之, 杨世枣. 2004. 环丙醇类衍生物不育剂对褐家鼠的控制效果. 中国媒介生物学及控制杂志, 15(6): 437-438.

陈桂琛, 孟延山, 卢学峰, 等. 2006. 青藏铁路格唐段植被特征及其保护与恢复对策. 生物学通报, 41(7): 5.

陈桂琛, 周国英, 孙菁, 等. 2008. 采用垂穗披碱草恢复青藏铁路取土场植被的试验研究. 中国铁道科学, 29(5): 4.

陈全功, 卫亚星, 梁天刚. 1998. 青海省达日县退化草地研究 I 退化草地遥感调查. 草业学报, (2): 59-64.

陈秀铜, 李璐. 2001. 基于 AHP-FUZZY 方法的锦屏一级水库生态系统服务功能综合评价. 长江流域资源与环境, 20(1): 107-110.

成举荣. 2018. 大别山区 USLE 土壤侵蚀模型应用研究. 南京: 南京农业大学硕士学位论文.

程晓月, 后源, 任国华, 等. 2011. "黑土滩" 退化高寒草地 6 种常见毒杂草水浸液对垂穗披碱草的化感作用. 西北植物学报, 31(10): 2057-2064.

崔雪梅. 2012. 内蒙古黄土丘陵区土壤侵蚀研究——以准格尔旗为例. 呼和浩特: 内蒙古农业大学硕士学位论文.

董全民, 马玉寿, 许长军, 等. 2015. 三江源区黑土滩退化草地分类分级体系及分类恢复研究. 草地学报, 23(3): 441-447.

董全民, 尚占环, 张春平, 等. 2022. 高寒人工草地生产-生态暂稳态维持技术研究. 青海科技, 29(4): 54-58, 71.

董全民, 赵新全, 徐世晓, 等. 2011. 畜牧业可持续发展理论与三江源区生态畜牧业优化经营模式. 农业现代化研究, 32(4): 436-439.

都耀庭, 张东杰. 2007. 禁牧封育措施改良高寒地区退化草地的效果. 草业科学, 24(7): 22-24.

杜峰, 项尚林, 方显力. 2012. 内交联型可生物降解水性聚氨酯固沙剂的合成. 中国农学通报, 28(23): 202.

段立哲, 张丽丹, 韩春英, 等. 2013. 淀粉接枝丙烯酸/醋酸乙烯酯环保固沙剂的合成及固沙应用. 北京化工大学学报(自然科学版), 40(3): 57-60.

樊胜岳, 赵成章, 殷翠琴, 等. 2003. 化学药剂灭杀棘豆技术研究与试验示范. 中国沙漠, 23(2): 205-209.

冯启明, 王维清, 张博廉, 等. 2011. 利用青海某铅锌矿尾矿制作轻质免烧砖的工艺研究. 非金属矿, 34(3): 6-8.

高丽, 丁勇. 2022. 世界退化草地恢复研究和实践进展. 草业学报, 31(10): 189-205.

高志祥, 郭永旺, 施大钊, 等. 2006. 北京顺义地区褐家鼠对溴敌隆敏感性研究. 植物保护, 32(6): 102-104.

郭凯先, 孙广春, 刘得俊, 等. 2011. 青海湖周边流动沙丘化学治沙效果初探. 青海大学学报, (5): 21.

韩磊, 张媛媛, 马成仓, 等. 2013. 狭叶锦鸡儿(*Caragana stenophylla*)灌丛沙堆形态发育特征及固沙能力. 中国沙漠, 33(5): 1305-1309.

韩立辉. 2010. 黄河源区高寒草甸次生裸地生态特征及采用丸粒化草种的植被恢复试验. 西宁: 青海大学硕士学位论文.

韩颖. 2006. 内蒙古地区退牧还草工程的效益评价和补偿机制研究. 北京: 中国农业科学院硕士学位论文.

侯扶江, 徐磊. 2009. 生态系统健康的研究历史与现状. 草业学报, 18(6): 210-215.

侯秀敏. 2001. 青海天然草地主要毒草现状及防除对策. 青海畜牧兽医杂志, 31(2): 31-32.

后源, 程晓月, 任国华, 等. 2011. 青藏高原"黑土滩"常见毒草对甘肃马先蒿的化感作用. 西北植物学报, 31(8): 1651-1656.

胡光印, 董治保. 2011. 黄河源区沙漠化及其景观格局的变化. 生态学报, 7: 3872-3877.

胡先培, 钱庆欢, 郭程程. 2018. 基于 RUSLE 模型的喀斯特地区土壤侵蚀动态变化研究——以盘州市为例. 曲靖师范学院学报, 37(3): 71-77.

黄为民, 赵虹, 崔雪梅. 2005. 新型化学液膜固沙方法的研究. 甘肃科技, 21(12): 94-95.

黄玺, 李春杰, 南志标. 2012. 紫花苜蓿与醉马草的竞争效应. 草业学报, 2(1): 59-65.

纪蓓, 薛彦辉. 2009. 粉煤灰/膨润土-聚丙烯酸盐聚合化学固沙材料的研究. 环境科学与管理, (2): 83.

简金世, 焦菊英, 杜璇, 等. 2011. 嫩江江桥站水沙变化特征及驱动因素分析. 水土保持通报, 31(2): 15-21.

姜疆, 谢慧芳, 金永灿. 2012. 木质素磺酸盐基生物质固沙材料的部分生物效应. 环境科学与技术, 35(12): 22-26.

蒋高明. 2008. 以自然之力恢复自然. 北京: 中国水利水电出版社: 11-16.

景美玲, 李润杰, 马玉寿, 等. 2012. 黑土滩人工草地植物量及土壤水分对灌溉的响应. 青海畜牧兽医杂志, 42(1): 7-8.

景增春, 樊乃昌, 周文扬, 等. 1991. 盘坡地区草场鼠害的综合治理. 应用生态学报, 2(1): 32-38.

冷疏影, 李新荣, 李彦, 等. 2009. 我国生物地理学研究进展. 地理学报, 64(9): 1039-1047.

李博. 1997. 中国北方草地退化及其防治对策. 中国农业科学, 30(6): 1-10.

李欢, 李晓林, 张俊伶, 等. 2011. 蚯蚓与丛枝菌根真菌的相互作用及其对植物的影响. 土壤学报, 48(4): 847-855.

李建法, 宋湛谦. 2002. 木质素磺酸盐及其接枝产物作沙土稳定剂的研究. 林产化学与工业, 22(1): 17-31.

李建法, 宋湛谦, 商士斌, 等. 2004. 木质素磺酸盐与丙烯酸类单体的接枝共聚研究. 林产化学与工业, 24(3): 1.

李林栖, 马玉寿, 李世雄, 等. 2017. 返青期休牧对祁连山区中度退化草原化草甸草地的影响. 草业科学, (10): 2016-2022.

李生庆, 张同作, 李志宁, 等. 2015. D型肉毒灭鼠剂在贵南县防治高原鼠兔的适宜剂量. 草业与畜牧, 221: 48-50.

李松柏. 2011. 社会调查方法. 杨凌: 西北农林科技大学出版社.

李巍. 2014. 大兴安岭地区土壤侵蚀动态研究. 黑龙江: 东北林业大学博士学位论文.

李希来. 1996. 高寒草甸草地与其退化产物——"黑土滩"生物多样性和群落特征的初步研究. 草业科学, 13(2): 21-23.

李喜国. 2017. 20.02%地芬·硫酸钡饵剂对褐家鼠的作用效果试验. 现代农业, (2): 20-21.

李新文, 陈耀, 陈强强, 等. 2014. 草原建设工程项目效益评价实证研究——以甘南州天然草原恢复与建设项目为例. 草业科学, 31(1): 193-199.

林斌. 2011. 基于RS与GIS的定西市安定区土壤侵蚀因子提取与侵蚀强度定量评价研究. 兰州: 甘肃农业大学硕士学位论文.

林丽, 赵成章, 龙瑞军, 等. 2007. 石羊河上游两种退化草地植物群落特征分析. 草原与草坪, 4: 23-27.

刘传义. 1992. 林永昌提出粉煤灰固沙设想. 粉煤灰综合利用, (4): 120.

刘汉武, 周立, 刘伟, 等. 2008. 利用不育技术防治高原鼠兔的理论模型. 生态学杂志, 27(7): 1238-1243.

刘洪先, 汤宗孝. 1986. 四川西部天然草地的有毒有害植物. 中国草原, (1): 51-55.

刘军. 2013. 不同固沙措施对民勤风沙口风速及粗糙度的影响研究. 甘肃科技, 29(4): 54-56.

刘伟, 王启基, 王溪, 等. 1999. 高寒草甸"黑土型"退化草地的成因及生态过程. 草地学报, (4): 300-307.

刘晓学, 冯柯, 严杜建, 等. 2015. 西藏天然草原有毒植物危害与防控技术研究进展. 中国草地学报, 37(3): 104-111.

刘宇. 2003. 顾客满意度测评. 北京: 社会科学文献出版社.

鲁小珍, 金永灿, 杨益琴. 2005. 木质素固沙材料应用于沙漠化地区植被恢复的研究. 林业科学, 41(4): 67.

陆阿飞. 2010. 青海草地有毒植物及综合防治浅议. 饲草与饲料, l6: 104-105.

罗少辉, 聂秀青, 盛海彦, 等. 2013. 高寒干旱区乡土植物重金属富集性的研究. 湖北农业科学, 52(8): 1848-1852.

马世震, 彭敏, 陈桂琛, 等. 2004. 黄河源头高寒草原植被退化特征分析. 草业科学, 21(10): 5.

马述宏, 李积山. 2011. 不同沙障的作用及对周围治沙的影响——以民勤县青土湖重点风沙口为例. 安徽农业科学, 39(17): 10415-10416.

马玉寿. 2006. 三江源区"黑土型"退化草地形成机理与恢复模式研究. 兰州: 甘肃农业大学博士学位论文.

马玉寿, 郎百宁, 李青云, 等. 2005. 江河源区高寒草甸退化草地恢复与重建技术研究. 草业科学, 19(9): 1-5.

马玉寿, 施建军, 董全民, 等. 2011. 适宜黑土滩栽培的牧草品种筛选研究. 青海畜牧兽医杂志, 41(4): 1-4.

毛亮, 周杰, 郭正刚. 2013. 青藏高原高寒草原区工程迹地面积对其恢复植物群落特征的影响. 生态学报, 33(11): 8.

牛存洋, 阿拉木萨, 宗芹, 等. 2013. 科尔沁沙地流动沙丘塑料防沙网防风固沙效果试验. 水土保持学报, 27(4): 13-22.

农业部. 2007. NY/T 1579—2007 天然草原等级评定技术规范.

潘惠霞, 程争鸣, 张元明, 等. 2007. 寡营养细菌(oligographic bacteria)及其固沙作用的研究. 中国沙漠, (3): 473-477.

祁晓梅. 2009. 肃南县利用鹰架招鹰灭鼠试验研究. 草原与草坪, 6: 36-39.

祁晓梅, 李生庆, 海菊花, 等. 2008. 几种灭鼠剂对高原鼠兔的灭鼠效果对比试验. 草业与畜牧, 12: 8-9.

秦玉芳, 李利, 周宁琳. 2005. 利用聚乙烯废塑料合成高吸水树脂. 南京师大学报: 自然科学版, 28(2): 7.

青海省环境保护厅, 青海省质量技术监督局. 2011. DB 63/T 933—2011 三江源生态监测技术规范.

青海省市场监督管理局. 2018. DB 63/T 1717—2018 高寒地区紫花苜蓿越冬技术规范.

青海省市场监督管理局. 2019. DB 63/T 1731—2019 高寒牧区小黑麦和箭筈豌豆混播及青贮利用技术规程.

青海省质量技术监督局. 2011. DB 63/T 1012—2011 微孔草种植技术规程.

青海省质量技术监督局. 2011. DB 63/T 1013—2011 轻、中度退化草甸氮肥叶面施用技术规程.

青海省质量技术监督局. 2011. DB 63/T 1014—2011 轻、中度退化草甸中绿色植物生长调节剂(GGR)使用技术规程.

青海省质量技术监督局. 2016. DB 63/T 1513—2016 青海天然草地分类.

任继周. 2014. 草业科学概论. 北京: 科学出版社.

尚占环, 龙瑞军, 马玉寿. 2006. 江河源区"黑土滩"退化草地特征、危害及治理思路探讨. 中国草地学报, 28(1): 69-74.

沈景林, 谭刚, 乔海龙, 等. 2000. 草地改良对高寒退化草地植被影响的研究. 中国草地, (5): 49-54.

施大钊, 钟文勤. 2001. 2000 年我国草原鼠害发生状况及防治对策. 草地学报, 9(4): 248-252.

施建军, 洪绂曾, 马玉寿, 等. 2009. 人工调控对禾草混播草地群落特征的影响. 草地学报, 17(6): 745-751.

孙建, 张振超, 董世魁. 2019. 青藏高原高寒草地生态系统的适应性管理. 草业科学, 36(4): 933-938.

太玉鑫, 乔光华, 祁晓慧. 2016. 内蒙古草原建设项目效益分析. 中国草地学报, 38(1): 1-6.

谭成虎. 2006. 甘肃天然草地主要毒草分布、危害及其防治对策. 草业科学, 23(12): 98-103.

陶佩君. 2010. 农村发展概论. 2 版. 北京: 中国农业出版社.

万秀莲, 张卫国. 2006. 划破草皮对高寒草甸植物多样性和生产力的影响. 西北植物学报, 26(2): 167-173.

汪芳甜, 安萍莉, 蔡璐佳, 等. 2015. 基于 RS 与 GIS 的内蒙古武川县退耕还林生态成效监测. 农业工程学报, 31(11): 269-277.

王敬龙, 王保海. 2013. 西藏草地有毒植物. 郑州: 河南科学技术出版社.

王静, 郭铌, 韩天虎, 等. 2008. 退牧还草工程生态效益评价——以甘肃省玛曲县和安西县为例. 草业科学, 25(12): 35-40.

王启兰, 曹广民, 王长庭. 2007. 高寒草甸不同植被土壤微生物数量及微生物生物量的特征. 生态学杂志, (7): 1002-1008.

王庆海, 李翠, 庞卓, 等. 2013. 中国草地主要有毒植物及其防控技术. 草地学报, 21(5): 831-842.

王兴堂, 花立民, 苏军虎, 等. 2010. 高原鼠兔的精确性可持续控制技术研究——几种杀鼠剂的对比试验. 草业学报, 19(1): 191-200.

王银梅, 谌文武. 2007. 新型化学固沙材料性能的试验研究. 水土保持通报, 27(1): 1-10.

王占新, 路浩, 赵宝玉, 等. 2010. 美国动物疯草中毒诊断与防治技术研究进展. 草业科学, 27(1): 137-145.

卫秀成, 赵正华, 谌文武, 等. 2007. LZU 固沙新材料及固沙综合技术研究. 兰州大学学报(自然科学版), 43(1): 38-40.

魏斌, 葛庆征, 张灵菲, 等. 2012. 草地植被恢复措施对高寒草甸有毒植物的影响. 草业科学, 29(11): 1665-1667.

魏万红, 樊乃昌, 周文扬, 等. 1999. 复合不育剂对高原鼠兔种群控制作用的研究. 草地学报, 7(1): 39-45.

温洋. 2013. 防沙固沙改善生态——用在沙漠埋设水管的方法植树造林治理沙尘暴的建议. 资源环境, 8: 56.

吴国林, 魏有海. 2006. 青海草地毒草狼毒的发生及防治对策. 青海农林科技, (2): 63-64.

吴启华, 李红琴, 张法伟, 等. 2013. 短期牧压梯度下高寒杂草类草甸植被/土壤碳氮分布特征. 生态学杂志, 32(11): 2857-2864.

邢福. 2012. 克隆植物对种间竞争的适应性策略. 植物生态学报, 36(6): 587-596.

熊好琴, 段金跃, 王研, 等. 2011. 毛乌素沙地生物结皮对水分入渗和再分配的影响. 水土保持研究, 18(4): 82-87.

许传阳, 郝成元. 2013. 我国干旱半干旱地区生态脆弱区综合整治及实施路径. 河南理工大学学报(自然科学版), 32(4): 502-506.

闫德仁, 王钟涛, 薛博, 等. 2013. 固沙措施对人工生物结皮层养分和颗粒组成的影响. 内蒙古林业科技, 39(1): 1-4.

严杜建, 周启武, 路浩, 等. 2015. 新疆天然草地毒草灾害分布与防控对策. 中国农业科学, 48(3): 565-582.

杨明坤. 2012. 纤维素基环保固沙剂的制备与性能研究. 北京: 北京化工大学硕士学位论文.

杨明坤, 王芳辉, 姚洋, 等. 2012. 一种新型环保固沙剂的制备与性能研究. 材料研究学报, (3): 2-25.

杨学军, 韩崇选, 王明春, 等. 2002. 生物措施在林业鼠害治理中的应用. 西北林学院学报, 17(3): 58-62.

姚圣忠, 胡德夫, 周娜, 等. 2005. 我国森林啮齿动物的发生及防控措施研究现状. 中国森林病虫, 24(5): 22-26.

姚拓, 寇建村, 刘英. 2004. 狼毒栅锈病调查及其用于控制狼毒的初步研究. 中国生物防治, 20(2): 142-144.

叶鑫, 周华坤, 赵新全, 等. 2011. 草地生态系统健康研究速评. 草业科学, 28(4): 549-560.

于文斌. 2016. 民勤县荒漠化草地治理监测与效益评价. 兰州: 兰州大学硕士学位论文.

余泓. 2017. 长三角地区耕地土壤质量评价研究. 南京: 南京农业大学硕士学位论文.

曾辉. 2004. 应用狼毒活性物质防治害虫的研究现状. 青海草业, 13(2): 40-42.

翟秀娟. 2018. 鲁中南山区土壤侵蚀评价研究. 济南: 山东师范大学硕士学位论文.

张爱莲. 2004. 免疫不育疫苗控制草原兔尾鼠生育的研究. 乌鲁木齐: 新疆大学硕士学位论文.

张红, 马瑞军, 王乃亮, 等. 2006. 不同植物对高寒草场主要杂草箭叶橐吾的化感作用. 西北植物, 11: 2307-2311.

张宏利, 韩崇选, 杨学军, 等. 2004. 鼠害防治方法研究进展. 陕西林业科技, 1: 41-47.

张建军, 张知彬. 2004. 雄性手术不育对布氏田鼠社会行为的影响. 应用生态学报, 15(7): 1194-1196.

张建军, 张知彬, Sun L X. 2004. 雄性不育对布氏田鼠交配行为和繁殖的影响. 兽类学报, 24(3): 242-247.

张清香, 严作良, 周立. 2006. 青藏高原江河源区退化草地人工改良措施对高原鼠兔种群动态影响. 四川草原, 5: 33-36.

张扬. 2005. 甘肃天祝草原黄花棘豆锈病的调查. 杂草学报, (1): 16-17.

张知彬. 1995. 鼠类不育控制的生态学基础. 兽类学报, 15(3): 229-234.

张知彬. 2000. 澳大利亚在应用免疫不育技术防治有害脊椎动物研究上的最新进展. 兽类学报, 20(2): 130-134.

张知彬, 廖力夫, 王淑卿, 等. 2004. 一种复方避孕药物对三种野鼠的不育效果. 动物学报, 50(3): 341-347.

张知彬, 王淑卿, 郝守身, 等. 1997. α-氯代醇对雄性大鼠的不育效果研究. 动物学报, 43(2): 223-225.

张知彬, 王玉山, 王淑卿, 等. 2005. 一种复方避孕药物对围栏内大仓鼠种群繁殖力的影响. 兽类学报, 25(3): 269-272.

张知彬, 赵美蓉, 曹小平, 等. 2006. 复方避孕药物(EP-1)对雄性大仓鼠繁殖器官的影响. 兽类学报, 26(3): 300-302.

赵宝平, 任鹏, 周磊, 等. 2021. 灌水模式对燕麦光合特性、干物质积累及产量的影响. 内蒙古农业大学学报(自然科学版), 42(3): 6-11.

赵宝玉, 刘忠艳, 万学攀, 等. 2008. 中国西部草地毒草危害及治理对策. 中国农业科学, 41(10): 3094-3103.

赵成章, 樊胜岳, 殷翠琴, 等. 2004. 毒杂草型退化草地植被群落特征的研究. 中国沙漠, 24(4): 507-513.

赵欢欢. 2014. 基于 RS 与 GIS 的丰宁县土地沙漠化变化研究. 保定: 河北农业大学硕士学位论文.

赵普. 2019. 基于 ArcGIS 平台的水土流失地形因子的提取——以抚顺市为例. 水利技术监督, (3): 38-40.

赵新全. 2011. 三江源区退化草地生态系统恢复与可持续管理. 北京: 科学出版社.

赵新全, 张耀生, 周兴民. 2000. 高寒草甸畜牧业可持续发展: 理论与实践. 资源科学, 22(4): 50-61.

赵新全, 周华坤. 2005. 三江源区生态环境退化、恢复治理及其可持续发展. 中国科学院院刊, 20(6): 471-476.

郑翠苓. 2011. 西藏南木林县退耕还林工程效益分析. 杨凌: 西北农林科技大学硕士学位论文.

钟文勤, 樊乃昌. 2002. 我国草地鼠害的发生原因及其生态治理对策. 生物学通报, 37(7): 1-4.

周华坤, 姚步青, 于龙, 等. 2016. 三江源区高寒草地退化演替与生态恢复. 北京: 科学出版社.

周华坤, 赵新全, 温军, 等. 2012. 黄河源区高寒草原的植被退化与土壤退化特征. 草业学报, 21(5): 1-11.

周华坤, 赵新全, 周立, 等. 2005. 青藏高原高寒草甸的植被退化与土壤退化特征研究. 草业学报, (3): 31-40.

周华坤, 周立, 赵新全, 等. 2003. 江河源区"黑土滩"型退化草场的形成过程与综合治理. 生态学杂志, 22(5): 51-55.

周立, 肖瑜, 刘伟, 等. 1995. 高寒草地的畜牧业优化生产结构. 青海资源环境与发展研讨会论文集: 130-133.

周俗, 杨廷勇, 唐川江, 等. 2006. 招鹰控鼠技术的应用. 中国生物防治, 22(3): 253-254.

朱震达, 赵兴梁, 凌裕泉. 1998. 治沙工程学. 北京: 中国环境出版社.

Anderson R M, May R M. 1978. Regulation and stability of host-parasite population interactions: I.

regulatory processes. Journal of Animal Ecology, 47: 219-247.

Asghar I, Cang S, Yu H. 2017. Assistive technology for people with dementia:an overview and bibliometric study. Health lnfo Libr J, 34(1): 5-19.

Baker S E, Ellwood S A, Watkins R, et al. 2005. Non-lethal control of wildlife: using chemical repellents as feeding deterrents for the European badger *Meles meles*. Journal of Applied Ecology, 42(5): 921-931.

Baral A, Bakshi B R. 2010. Emergy analysis using US economic input-output models with applications to life cycles of gasoline and corn ethanol. Ecological Modelling, 221(15): 1807-1818.

Bischoff K, Smith M C. 2011. Toxic plants of the Northeastern United States. Veterinary Clinics of North America Food Animal Practice, 27(2): 459-480.

Bosch A, Dorfer C, He J, et al. 2016. Predicting soil respiration for the Qinghai-Tibet Plateau: an empirical comparison of regression models. Pedobiologia, 59(1): 41-49.

Dong S K, Shang Z H, Gao J X, et al. 2020. Enhancing sustainability of grassland ecosystems through ecological restoration and grazing management in an era of climate change on Qinghai-Tibetan Plateau. Agriculture, Ecosystems & Environment, 287(1): 106684.

Dong S K, Sherman R. 2015. Enhancing the resilience of coupled human and natural systems of alpine rangelands on the Qinghai-Tibetan Plateau. Rangeland Journal, 37(1): 1-3.

Dong S K, Wen L, Zhu L, et al. 2010. Implication of coupled natural and human systems in sustainable rangeland ecosystem management in HKH region. Frontiers of Earth Science in China, 4(1): 42-50.

Dong S K, Zhang J, Li Y Y, et al. 2019. Effect of grassland degradation on aggregate-associated soil organic carbon of alpine grassland ecosystems in the Qinghai-Tibetan Plateau. European Journal of Soil Science, 71(1): 69-79.

Guo X, Gao L, Wang Z, et al. 2018. Top 100 most-cited articles on pituitary adenoma: a bibliometric analysis. World Neurosurg, 116(1): e1153-e1167.

Jackson T P, van Aarde R J. 2003. Advances in vertebrate pest control: implications for the control of feral house mice on Marion Island. South African Journal of Science, 99: 130-137.

Jiang Q S, Zhang X J. 2010. Regional agricultural input-output model and countermeasure for production and income increase of farmers in Southern Xinjiang, China. Asian Journal of Agricultural Research, 2(6): 29-33.

Kendle K E, Lazarus A, Rowe F P, et al. 1973. Sterilization of rodent and other pests using a synthetic oestrogen. Nature, 244: 105-108.

Knipling E F. 1959. Sterile male method of population control. Science, 130: 902-904.

Knipling E F. 1960. Use of insects for their own destruction. J Econ Entomol, 53: 415-420.

Li X L, Gao J, Brierley G, et al. 2013. Rangeland degradation on the Qinghai-Tibet plateau: implications for rehabilitation. Land Degradation & Development, 24(1): 72-80.

Liu M, Qu J, Wang Z, et al. 2012. Behavioral mechanisms of male sterilization on plateau pika in the

Qinghai-Tibet plateau. Behavioural Processes, 89(3): 278-285.

Liu M, Qu J, Yang M, et al. 2012. Effects of quinestrol and levonorgestrel on populations of plateau pikas, *Ochotona curzoniae*, in the Qinghai-Tibetan Plateau. Pest Management Science, 68(4): 592-601.

May R M, Anderson R M. 1978. Regulation and stability of host-parasite population interactions: II. destabilizing processes. Journal of Animal Ecology, 47: 249-267.

Mcshea W J, Monfort S L, Hakim S, et al. 1997. The effect of immunocontraception on the behavior and reproduction of white-tailed deer. Journal of Wildlife Management, 61(2): 560-569.

Nuñez C M V, Adelman J S, Rubenstein D I. 2010. Immunocontraception in wild horses (*Equus caballus*) extends reproductive cycling beyond the normal breeding season. PLoS One, 5(10): 1-10.

Qu J, Liu M, Yang M, et al. 2015. Effects of fertility control in plateau pikas (*Ochotona curzoniae*) on diversity of native birds on Tibetan Plateau. Acta Theriologica Sinaca, 35(2): 164-169.

Ralphs M H, Creamer R, Baucom D, et al. 2008. Relationship between the endophyte *Embellisia* spp. and the toxic alkaloid swainsonine in major locoweed species (*Astragalus* and *Oxytropis*). J Chem Ecol, 34: 32-38.

Renard K G, Foster G R, Weesies G A, et al. 1997. Redicting soil erosion by water: a guide to conservation planning with the revised universal soil loss equation (RUSLE). Washington: United States Government Printing.

Renard K G, Freimund J R. 1994. Using monthy precipitation data to estimate R-factor in the revised USLE. Journal of Hydrology (Amsterdam), 157(1-4): 287-306.

Savage A, Zirofsky D S, Shideler S E, et al. 2002. Use of levonorgestrel as an effective means of contraception in the white-faced saki (*Pithecia pithecia*). Zoo Biology, 21: 49-57.

Schindelbeck R R, Es H M V, Abawi G S, et al. 2008. Comprehensive assessment of soil quality for landscape and urban management. Landscape & Urban Planning, 88(2-4): 3-80.

Schoenholtz S H, Miegroet H V, Burger J A. 2000. A review of chemical and physical properties as indicators of forest soil quality: challenges and opportunities. Forest Ecology and Management, 138(1-3): 335-356.

Shi D Z, Wan X R, Davis S A, et al. 2002. Simulation of lethal control and fertility control in a demographic model for Brandt's vole *Microtus brandti*. Journal of Applied Ecology, 39(2): 337-348.

Silvers L, Barnard D, Knowlton F, et al. 2010. Host-specificity of myxoma virus: pathogenesis of South American and North American strains of myxoma virus in two North American lagomorph species. Veterinary Microbiology, 141(3-4): 289-300.

Smith B M, Diaz A, Winder L. 2017. Grassland habitat restoration: lessons learnt from long term monitoring of Swanworth Quarry, UK, 1997-2014. PeerJ, 5(12): 3942-3962.

Sun J, Cheng G W, Li W P, et al. 2013. Meta-analysis of relationships between environmental factors and aboveground biomass in the alpine grassland on the Tibetan Plateau. Biogeosciences, 10(3):

1707-1715.

Tuyttens F A M, MacDonald D W. 1998. Fertility control: an option for non-lethal control of wild carnivores? Animal Welfare, 7(4): 339-364.

Twigg L E, Williams C K. 1999. Fertility control of overabundant species; can it work for feral rabbits? Ecology Letters, 2(5): 281-285.

Wang C, He H, Li M, et al. 2009. Parasite species associated with wild plateau pika (*Ochotona curzoniae*) in Southeastern Qinghai Province, China. Journal of Wildlife Diseases, 45(2): 288-294.

Wang G X. 2001. Characteristics of grassland and ecological changes of vegetations in the sources regions of Yangtze and Yellow Rivers. J Desert Res, 21(2): 101-107.

Wang S J, Zhou L Y, Wei Y Q. 2019. Integrated risk assessment of snow disaster over the Qinghai-Tibet Plateau. Geomatics Natural Hazards and Risk, 10(1): 740-757.

Williams C K, Davey C C, Moore R J, et al. 2007. Population responses to sterility imposed on female European rabbits. Journal of Applied Ecology, 44: 291-301.

Williams C K, Twigg L E. 1996. Responses of wild rabbit populations to imposed sterility. Melbourne: CSIRO Publishing: 547-560.

Wischmeier W H, Smith D D. 1965. Predicting rainfall erosion losses from cropland east of the Rocky Mountain. Agriculture Handbook, 1965: 282.

Wischmeier W H, Smith D D. 1978. Predicting rainfall erosion losses: a guide to conservation planning. Agriculture Handbook, 537: 285-291.

Wu G L, Liu Z H, Zhang L, et al. 2010. Effects of artificial grassland establishment on soil nutrients and carbon properties in a black-soil-type degraded grassland. Plant and Soil, 333(1): 469-479.

Xu Z S, Gong T L, Li J. 2008. Decadal trend of climate in the Tibetan Plateau-regional temperature and precipitation. Hydrological Processes, 22(16): 3056-3065.

Yu B. 1998. Rainfall erosivity and its estimation for Australia's tropics. Australian Journal of Soil Research, (1): 143-165.

Zaslavsky D, Rozenberg L. 1981. Lignosulfonate-based graft polymers their preparation and uses: US, 427607.

Zhang Q, Wang C, Liu W, et al. 2014. Degradation of the potential rodent contraceptive quinestrol and elimination of its estrogenic activity in soil and water. Environmental Science and Pollution Research, 21(1): 652-659.

Zhang Z B. 2000. Mathematical models of wildlife management by contraception. Ecological Modelling, 132(1-2): 105-113.

Zhao M R, Liu M, Li D, et al. 2007. Anti-fertility effect of levonorgestrel and quinestrol in Brandt's voles (*Lasiopodomys brandtii*). Integrative Zoology, 2: 260-268.

附录 退化草地样地调查登记表

退化草地描述样方调查登记表

样地所在行政区：　　　　县（市、区）　　　　乡（镇）　　　　村						

样地所在行政区：　　　　县（市、区）　　　　乡（镇）　　　　村

调查日期：　　　　　　　　　　调查人：

样地号：　　　　　　　草地类：　　　　　　草地型：

样地景观照编号：　　　经度：　　　　纬度：　　　　海拔：

地形：平地　坡地　低地　沟谷　陡坡　其他　　坡位：顶部　上部　中部　下部　底部　枯落物：无 多 少

坡度：0°～5° 5°～10° 10°～20° 20°～30° 30°～45°　坡向：阳坡　半阳坡　阴坡　半阴坡　裸地（%）：

土壤类型：山地草甸土　高山草甸土　高山草原土　高山荒漠土
土壤质地：砾石质　沙质　砂壤质　壤质　黏质

覆沙：无 多 少　盐碱斑：无 多 少　侵蚀：无　轻度　中度　重度　极度

侵蚀原因：风蚀　水蚀　冻融　蹄蚀　其他
退化：无　轻度　中度　重度　极度
沙化：无　轻度　中度　重度　极度

水分条件　季节性积水：有/无　地表水种类　河/湖/水库/泉

利用类型：全年　夏场　冬场　春秋场　禁牧场　　利用程度：未利用　轻度　合理　超载　重度超载

虫害类型：　　　　虫口密度：　　　　鼠害类型：　　　　鼠洞（丘）密度：

样地特征描述（包括邻近植被类型特征）：

样方面积（m²）：　　　　总盖度（%）：　　　　草丛平均高度（cm）：

植物名称	平均高度（cm）		盖度（%）	生活型	物候期	生活力	其他
	生殖枝	叶层					

退化草地调查样方产量登记表

样地号：　　　　　测产面积：　　　m² 　　　　　　　　样方照片编号：

调查日期：　　　　　　　　　调查人：

序号	植物名称	第一样方（g/m²）	第二样方（g/m²）	第三样方（g/m²）	样地平均（g/m²）	总产草量（g/m²）	备注
1							
2							
3							
4							
经济类群产量	禾本科						
	莎草科						
	可食杂草						
	不可食杂草						
	毒害草						
	可食产量						
	总产量						

退化草地灌木及高大草本样方调查登记表

样地所在行政区：　　　　县（市、区）　　　　乡（镇）　　　　村

植物名称	株丛径（cm）		株高（cm）	株丛投影盖度（%）	株丛数	单株重量（g）		总产量（g/m²）	
	长	宽				鲜重	干重	鲜重	干重
合计									

样地号：　　　　　样方号：　　　　　日期：　　年　　月　　日　　调查人：

经度：　　　　　纬度：　　　　　海拔：　　　m　　　　　样方面积：　　　m²

地形：　　坡向：　　坡度　　°　　总盖度：　　%　　　样方照片编号：

草本及小半灌木样方平均产量	样地总产量	样地总盖度：　　%
鲜重：（　　g/m²）； 干重：（　　g/m²）	鲜重：（　　g/m²）； 干重：（　　g/m²）	其中草本样方平均：　　%； 灌木样方平均：　　%

填写说明：

1. 样地所在的县乡行政区名称、地理位置（经、纬度）、海拔、调查时间、调查人等。

2. 地形、地貌的一般特征。包括地貌类型，记载坡向、坡度与坡位。

3. 土壤及地表的一般特征。包括土壤类型、基质条件。地表状况，包括覆沙、枯落物、盐碱斑、裸地、草丘、鼠洞、侵蚀原因、冲沟、地表是否有石块、深厚的枯草或腐殖质层等，并说明其数量与特征的情况。

4. 草地类型。以已知的草地类和优势种为准进行记载。为便于内业处理中的类型归并，允许使用 3 个或 3 个以上建群种命名。

5. 利用情况。包括草地利用方式和利用程度。

6. 退化（沙化、盐渍化）情况。包括原生植被盖度、高度、产草量变化，以及植物种数、毒害草种数、指示植物种数、一年生植物种数的变化情况等；退化等级；地表特征；利用现状等。

7. 鼠虫害情况。包括鼠类组成、鼠洞（土丘）密度、鼠害发生区的面积、鼠类危害面积、对牧草的破坏程度；害虫种类组成，发生区，发生期。

8. 样地植被特征描述：主要描述样地所处四周的地形、地势，植被生长状况等。

9. 植物高度：用钢卷尺测量样方内优势种和其他主要植物的生殖枝（开花、结实的枝条）和营养枝（禾草、莎草植物的叶片，其他植物不开花结实的枝条）的自然高度以及草层高度（高度的测定重复 5 次再平均）。

对于不分层次的草群在测量高度时，应在草层植株高度比较集中的部位选取 10 株植物测量其高度（指植物的自然高度），其平均值即为草层平均高度。

植物高度为样方内大多数植物枝条或草层叶片集中分布的平均自然高度。

10. 盖度：中小草本及小半灌木植物样方一般用目测法。

灌木及高大草本盖度的测定方法：在样方内选择一丛大小适中的株丛作为标准株，其余株丛按标准株折算丛数，测量标准株丛的株冠长度、宽度、高度，按标准丛数计算盖度。

灌木盖度（%）=标准株丛的长度×宽度×株丛数÷样方面积

灌丛草地总盖度（%）=草本盖度×（100-灌木盖度）/100+灌木盖度

灌木及高大草本合计盖度计算方法：

灌木及高大草本合计盖度=$\sum$（单株株丛长×单株株丛宽×π×单株丛幅内投影盖度/4）/样方面积×100

灌木及高大草本样方总盖度计算方法：

总盖度=灌木或高大草本合计盖度+中小草本及小半灌木样方盖度×（100-各种灌木或高大草本合计盖度）/100

11. 密度（株丛数）：根据监测内容和目的要求，设置监测指标。实测 $1m^2$ 中某种植物个体的数量。

12. 鲜重：测产时间在草群生长发育最旺盛、产量最高的 8 月。

剪割高度：矮草，齐地面割；高中型禾草，留茬高度 2~3cm。

称重：按优势种及主要伴生种分别称重，次要的伴生种及偶见种按经济类群进行称重。样方内有毒有害植物要单独分别称重。

灌丛草地：按草本层样方和灌木层样方分别进行测产。

灌木层产草量的测量方法：为当年的嫩枝叶产量。在选定的样方内，首先记录灌木的株丛数，选取一个标准株丛，剪下标准株丛所有的当年生嫩枝，称其鲜重，测出灌木的产量，按标准株丛数折算产量。灌丛草地中草本产量的测定方法与草本草地相同。

灌木产量=标准株丛产量×标准株丛数÷样方面积

灌丛总产量（g/m^2）=草本产量×（1-灌木覆盖度）+灌木产量

灌木及高大草本样方总重量（鲜重或干重）计算方法：

总重量=灌木及高大草本合计重量/灌木及高大草本样方面积+中小草本及小半灌木样方平均重量×（1-灌木及高大草本合计盖度）

相关科研项目

- 第二次青藏高原综合科学考察研究专题（2019QZKK0302-02）：草地生态系统与生态畜牧业
- 青海省创新平台建设专项：青海省寒区恢复生态学重点实验室
- 青海省自然科学基金创新团队项目（2021-ZJ-902）：三江源退化高寒草地可持续恢复机制与模式研究
- 中国科学院战略性先导科技专项（A 类）子课题（XDA26020201）：三江源高寒草甸恢复技术与近顶极群落构建
- 中国科学院—青海省人民政府三江源国家公园联合研究专项 2020 年度项目（YHZX-2020-08）：三江源国家公园生态恢复及功能提升技术集成与示范
- 2020 年中国科学院"西部之光-创新交叉团队重点实验室专项"课题（CASLWC-2021）：青藏高原啮齿动物对草地生物多样性和生态系统功能关系的影响
- 国家自然科学基金联合基金项目（U21A20186）：三江源区退化高寒草地可持续性恢复过程与机制研究
- 国家自然科学基金联合基金项目（U20A2006）：根际激发效应在退化高寒草地生态系统恢复过程中的作用
- 青海省"昆仑英才·高端创新创业人才"计划项目
- 中国科学院泛第三极专项子课题（XDA2005010405）：典型高寒区域天然草地与人工草地耦合；高寒草地恢复的资源配置模式及适应性管理（XDA2005010406）
- 2020 年第二批中央林业和草原生态保护恢复资金——祁连山国家公园青海片区生物多样性保护项目（QHTX-2021-009）：气候干扰和人为干扰下祁连山国家公园青海片区高寒草地生物多样性与生态系统功能关系研究
- 青海省科技厅重点研发与转化计划项目（2019-SF-151-2）：高寒草地恶性毒草——黄帚橐吾防控技术研究与示范
- 国家自然科学基金项目（12071418）：基于功能团的高寒草甸退化与恢复的动力学模型研究
- 国家自然科学基金项目（32260327）：三江源区"黑土山"乡土草根系分泌物与土壤微食物网的互作机制研究
- 青海省科技厅重点研发与转化计划项目（2023-SF-120）：三江源国家公园草地鼠类监测预警体系构建与防控模式研发
- 科技部国家重点研发计划子课题（2022YFD1302103）：青海牦牛藏羊适应性品种选育及高效养殖技术集成示范
- 国家自然科学基金项目（31402120）：青藏高原牧草对放牧干扰的响应

策略及其功能性状的指示作用研究

● 青海省科技厅重点研发与转化计划项目（2019-HZ-801）：大数据驱动的国产高分遥感高寒草地监测技术

● 青海省科技厅重点研发与转化计划项目（2017-ZJ-728）：三江源国家公园植物多样性及重点保护植物本底调查

● 2022 年青海省省级财政林业改革发展资金林草新技术推广项目（QSCZ-2022-009）：果洛州玛沁县优质饲草高产栽培和适宜性人工草地优化建植技术示范推广

● 青海省海南藏族自治州科技支撑计划项目（2022-KZ01-A）：海南藏族自治州高寒退化草地恢复的碳增汇效应研究

● 国家自然科学基金项目（31560668）：鼠丘土壤与植被退化演替机制研究

● 国家自然科学基金面上项目（32271761）：植物多样性介导的牦牛和鼢鼠互作对高寒草甸空间尺度群落稳定性的调控机制

● 国家黄河流域生态保护和高质量发展联合研究中心项目（2022-YRUC-01-0102）：黄河源区高寒草地和上游荒漠生态系统修复调控技术集成与优化